# Aspekte des Krieges und der Chevalerie im XIV. Jahrhundert in Frankreich

# Geist und Werk der Zeiten

Arbeiten aus dem Historischen Seminar der Universität Zürich

Herausgegeben von
Prof. Dr. Rudolf von Albertini, Prof. Dr. Urs Bitterli,
Prof. Dr. Rudolf Braun, Prof. Dr. Peter Frei, Prof. Dr. Carsten Goehrke,
Prof. Dr. Franz Georg Maier, Prof. Dr. Hans Conrad Peyer,
Prof. Dr. Roger Sablonier, Prof. Dr. Walter Schaufelberger,
Prof. Dr. Ludwig Schmugge, Prof. Dr. Peter Stadler, Prof. Dr. Marcel Beck,
Prof. Dr. Dietrich Schwarz und Prof. Dr. Erwin Bucher.

Nr. 60

PETER LANG
Bern · Frankfurt am Main · Las Vegas

Georg Jäger

# Aspekte des Krieges und der Chevalerie im XIV. Jahrhundert in Frankreich

Untersuchungen zu Jean Froissarts Chroniques

PETER LANG
Bern · Frankfurt am Main · Las Vegas

CIP-Kurztitelaufnahme der Deutschen Bibliothek

**Jäger, Georg:**
Aspekte des Krieges und der Chevalerie im
XIV. [vierzehnten] Jahrhundert in Frankreich :
Unters. zu Jean Froissarts Chroniques /
Georg Jäger. – Bern : Lang, 1981.
  (Geist und Werk der Zeiten ; 60)
  ISBN 3-261-04885-9

NE: GT

© Verlag Peter Lang AG, Bern 1981
Nachfolger des Verlages
der Herbert Lang & Cie AG, Bern
Alle Rechte vorbehalten. Nachdruck oder Vervielfältigung,
auch auszugsweise, in allen Formen wie Mikrofilm, Xerographie,
Mikrofiche, Mikrocard, Offset verboten.
Druck: fotokop wilhelm weihert KG, Darmstadt

INHALTSVERZEICHNIS

| | |
|---|---:|
| Vorwort | 1 |
| Einleitung | 2 |
| Erster Teil: Die Chroniques als Geschichtsquelle | 8 |
| I. Biographisches | 8 |

Der Hof zu London (9) - Reise nach Schottland (10) - Kontinent-Reisen 1366/67 (11) - Der Hof von Brabant (12) - Die "Chroniques des guerres de Flandre" (14) - Froissart in Sluys (15) - Reisen von 1388-1390 (16) - Juan Fernandez Pacheco (19) - Froissart in Abbéville (19) - Froissarts letzte Reise nach England (20) - Die letzten Jahre (22)

| | |
|---|---:|
| II. Der Chronist und die Fakten. Zur Auswertung der Chroniques als historische Quelle | 26 |
|   1. Froissart im Widerstreit der Urteile | 27 |
|   2. Froissart und seine Gönner | 30 |
|   3. Der Chronist und seine Informanten | 33 |
|   4. "Chroniqueur" und "historien" | 40 |
|   5. Literarische Tradition und "Wahrheits"-Anspruch in den Chroniques | 43 |

Prosa als Form (43) - Erzählschema oder echter Geschehnisbericht? (44) - Der Prolog (45) - Direkte Reden (46) - Uebertreibungen (49)

| | |
|---|---:|
|   6. Zur Auswertung der Chroniques | 52 |
| Zweiter Teil: Krieg und "Chevalerie" in den Chroniques | 56 |
| I. "Ritterlichkeit" und Kriegsrecht | 56 |
|   1. Einleitung | 56 |
|   2. Das "droit d'armes" | 59 |
| II. Das Ritterheer: Sein Bild in den Chroniques | 65 |
|   1. Die "hommes d'armes" | 66 |
|     Kämpfende Kleriker | 74 |
|   2. Hilfstruppen: die Nichtadeligen | 78 |

Bogenschützen (78) - Armbrustschützen (80) - Die Fussoldaten (81)

| | |
|---|---:|
|   3. Grenzen des staatlichen Krieges: Die "freien" Compagnies und Routes | 86 |

Entstehung der Compagnies (87) - Die Routiers (94) - Massnahmen des Staates (99)

III. Verpflegung und Unterhalt .................................. 108
   1. Organisierte Verpflegung und Sold ....................... 109
      Zahlungsschwäche des Adels ............................ 116
      Bezahlung der Heere .................................. 119
      Die Wirkungen des Soldes ............................. 123
   2. Leben "aus dem Land" .................................. 124

IV. Beute und Lösegeld .......................................... 131
   1. Beutegier .............................................. 132
   2. Beutegüter und ihre Verteilung ........................ 136
   3. Lösegelder aus dem Land: "pactis" ..................... 140
   4. Menschen als Beute: Gefangenschaft und Lösegeld ...... 144
      Der Gefangene und sein "maître" (146) - Die Gefangennahme (148) - Die Wahl des "maître" (151) - Die Bedingungen der Gefangenschaft (155) -"Liberté sur parole" (155) - Die Gefangenschaft (158) - Die Bedingungen der Auslösung (164) - Wirkungen des Lösegeldwesens (169) - Grenzen des Lösegeldwesens (172) - Der Traum vom Reichtum (175)

V. Die Kriegführung ............................................ 180
   1. Raub und Brand: die "Chevauchée" ..................... 182
   2. Der Belagerungskrieg .................................. 194
      Uebergabe durch Vertrag (207) - "Trêves" (210) - Geiseln (214) - Verrat (214) - Bürger und Garnisonen (216)
   3. Die Schlacht .......................................... 221
      Die Schlacht als Entscheidung (222) - Der "Bon arroi" (225) - Die Zeichen der Ordnung: Schlachtrufe, Feldzeichen, Heraldik (229) - "Prouesse" in der Schlacht (236)

VI. Kriegführung und Courtoisie ................................ 242
   Herausforderungen zur Schlacht (243) - Zweikämpfe und "höfische Liebe" (245)

Schlusswort .................................................... 254

Anhang ........................................................ 258

Literaturverzeichnis ........................................... 259

VORWORT

Diese Arbeit ist ein Versuch, die immensen, fast unüberschaubaren Materialien der Chroniques Jean Froissarts im Hinblick auf die Frage nach den Grundmustern kriegerischer Existenz im Mittelalter auszuwerten. Die besondere Optik des Chronisten bringt es mit sich, dass dabei dem Begriff der Chevalerie das besondere Augenmerk gilt. Die Untersuchung einiger zentraler Aspekte des Kriegswesens im Frankreich des Hundertjährigen Krieges steht in der Tradition vorangegangener Zürcher Arbeiten und möchte einen weiteren Einzelbeitrag zum Bild menschlicher Existenz im mittelalterlichen Krieg liefern.
Das Manuskript wurde im wesentlichen 1976 abgeschlossen und ist seither nur noch ergänzt worden. Besonders danken möchte ich meinem akademischen Lehrer Professor Dr. Marcel Beck für seine Anregungen und die geduldige Ermunterung während meiner Arbeit. Mein Dank gilt auch meinem Kollegen Dr. Bernard Cathomas für die Durchsicht der Reinschrift sowie meiner Frau Katrina für ihre tatkräftige und stetige Unterstützung, die eine Abfassung dieser Arbeit erst ermöglichte.

Chur, im Dezember 1980                    Georg Jäger

EINLEITUNG

Das 14. Jahrhundert gilt als Epoche politischer Wirren und geistiger Unruhe: ein unheilvolles Zeitalter der Pestepidemien, Kriegsgreuel, Adelsintrigen, Fehden, Bauernaufstände, Machtpolitik der Städte, aber auch der Kirchenspaltung und der beginnenden Häresien des kommenden Reformationszeitalters.
Krieg suchte Frankreich in nie gesehenem Ausmass heim. 1339 entfachten die Thronstreitigkeiten um die Krone der Valois und vor allem territoriale Auseinandersetzungen um die französischen Besitzungen der englischen Krone eine Kette von Kriegshandlungen, die sich mit Unterbrüchen bis in die Mitte des 15. Jahrhunderts hinziehen sollten, und die sich auf ihren Nebenschauplätzen von Spanien über die Bretagne bis Schottland auf ganz Westeuropa ausbreiteten.
Das 14. Jahrhundert ist auch die Zeit des beginnenden Niedergangs des Rittertums. Bei Crécy (1346) sind es vor allem die Bogenschützen, die in der Schlacht den Ausschlag geben, schon zuvor haben Gemeine Adelsheere besiegt, unter anderem bei Courtrai 1302 und bei Morgarten 1315. Die Kampfweise zu Pferd weicht nach 1356 dem Kampf zu Fuss; aber erst im 15. und 16. Jahrhundert werden es die nichtadligen Spezialisten mit ihren neuen Waffen und Kanonen sein, die den militärischen Abstieg des Ritters besiegeln.
Die zunehmende Bedeutung von Söldnerführern vorwiegend geringer Herkunft, die als Unternehmer neben die traditionellen feudalen Kriegsherren treten, signalisiert schon seit dem Ende des 13. Jahrhunderts diesen allmählichen sozialen Wandel, der auch in zahlreichen Heeresreformen - etwa mit der Einführung der Entlöhnung der Krieger - und ersten Versuchen, stehende Heere einzurichten, seinen Niederschlag findet.
Als farbige und materialreiche Quelle zu diesem bewegten Zeitalter haben Froissarts Chroniques schon seit dem 15. Jahrhundert, wie die zahlreichen Kopien der Manuskripte und frühe Uebersetzungen beweisen, andauernd grosse Beachtung gefunden. Die Chroniques, sie umfassen ungefähr die Zeit von 1320 bis 1400, sind für die Vorgänge von Portugal bis

Schottland, vor allem aber jene in Frankreich, ausgiebig für die mannigfachsten Fragestellungen verwendet und ausgeschöpft worden. Die vorliegende Untersuchung betritt somit, vom Quellenmaterial her betrachtet, keineswegs Neuland.
An kriegsgeschichtlichen Untersuchungen zum Hundertjährigen Krieg hat es seit dem 19. Jahrhundert bis in die jüngste Gegenwart nie gefehlt. Diese Arbeit will somit keine weitere Darstellung des Kriegswesens im Westeuropa des 14. Jahrhunderts bieten. Unsere Fragestellung ist bescheidener. Wir werden uns im folgenden zunächst bemühen, einige Merkmale des Krieges und des Kriegertums im 14. Jahrhundert so herauszuarbeiten, wie sie ein Zeitgenosse, Jean Froissart, in seinen Chroniques (Chroniken) dargestellt hat. Dies scheint uns schon deshalb sinnvoll zu sein, weil eine eingehende Monographie zum Bild des Krieges und der Chevalerie in den Chroniques bisher nicht vorliegt. Es soll damit der Versuch unternommen werden, möglichst zusammenhängend das ungewöhnlich umfangreiche Material zu analysieren, auch mit dem Ziel, die Grenzen einer Auswertung der Chroniques als Quelle für unsere Fragestellung zu erkunden (1).
In manchen Studien zur Gesellschaft und Kultur des ausgehenden Mittelalters, wie etwa in Huizingas "Herbst des Mittelalters", erscheint der Autor der Chroniques geradezu als Kronzeuge für eine "spä thöfische" Gesellschaft. Ihr Grundzug ist der Spielcharakter und damit die "illusionäre" Verachtung der Wirklichkeit im romantischen Nachleben literarischer Vorbilder. Die grosse Wirkung der Schriften Huizingas hat insbesondere in Arbeiten zum "Rittertum" gelegentlich dazu geführt, dass die Auswahl der Quellenbelege wesentlich von der Hauptthese einer "spätmittelalterlichen" Agonalität geprägt war. Im folgenden wird deshalb zu fragen sein, ob dabei nicht wichtige und grundlegende Seiten des Kriegsbildes der Chroniques vernachlässigt oder - was freilich nie ganz zu vermeiden ist - nach einseitig modernen Wertmassstäben beurteilt worden sind.

---

(1) Vgl. dazu auch R. Sabloniers Studie zur Chronik des Ramon Muntaner (S. 9f.), der wir vor allem methodisch wertvolle Anregungen verdanken. Sablonier, Roger. Krieg und Kriegertum in der Crònica des Ramon Muntaner. Bern 1971.

Wenn wir uns deshalb im folgenden gelegentlich kritisch mit einigen neueren Darstellungen des Krieges und der Chevalerie auseinandersetzen, so bleiben wir uns dennoch stets im klaren, dass nicht von einer einzelnen Quelle ausgehend eine Gesamtschau im ganzen als "richtig" oder "falsch" beurteilt werden kann. In der Auseinandersetzung mit dem Bild des "spätmittelalterlichen" Kriegswesens Frankreichs - etwa im Sinne Huizingas - soll deshalb nur auf Schlussfolgerungen Bezug genommen werden, denen das gleiche Material wie jenes der vorliegenden Arbeit zugrunde liegt. Dabei sind wir uns selbstverständlich bewusst, dass die in vielem wegweisenden Forschungen Huizingas und der von ihm beeinflussten Historiker nicht den neuesten Stand der Literatur zum Rittertum darstellen (1). Dennoch halten wir das Spätmittelalterbild Huizingas immer noch für ausserordentlich wirksam, dies umso mehr, als in der Erforschung des Rittertums, was Fragestellungen und Forschungsansätze betrifft, nach wie vor keinerlei Konsens oder interdisziplinäre Synthese zu erkennen ist (2). Zudem sind Untersuchungen zum Bereich des ausgehenden Mittelalters im Gegensatz zu jenen, die sich mit dem Ursprung des Rittertums befassen, verhältnismässig wenig zahlreich.

\*

Im Zentrum unserer Fragestellung steht die Untersuchung der Werthaltungen und Orientierungsmassstäbe des Berufskriegertums im Frankreich des 14. Jahrhunderts. Unsere Aufmerksamkeit gilt damit einer Form menschlicher Existenz im Mittelalter, den Einstellungen und Beweggründen und vor allem den Rechtsvorstellungen, die in Froissarts Chroniques dem Handeln des Kriegsvolks und insbesondere der Chevalerie zugrundegelegt sind. Mit der Beschränkung auf die Chroniques als Hauptquelle haben wir indessen verschiedene Schwierigkeiten zu berücksichtigen: Unsere Quellengrundlage ist das Werk eines Autors, der selber am Krieg nicht teilgenommen hat, sondern als Mann der Schreibstube lediglich aus zwei-

---

(1) Eine vorzügliche Einführung und Uebersicht über die Entwicklung der Forschung liegt seit Arno Borsts Aufsatzsammlung zum Rittertum des Mittelalters vor (1976): Borst, Arno. Das Rittertum im Mittelalter (=Wege der Forschung Bd. CCCIL), Darmstadt 1976.
(2) Vgl. dazu den Forschungsüberblick von A. Borst, ibid., pp. 1-16.

ter Hand berichtet. Zudem enthalten auch die Chroniques trotz ihrer enormen Materialfülle nur lückenhaft oder gelegentlich überhaupt kein Material zu verschiedenen Teilaspekten des Krieges, Probleme, die sich somit zusätzlich zur Frage nach der Authentizität der Quelleninhalte stellen. Es schien uns deshalb angebracht zu sein, in einem ersten, einleitenden Teil die Quellenproblematik etwas eingehender zu behandeln. Denn abgesehen von Peter M. Schons Untersuchung volkssprachlicher Chronistik des Vierten Kreuzzuges sind uns keine umfassenden literaturwissenschaftlichen Arbeiten für das ausgehende Mittelalter bekannt, die in einem angemessenen Mass den literarischen Hintergrund der erzählenden Quellen berücksichtigen würden. (An Urteilen über die Qualität der Chroniques als Geschichtsquelle fehlt es indessen nicht; die Meinungen reichen von äusserst positiver Beurteilung bis zu völliger Ablehnung, je nach der "Brauchbarkeit" der Materialien für die jeweils spezifischen Fragestellungen.)

Trotz der erwähnten Schwierigkeiten erwies sich die Beschränkung auf eine einzelne Quelle nach unserer Ansicht durchaus als gerechtfertigt. Zur Erfassung der geistigen Welt einer sozialen Gruppe, der der Autor besonders nahe stand, ist ein in sich geschlossenes und zweifellos subjektives Werk als Grundlage methodisch zumindest nicht problematischer als isolierte Einzelbelege verstreuter Dokumente, die zu einem "Gesamtbild" zusammengefügt werden. Eine weitere einschränkende Bemerkung ist allerdings noch nötig: Wir befassen uns in dieser Studie ausschliesslich mit der Darstellung des Krieges und des Kriegertums und nehmen damit bewusst in Kauf, dass andere Aspekte der "Chevalerie" - etwa das Leben an den Höfen oder dann die Darstellung weiterer Probleme der Zeit wie etwa die Ereignisse der Kirchengeschichte oder jene politischen Vorgänge, zu denen die Chroniques Material enthalten, unberücksichtigt bleiben. Die Arbeit wäre sonst - entsprechend der Vielfalt der Hauptquelle - zu einer heterogenen Fülle von Studien gediehen.

\*

Der Arbeit vorangestellt wird ein kurzer Abriss der Lebensdaten Froissarts. Sodann folgt das erwähnte kurze quellenkritische Kapitel. Der zweite Teil als Hauptteil befasst sich mit kriegsgeschichtlichen Problemen. Die Chroniques liefern zu den von uns aufgeworfenen Fragen unterschiedlich reichhaltige Belege. Zur sozialen Herkunft des Kriegertums etwa oder der Beute sind bei Froissart nur spärlich Hinweise zu finden. Ergiebigeres Material enthalten die Chroniques dagegen zum Lösegeldwesen, zu den Formen der Kriegführung von den Verwüstungsfeldzügen der Engländer (Chevauchées) über den Belagerungskrieg und das Schlachtgeschehen bis zum individuellen Streben nach Ruhm in den Zweikämpfen und Herausforderungen.

Die Quellenlage bringt es mit sich, dass gelegentlich auch weitere Dokumente, besonders Akten und Urkunden, beigezogen werden mussten, doch konnten solche rudimentären Kontrollen aus Gründen der Zeit, des Umfanges und der Verfügbarkeit der Materialien nur auf die Ueberprüfung einzelner Sachverhalte beschränkt sein. So liess sich etwa anhand von Lösegeldverträgen die grundsätzliche Richtigkeit von Angaben in den Chroniques in mehreren Fällen nachweisen. Nützliche Dienste leisteten in diesem Zusammenhang die von S. Luce und seinen Nachfolgern begleitend publizierten Belege sowie die umfangreichen, wenn auch wenig systematisch bei Kervyn de Lettenhoves Ausgabe angefügten "Pièces justificatives". Dazu kamen vor allem Materialien der Sammlung Rymers und die Parlamentsregister, die Timbal publiziert hat.

Die Verifizierung des jeweils einzelnen Ereignisverlaufs oder von Einzelheiten im Sinne der "histoire événementielle" blieb jedoch, wie noch genauer zu begründen sein wird, ein Anliegen von zweitrangiger Bedeutung. Unser Interesse galt vor allem den Grundzügen der Kriegführung und der individuellen Verhaltensmuster, die Froissart an unzähligen Beispielen anschaulich macht. Die Informationen, die Froissart als sorgfältiger Sammler in einem Gewand kunstvoller literarischer Gestaltung wiedergibt, sind, wie Froissarts Arbeitsweise zeigen wird, als "document humaine" über die kriegsgeschichtliche Bedeutung hinaus ein Zeugnis der Selbstdarstellung der Chevalerie in den ersten Jahrzehnten des Hundertjährigen Krieges.

\*

Auf eine einleitende Diskussion der Literatur zum 14. Jahrhundert sei an dieser Stelle verzichtet; sie würde ins Uferlose geraten. Dagegen wollen wir im Verlauf unserer Untersuchung, soweit es uns notwendig erscheint, kommentierende Hinweise auf die einschlägigen Arbeiten im Text oder in Fussnoten anfügen. Auch die terminologischen Fragen sollen dort zur Sprache kommen, wo der Bezug direkt gegeben ist. So werden etwa Froissarts Auffassungen von der Bedeutung der einzelnen Heereskategorien und seine Betonung der adligen Chevalerie als des tragenden Elementes der Heere im 14. Jahrhundert nicht nur als definitorische Randbemerkung, sondern in Form eines gesonderten Kapitels zur Sprache kommen. Auf die ausführliche Erörterung der Definition von Begriffen wie "Stand" oder "Klasse" glauben wir verzichten zu können (1). Froissart fasst die Chevalerie recht stereotyp und durchaus im Sinne seiner Zeitgenossen (2) als eine durch Standes- und Kriegsrecht, "droit d'armes", gesonderte Berufsgruppe auf, weshalb uns die Bezeichnung "Chevalerie" im Sinne von "Ritterstand" im folgenden gerechtfertigt erscheint.

Angesichts der zahlreichen verfügbaren Darstellungen des Hundertjährigen Krieges verzichten wir auf ein Datengerüst (3). Einige Schwierigkeiten ergaben sich bei der Schreibweise von Personennamen, da sich in manchen Fällen weder im Französischen noch im Englischen eine einheitliche Orthographie historischer Eigennamen eingebürgert hat. Der Leser wird deshalb um Nachsicht gebeten, wenn gelegentlich Inkonsequenzen nicht zu vermeiden waren. Die längeren Zitate wurden aus grundsätzlichen Erwägungen nicht übersetzt. Sie sollen dem Leser in originaler Diktion zur kritischen Lektüre vorgelegt werden.

---

(1) Die Diskussion eines Stände- oder Klassenbegriffs wäre aus einer einzelnen erzählenden Quelle kaum ergiebig. Dazu bedürfte es einer breiteren Quellenbasis. Zum Problem vgl. Winter, Johanna Maria van. Die mittelalterliche Ritterschaft als 'classe sociale'. In: Borst, Rittertum, pp. 370-391. Ebenso id., Rittertum. Ideal und Wirklichkeit. München 1969, p. 80.
(2) Vgl. Contamine, Ph. The French Nobility and the War. In: Fowler, The Hundred Years War, pp. 135-162. "There is no evidence in France during this period of an antithesis comparable to that which existed in fifteenth-century England between the nobility and the lords, on the one hand, and the knights, esquires, gentlemen and gentry, on the other." Ibid., p. 137. Dagegen hebt sich diese Gruppe ab von den "Gemeinen".
(3) Einen kurzen Ueberblick bieten etwa: Contamine, Ph. Azincourt, Paris 1964, pp. 27-35; Fowler, The Age of Plantagenet and Valois, London 1967, p. 10f.

ERSTER TEIL: DIE CHRONIQUES ALS GESCHICHTSQUELLE

## I. Biographisches

Unsere Kenntnisse des Lebenslaufs Froissarts sind lückenhaft. Nur einzelne Spuren, oft isolierte Belege, sind in den Quellen vorhanden; diese spärlichen Informationen zu "ergänzen", um durch "Einfühlung" oder Scharfsinn dennoch eine abgerundete Biographie zu schaffen, scheint verlockend. So sind denn auch schon im 19. Jahrhundert Studien zu Froissarts Leben erschienen, die über die wertvolle Sammlung der verfügbaren Quellenbelege hinaus eine Fülle von Spekulationen und auf Vermutung beruhenden Ergänzugen enthalten (1). Aus diesem Grunde sollen anschliessend die gesicherten Lebensdaten Froissarts nochmals kurz und skizzenhaft angeführt werden.

Darüberhinaus aber ist Froissarts Biographie auch für sein historiographisches Werk von Bedeutung (2). Das Sammeln der Materialien für die Chroniques beanspruchte einen grossen Teil seiner Lebensjahre; an der Biographie des Chronisten wird erst deutlich, wie Froissart arbeitete und wie er sich seine Informationen beschaffte.

Froissart stammte aus einer bürgerlichen Familie und wurde um 1337 in Valenciennes geboren (3). Erste zuverlässige biographische Spuren finden sich erst nach 1361, dem Jahr seiner Reise an den englischen Königshof (4). Die Gattin Edwards III., Philippa, Tochter Wilhelms III.

---

(1) Vgl. etwa die umfangreiche Biographie Kervyn de Lettenhoves in seiner Einführung zur Edition der Chroniques, Bruxelles 1867, und, auf Kervyn basierend: Darmesteter, Mary. Froissart. Paris 1894.
(2) Vgl. auch Mirot, Léon. Jean Froissart. In: Revue des Etudes historiques, 104 (1937), pp. 385-400, bes. p. 386.
(3) Vgl. dazu Shears, Froissart, pp. 6f. Ausser dem bürgerlichen Namen finden sich aber keine weiteren Hinweise auf die Familie Froissarts. Shears meint, Froissart stamme möglicherweise aus Kreisen der Geldwechsler oder Händler.
(4) Vgl. Shears, Froissart, p. 14. Zur Datierung der Geburt und der Englandreise vgl. Kervyn, XIV, p. 2; ibid., pp. 143 und 235. Dazu Jeanroy, p. 164, Anm. 1. Angezweifelt werden diese Datierungen durch Margaret Galway. Froissart in England. In: University of Birmingham

von Hennegau, stammte aus Froissarts Heimat. Sie wird den jungen
Landsmann an ihren Hof gerufen haben (1). Zu jener Zeit hatte Froissart offensichtlich bereits gute Beziehungen zum Adel seiner Heimat, und
der Kreis seiner Gönner weitete sich nun in England, wo sich nach der
Schlacht von Poitiers zahlreiche französische Gefangene aus dem Hochadel aufhielten, aus (2); er erwähnt später namentlich Enguerrand de
Coucy, den Seigneur de Gommignes, aber auch summarisch "tous les
nobles de France qui à Londres tenoient hostagerie" (3).

Froissarts Aufgaben waren jene eines "clerc" und Hofpoeten, als Geschenk, berichten die Chroniques, habe er bei seiner Ankunft der Königin eine (heute verschollene) Reimchronik mitgebracht (4). Der Londoner Hof war nach dem Frieden von Brétigny an Ruhm glanzvoller Prachtentfaltung der erste Europas, der Hof der Sieger von Poitiers: Edward III.
war der Beherrscher Englands, Wales' und halb Frankreichs und damit
der mächtigste König des Abendlandes. Ein goldenes Zeitalter schien
für England angebrochen, während das führerlose Frankreich von den
Banden der Compagnies heimgesucht wurde. In einer späten Würdigung
seiner ersten Wohltäterin drückt Froissart dieses Hochgefühl der Sechzigerjahre aus, indem er Philippa an die Seite der Artus-Gattin Genoveva
stellt, zu deren Zeit man England "la Grant Bretagne" genannt habe:
"...car depuis le temps de la roine Genoivre qui fu femme au roi Artus
(...) si bonne roine n'i entra ne qui tant d'onneur requist..." (5). Schon
früh begann Froissart, frei von materiellen Sorgen, am Hof zu London
Materialien für eine Chronik zu sammeln. Mit Edward Despenser aus

---

Historical Journal, VII, (1959), pp. 18-35. Um 1360 muss Froissart
nach einer Passage in den Chroniques in Avignon am Hofe Innozenz' VI.
gewesen sein (SHF XII, pp. 228-229).
(1) Shears, Froissart, pp. 14ff.
(2) Kervyn XV, p. 141. Eine Liste seiner Wohltäter führt Froissart im
    Gedicht "Buisson de Jeunesse" an. Poésies, Hg. Scheler, Bd. 2, p. 8.
    Kervyn XIV, p. 2. SHF III, p. 122.
(3) Kervyn XV, p. 141. Zur Rolle als Hofchronist vgl. Kervyn, XVI,
    p. 234.
(4) Vgl. die Analyse des Prologs zum ersten Buch von Normand Cartier,
    The Lost Chronicle. In: Speculum 36, 1961, pp. 424-434.
(5) SHF I, p. 286 (MS Rom).

der Familie der Günstlinge König Edwards II., unternahm er Ausflüge und Reisen, auf denen er sich über die Ereignisse unter Edward II. und seiner gegen ihn konspirierenden Gattin Isabella (1327) berichten liess:

> Et pluisseurs fois avint que, quant je cevauchoie sus le pais avoecques lui, (...) il m'apelloit et me disoit: Froissart, véés-vous celle grande ville à ce haut clochier? - Je respondoie: Monsigneur, oil: pourquoi le dittes vous? - Je le di pour ce: elle deuist estre mienne, mais il ot une male roine en ce pais, qui tous nous tolli. (1)

Nach vier Jahren Aufenthalt am Hof zu London bereiste Froissart Schottland (1365). David Bruce, der schottische König, war fünfzehn Wochen lang sein Gastgeber; von ihm erfuhr Froissart die Umstände seiner Gefangennahme in der Schlacht bei Nevill's Cross 1346 (2). Weitere Auskunftspersonen waren unter anderen Alexander Ramsay und - auf Schloss Dalkeith - William Douglas, dessen Vater in der Schlacht gefochten hatte (3). Froissart bereiste im Gefolge des Schottenkönigs "la grignour partie de son roiaulme" (4), und drei Tage hielt er sich auf Schloss Stirling auf (5). Zahlreich sind die Passagen in den Chroniques, die eine besondere Vertrautheit des Verfassers mit den lokalen Gegebenheiten Schottlands verraten, so zum Beispiel die Beschreibung der Stadt Edinburgh, die keine Stadt sei wie Tournai oder Valenciennes, denn es gebe dort "keine vier-

---

(1) SHF I, p. 257 (MS Rom). Vgl. Perroy, La Guerre, pp. 39f.
(2) SHF IV, pp. 235f. Die biographischen Daten der Schottland-Reise stammen alle aus Froissarts Beschreibung der Schlacht von Nevill's Cross (1346), wo er seinen Schottland-Besuch besonders hervorhebt. David Bruce stand zu dieser Zeit in relativ gutem Verhältnis zum englischen Königshof: er hatte zwei Jahre früher die Nachfolge eines Sohnes Edwards III. auf seinen Königsthron anerkennen müssen. Vgl. Shears, p. 20. Zur Unwirtlichkeit Schottlands vgl. SHF XI, p. 214: "En guel Prusce nous a chi amenés li amiraulx" fragt ein französischer Ritter nach der Landung in Schottland. Vgl. auch Jean le Bel, ed. Viard et Déprez, Paris 1904, Bd. I, pp. 55-56. Froissart berichtet, der Schottenkönig habe seit Nevill's Cross eine Pfeilspitze im Kopf gehabt, die ihm bei Neumond grosse Schmerzen verursachte. Mit der Pfeilspitze habe der König noch "gute 32 Jahre" gelebt. SHF IV, p. 236. (Soviel zu Froissarts Fabulierlust.)
(3) SHF IV, p. 236.
(4) Ibid. und Kervyn, XVI, p. 5.
(5) Kervyn, XIII, p. 219; SHF I, p. 349. Als Gastgeber erwähnt Froissart ausserdem die Earls of Mar, March, Five und Sutherland. Vgl. Scheler, Poésies, II, p. 12 und p. 216.

hundert Häuser". Sehr anschaulich entsteht vor unseren Augen auch das Bild des Stadtkastells, das über steilen Abhängen throne, die man kaum ohne mehrmaliges Ausruhen erklimmen könne (1).

1366-1367 finden wir Froissart wieder zurück auf dem Kontinent. 1366 ist sein Aufenthalt am Hof Wenzels von Brabant bezeugt (2); angereist war er über Sandwich, wo er das grosse Schiff "Katherine", ein Geschenk Edwards III. an den König von Zypern, bewunderte, das aber schon zwei Jahre mangels Verwendungsmöglichkeiten im Hafen ankerte. 1366 erscheint Froissart wieder in England auf Schloss Berkeley, wo er sich "par un anchien escuier" von den letzten Tagen Edwards II. erzählen lässt; der Gastgeber, Graf Berkeley, berichtet ihm von der Schlacht von Poitiers 1356, wo er in Gefangenschaft geraten war (3). Im Januar 1367 finden wir Froissart im Gefolge Edwards, des Schwarzen Prinzen, in Bordeaux. Froissart wollte am Spanienfeldzug Edwards teilnehmen, kehrte aber aus unbekannten Gründen wieder nach England zurück (4).

Italienreise 1368  Nach seinen eigenen Angaben verliess Froissart noch im Jahre 1367 England (5) - er sollte während siebenundzwanzig Jahren nicht mehr auf die Insel zurückkehren. Im Jahr darauf finden wir ihn im grossen Gefolge des Herzogs Lionel von Clarence auf dem Weg durch Frankreich nach Mailand zur Vermählung Lionels mit Iolanthe Visconti. Froissart erwähnt in den Chroniques kurz die pompösen Empfänge und Feste in Paris und Chambéry und bemerkt mit Stolz in seinen Gedichten, er habe für die Gesänge der Spielleute die Verse verfassen dürfen (6). Italien scheint Froissart wenig angezogen zu haben;

---

(1) SHF XI, p. 214; vgl. auch SHF II, p. 50 und p. 120: "Saint Jehan en Escoce où on prent le bon saumon et grant fuison."
(2) SHF VI, pp. 91-92; vgl. auch Kervyn, I, 1, p. 153.
(3) Vgl. SHF I, p. 247 (Besuch auf Berkeley Castle). Die Episode der Gefangennahme Berkeleys in: SHF V, p. 278. Froissart fügt an: "si comme je l'oy compter depuis par le seigneur de Bercler en Engleterre, en son castiel meysmes...".
(4) Kervyn, XVI, p. 234 (Anwesenheit in Bordeaux) und Kervyn, XV, p. 142 (Rückkehr von Dax).
(5) Kervyn, XV, p. 141.
(6) Vgl. SHF VII, pp. 64 und 302. Zum Gefolge Lionels von Clarence vgl. SHF VII, p. xxvi, Anm. 2. Vgl. auch Poésies, ed. Scheler, Bd. II, p. 226. Froissart erwähnt ein Geschenk von 20 Goldgulden des Grafen

der aufkeimende Geist der Renaissance hat keine greifbaren Spuren in den Chroniques hinterlassen. Froissart reiste nach den Hochzeitsfeierlichkeiten in Mailand über Bologna und Ferrara nach Rom, doch hält er die Fortsetzung der Italienreise in den Chroniques auch nicht der kleinsten Bemerkung für würdig (1).

Nach der Italienreise muss Froissart an den Hof von Brabant zurückgekehrt sein. Er erhält dort Ende August 1369 ein Geldgeschenk "de uno novo libro gallico" (2). Herzog Wenzel von Brabant, Sohn des bei Crécy gefallenen blinden Königs Johann von Böhmen, war ein grosszügiger Förderer der Künste, unter anderem Gönner Guillaumes de Machaut und Chaucers (3). Da die Königin Philippa inzwischen gestorben war, suchte Froissart neue Patrons im Kreis der niederländischen und der benachbarten französischen Aristokratie. Im Vordergrund stehen nun neben Wenzel von Brabant vor allem Robert von Namur und Gui von Blois (4).

Nun entstand, vor allem unter der Förderung Roberts von Namur, zwischen 1369 und 1373 die erste Fassung des ersten Buches der Chroniques. Es benützt für die Jahre 1325 bis 1356 im wesentlichen die Chronik des Lütticher Kanonikers Jean le Bel als Vorlage; zusätzlich fügt Froissart aber auch eigene Informationen bei - gelegentlich aber bloss zur Ausschmückung der trockenen Erzählung seiner Vorlage (5). Für die Zeit

---

von Savoyen, das ihm die Weiterreise nach Rom ermöglichte. - Zur Frage, ob Froissart in Mailand Petrarca und Chaucer getroffen habe, vgl. Diskussion bei Shears, p. 28, und anon. in: TLS, Thursday, Sept. 27, 1928, p. 684.
(1) Vgl. Kervyn, I, 1, pp. 168-169; Shears, Froissart, pp. 28-29; Scheler, Poésies, II, p. 226.
(2) Kervyn, I, 1, p. 179. Kervyn datiert die Akte auf den 29. August 1369, und es besteht kein Grund zur Annahme, dass er sich irrte, wie Jeanroy, p. 171, glaubt, denn wie wir gesehen haben, genoss Froissart schon früher die Unterstützung des Brabanter Hofes, so dass diese Schenkung auch zu Lebzeiten Philippas durchaus möglich gewesen ist.
(3) Vgl. Shears, Froissart, pp. 31-32.
(4) Zu Wenzel und seiner Gattin: Shears, Froissart, p. 31 ff.. SHF XI, p. 155, Kervyn, XV, p. 141. Zu Robert von Namur: SHF I, pp. 210-211. S. Luce, Introduction, SHF I, pp. xx ff. Zu Gui von Blois: SHF I, Luce, Introd., p. lii.
(5) Manche berühmte Passage hat Froissart von Jean le Bel übernommen, so z. B. die Szene der Uebergabe vor Calais. Vgl. dazu: Chalon, Louis. La scène des bourgeois de Calais chez Froissart et Jean le Bel. In: Cahiers d'analyse textuelle, X (1968), pp. 68-84. Zu Froissarts Ver-

nach 1369 war Froissart nun in der Lage, ausschliesslich eigene Materialien zu verarbeiten. Wohl durch Protektion Guis von Blois erhält Froissart Anfang der Siebzigerjahre die Pfarrei von Lestines (Hennegau). Robert von Namur, Parteigänger der Engländer, tritt nun zurück, zum Hauptgönner wird fortan der überzeugte "Franzose" Gui von Blois (1).

Zwischen 1373 und 1378 setzte Froissart in Lestines seine Arbeit an den Aufzeichnungen zur Zeitgeschichte fort und beendete 1377 sein erstes Buch der Chroniques. Die bis dahin nur sehr lückenhafte Stoffsammlung über die Jahre 1350 bis 1356 und die Ereignisse der Siebzigerjahre wurde ergänzt und erweitert (2). Ausserdem schrieb Froissart zwischen 1376 und 1386 eine vollständige Neufassung des ersten Buches, die sogenannte zweite Redaktion, mit eher frankreichfreundlichen Tendenzen, was wohl dem neuen Geldgeber (und wichtigen Informanten) Gui von Blois zuzuschreiben sein dürfte (3). Die produktive Arbeit Froissarts in Lestines während der Siebzigerjahre umfasste auch den Bereich der Poesie, wofür sich vor allem Wenzel von Brabant durch finanzielle Zuwendungen erkenntlich zeigte (4).

Froissarts Arbeit in Lestines, die zahlreichen Kopien seiner Chronik und die fortlaufenden Aufzeichnungen zur Zeitgeschichte scheinen weite Beachtung gefunden zu haben: Jean Lefèvre, Bischof von Chartres, erwähnt am 12. Dezember 1381 in seinem "Journal" die Konfiskation einiger Hefte der Chroniques, die Froissart möglicherweise zum Anlass der Heirat Richards II. mit Anna von Böhmen, der Nicht Wenzels von

---

hältnis zur Vorlage allgemein vgl. Philippeau, Pierre. Froissart et Jean le Bel. In: Revue du Nord, T. XXII, No 85, 1936, pp. 81-111. Nützlich ist auch die Zusammenstellung der originalen Kapitel Froissarts im 1. Band der Chroniques von S. Luce, SHF I, p. xvii f..

(1) Die Auslassung Roberts von Namur auf den späteren Gönnerlisten hat zu mannigfachen Vermutungen Anlass gegeben, deren Wiedergabe nur Wiederholung bedeuten würde. Vgl. die Zusammenfassungen bei Jeanroy, Extraits, p. 174, und Shears, Froissart, p. 35. SHF I, Introd. S. Luce, p. lii. Zu den Verwandtschaftsbeziehungen Guis vgl. auch Darmesteter, pp. 47ff.
(2) Vgl. SHF I, p. xxxviii.
(3) Vgl. ibid., p. xliii ff., bes. pp. li ff.
(4) Vgl. Kervyn, I, 1, p. 247ff; ebenso Shears, Froissart, p. 37. Kervyn zitiert Dokumente, die zeigen, dass Froissart trotz der Zuwendungen seiner Gönner recht häufig Anleihen bei "Lombarden" machen musste, was seine Sorglosigkeit in Geldsachen illustriert (Kervyn, I, 1, p. 241). Die grosse Produktivität der Zeit von Lestines (Chroniques und Gedichte) mag zum Teil auch darauf hindeuten, dass Froissart auf Einnahmen aus seinen eigenen Werken angewiesen war.

Brabant, nach England senden wollte. Der Urheber der Beschlagnahmung war der Herzog von Anjou, dem in den Chroniques eine recht unfreundliche Behandlung zuteil wird (1).

Die "Chroniques des guerres de Flandre" 1379 brachen in Flandern schwere Wirren aus, die bald das Ausmass eines Bürgerkriegs annahmen und sich trotz des Sieges der französisch geführten Adelspartei bei Roosebeke (1382) in den Achzigerjahren fortsetzten. Um sich möglichst genau zu informieren, reiste Froissart nach Flandern, wo er eifrig Materialien sammelte (2). Voraussetzung dazu war aber ein bedeutendes Ereignis im Leben Froissarts: Seit etwa 1382 oder 1383 erscheint der Chronist als "trésoriers et channones de Chimay". Herr von Chimay war Gui von Blois, der von da an als weitaus wichtigster und wohl auch einziger ständiger Patron Froissarts auftritt (3). Herzog Wenzel war 1383 verstorben. Die bevorzugte und gesuchte Stellung eines Kanonikus von Chimay (Südbelgien) gab Froissart den materiellen Rückhalt für ausgedehnte Reisen und Nachforschungen.

Froissart konnte nun wichtige Ereignisse aus der Nähe verfolgen. 1382 zog ein französisches Heer - offiziell unter dem Knaben Karl VI., tatsächlich unter dessen Onkel, dem Herzog von Burgund - dem Grafen von Flandern zu Hilfe und besiegte die rebellischen Genter unter Philipp von Artevelde bei Roosebeke (4). An diesem Feldzug nahm auch Gui von Blois teil. Der Chronist weist seinem Herrn das besondere Verdienst zu, nach der Schlacht den Hennegau und besonders Valenciennes von der Plünderung durch die von magerer Beute in Flandern enttäuschten Bretonen bewahrt zu haben (5). Im folgenden Jahr finden wir Froissarts

---

(1) Die Stelle im Journal Jean Lefèvres ist wiedergegeben bei Kervyn, I, 1, pp. 286-287. Zur Geld- und Machtgier Anjous vgl. SHF IX, pp. 283-284 und 288.
(2) Vgl. Gaston Raynaud, Einleitung zum 2. Buch der Chroniques, SHF IX, p. iv.
(3) Vgl. Kervyn, XIV, p. 1: erste Erwähnung in Chimay.
(4) Vgl. Perroy, La Guerre, pp. 159-161; Contamine, La guerre, pp. 70ff.
(5) SHF XI, pp. 64-66.

Gönner erneut in Flandern, diesmal anlässlich eines Feldzugs gegen die englischen "Kreuzfahrer" des Bischofs von Norwich. Gui, nun ein kranker Mann, liess sich in der Sänfte zum Sammelplatz Cambrai und darauf nach Flandern tragen. Froissart streicht die Tapferkeit seines Herrn gebührend heraus (1).

Eine Teilnahme Froissarts an diesen Zügen, wie sie Kervyn de Lettenhove und Shears (2) annehmen, ist nicht nachweisbar. Indessen konnte der Chronist über die flandrischen Wirren leicht und aus erster Hand zu seinen Informationen gelangen. Er verfasste von den flandrischen Ereignissen die "Chroniques de Flandre", die vermutlich später in gekürzter Form in das zweite Buch der Chroniques integriert wurde (3).

<u>Froissart in Sluis</u>   1386 wandte sich die Aufmerksamkeit des Chronisten den Vorbereitungen zu einer Invasion Englands durch den Herzog von Burgund in Sluis zu, wo die Franzosen schon seit längerer Zeit im Begriff waren, eine Kriegsflotte von noch nie gesehener Grösse aufzubauen. Froissart verfolgte die Kriegsvorbereitungen an Ort und Stelle als eher skeptischer Beobachter (4). Er verschweigt nicht, dass sich die Flamen keine Illusionen über den militärischen Wert und die Erfolgsaussichten der Unternehmung machten, und seine Freude am erhebenden Anblick der ungezählten, prunkvoll geschmückten Schiffe im Hafen wird getrübt durch die Not der Bevölkerung der Umgebung, die von plündernden Söldnern, für deren Bezahlung das Geld fehlte, arg bedrückt wurde (5). Die Gelegenheit zum Auslaufen war im Herbst, als das Wetter sich verschlechterte, bald verpasst, und mit den Finanzen fanden auch die grossartigen französischen Eroberungspläne ein kläglices Ende. Froissart zeichnete seine Berichte darüber in den folgenden Jahren im

---

(1) SHF XI, pp. 125-126.
(2) Shears, Froissart, p. 42.
(3) Vgl. Gaston Raynaud, SHF IX, pp. ii ff.
(4) SHF XIII, pp. 96-97 (Sluis, Holland, a.d. belgischen Grenze). Vgl. a. Perroy, La Guerre, p. 162; Contamine, La guerre, pp. 72-73; Lavisse IV, I, pp. 292f.
(5) SHF XIII, p. 77.

dritten Buch der Chroniques auf (1).

Die Jahre von etwa 1386/87 an bis 1388 verbrachte Froissart zum grössten Teil in Blois an der Loire, wo Gui nun vorzugsweise residierte (2). Dort vollendete er zunächst das zweite Buch seiner Chroniques, das die Ereignisse - besonders ausführlich die Wirren in Flandern - von 1377 bis 1387 behandelt. Ausserdem sammelte Froissart in Blois Materialien zu den Kriegen in der Bretagne. Danach fand er endlich Zeit, sich den "besoignes des lointaines marches" (3) zuzuwenden, die er lange Zeit hatte zurückstellen müssen: den Kriegen in Spanien, Portugal und im Süden Frankreichs. Der Zeitpunkt war günstig, denn Flandern und die Picardie waren befriedet, und grössere Waffentaten standen für längere Zeit nicht in Aussicht, so dass Froissart nach Beendigung der Aufzeichnungen des zweiten Buches - etwa 1387 - wieder grosse Reisepläne schmieden konnte, damit er sich nach seinen eigenen Worten "sans ce que je y envoiasse autre personne que moy..." am geeigneten Ort informieren könne (4).

<u>Reisen von 1388 bis 1390</u>   Vom Herbst 1388 bis ins Jahr 1390 - wir sind für einmal verhältnismässig dicht informiert über Froissarts Aufenthalte und Tätigkeiten - folgten ausgedehnte Reisen mit eifrigem Sammeln und Verarbeiten von Materialien. Innerhalb kurzer Zeit entstand das dritte Buch der Chroniques. Es umfasst die Jahre 1386 bis 1390 und bildet eine inkohärente Sammlung von Berichten, die immer wieder in Form von Digressionen in frühere Jahre - zuweilen bis an die Zeit des Friedens von Brétigny - zurückblenden (5).

---

(1) SHF XIII, pp. 1-18; 75-102.
(2) Vgl. Kervyn, XIII, p. 82; SHF XIV, pp. 3ff.
(3) SHF XII, p. 1.
(4) Ibid., pp. 1ff. (Prolog des 3. Buches)
(5) Mit der Niederschrift des 3. Buches begann Froissart erst 1390. Kervyn, XI, p. 251. Ungefähr gleichzeitig muss er bereits mit der Niederschrift des 4. Buches begonnen haben. Das 3. Buch ist ediert in den Bden. IX-XIV der SHF-Ausgabe.

Froissarts erstes Reiseziel waren die Pyrenäen. Gui von Blois versah Froissart mit Empfehlungsschreiben an Gaston von Foix, den Grafen der kleinen Pyrenäengrafschaften Foix und Béarn, beides Durchgangsgebiete zwischen Südfrankreich und Spanien. Gaston Phoebus von Foix, Freund der Jagd, der Poesie und glanzvoller Hoffeste, daneben aber auch berüchtigt für sein hartes Regiment, hatte es verstanden, in den Auseinandersetzungen zwischen Franzosen und Engländern eine neutrale Haltung zu bewahren. Sein Hof war ein beliebter Treffpunkt für Anhänger aller Kriegsparteien.

Froissarts Bericht von seiner Reise nach Orthez in die Pyrenäen ist einer der persönlichsten und biographisch aufschlussreichsten Teile der Chroniques. Als vorzügliches Beispiel für die Arbeitsweise des Chronisten wird sie uns noch eingehender beschäftigen. Die Reise führte über Carcassonne nach Pamiers, damals wegen der vielen auf eigene Faust kämpfenden "Routiers" kein ungefährlicher Weg. In Pamiers hatte Froissart das Glück, die Bekanntschaft eines Ritters aus dem Gefolge Gastons von Foix zu machen: Espan de Lion (Leu). Espan war während sechzehn Tagen Froissarts Reiseführer; jede Stadt, jede Burg und jede historische Stätte war nun Anlass zu ausführlichen Erläuterungen, die Froissart sogleich eifrig festhielt (1).

Froissart verbrachte vom 25. November 1388 an zwölf Wochen am Hofe Gastons von Foix in Orthez. Er war dort ein gut eingeführter und geehrter Gast; der Graf persönlich forderte ihn auf, zu nächtlicher Stunde aus dem Roman "Méliador" vorzulesen (2). Froissart führte in Orthez Gespräche mit zahlreichen "chevaliers" und "escuiers" (3), darunter auch mit einem Abenteurer namens Bascot von Mauléon, der jenen Typus des Strauchritters verkörperte, wie Froissart ihn bald in Mérigot Marchès und Geoffrey Tête-Noire voller Bewunderung porträtieren sollte. Seine Erkundigungen führten ihn gelegentlich zurück bis in die Sechzigerjahre zu den Händeln zwischen Foix und Armagnac, in die sich auch sein Gönner Edward, der Schwarze Prinz, eingeschaltet hatte.

---

(1) SHF XII, pp. 21ff.
(2) Ibid., p. 76.
(3) Ibid., p. 95; vgl. auch Kervyn, XIII, p. 219.

Die prunkvollen Feierlichkeiten des Weihnachtsfestes 1388 eröffneten
auch die Gelegenheit zum Gespräch mit vier Bischöfen, zwei Klementinern und zwei Urbanisten, die am Hofe Gastons gleichermassen Gastrecht genossen (1). Nur ungern und in der Hoffnung, der Besuch in den
Pyrenäen bei Gaston von Foix möge nicht sein letzter sein, verliess
Froissart im Februar 1389 Orthez im Gefolge der Herren von Rivière
und de la Trémouille, beides Ratgeber des französischen Königs. Im Auftrag des sechzigjährigen Herzogs Jean von Berry führten sie dessen Braut,
die zwölfjährige Jeanne von Boulogne, Pflegetochter Gastons von Foix, über
Avignon zur Hochzeit nach Riom. Froissart konnte sich dem Zug anschliessen (2) und reiste darauf nach Paris, wo ein alter Gönner aus den früheren
Jahren am englischen Hof, Enguerrand von Coucy, ihn empfing (3). Coucy
bot dem Chronisten einen kurzen Erholungsaufenthalt von drei Tagen auf
seinem Schloss Crèvecoeur bei Cambrai an. Danach verbrachte Froissart zwei Wochen in Valenciennes und suchte dann in Schoonhoven seinen
Herrn Gui von Blois auf. Für einen Monat blieb er beim Grafen - Gesprächsstoff war genug gesammelt -, doch hielt es ihn für diesmal nicht lange beim
Herrn von Blois: Anfang August 1389 brach er erneut auf mit dem Ziel Paris, um dort den prunkvollen Feierlichkeiten der "Entrée" der Königin
Isabeau von Bayern, der Gattin Karls VI., beizuwohnen (am 22. August).
Froissart hoffte auch, Informationen über die Friedensverhandlungen, die
zur Zeit in Leulinghem bei Abbéville stattfanden, zu erhalten (4). Wie die
meisten Ereignisse, bei denen Froissart Augenzeuge war, erfährt die
"Entrée" der Königin eine detaillierte und besonders farbige Schilderung
zu Beginn des vierten Buches (5).

---

(1) Vgl. SHF XII, p. 116. Die Taten Bascots von Mauléon vgl. ibid., pp. 95ff.
(2) Kervyn, XIV, p. 3 und XIII, p. 119. Nach Shears, pp. 55-56, und anderen soll Froissart in Avignon vom Papst ein Kanonikat von Lille zugesprochen worden sein (ohne Beleg). Froissart führt diesen Titel nur einmal im Prolog des 4. Buches; vgl. Kervyn, XIV, p. 1.
(3) Kervyn, XIV, p. 3.
(4) Zur Rückkehr nach Schoonhoven und der Reise nach Paris vgl. Kervyn, XIV, pp. 4-5.
(5) Vgl. Kervyn, XIV, pp. 5-25.

Juan Fernandez Pacheco   Froissart muss anschliessend in den Hennegau zurückgekehrt sein. Er begann nun mit der Aufzeichnung der Reiseerlebnisse des vergangenen Jahres. Noch aber fehlten ihm ausreichende Informationen von portugiesischer Seite über die Kriege auf der iberischen Halbinsel, vor allem zur Schlacht von Aljubarrota (1385) (1). So reiste Froissart - wohl zu Beginn des Jahres 1390 - nach Brügge, "pour trouver les Portigalois et Lusebonnois". Deren dortige Handelsniederlassungen dienten der portugiesischen Chevalerie auf der Durchreise als Quartier. Als besonders wertvolle Auskunftsperson erwies sich der Ratgeber des Königs von Portugal, Don Juan Fernandez Pacheco, der eben im seeländischen Middelburg günstigen Wind für eine Reise nach Preussen abwartete. Froissart interviewte Pacheco während "ungefähr sechs Tagen", reiste danach über Brügge in "seine Heimat" zurück (wohl nach Chimay), um dort die gesammelten Materialien über Portugal und Kastilien niederzuschreiben (2).

Der kurze Einblick in Froissarts Arbeiten während der Jahre 1388 bis 1390 vermittelt einen Eindruck vom aussergewöhnlichen Fleiss und der Ausdauer, die Froissart auszeichneten. Er war bemüht, alle Seiten zu Wort kommen zu lassen, und nahm damit auch zahlreiche Ueberarbeitungen und Abweichungen von der Chronologie der bisherigen Textgestaltung in Kauf. Sein Plan, das erste Buch ein drittes Mal vollständig umzuschreiben, dürfte in den Neunzigerjahren entstanden sein, in jener Zeit, als er das dritte Buch vollendete und gleichzeitig bereits unablässig am vierten arbeitete. Dass Froissart neben seinen historischen Arbeiten noch Zeit fand, eine ungewöhnliche Fülle weitschweifiger Poesie und Epik zu verfassen, sei nur am Rande erwähnt.

Froissart in Abbéville 1392   Nach 1390 werden die biographischen Daten spärlich (3). Wir finden Froissart im Juni 1392 - zur Zeit heftiger Machtkämpfe am Hof, die schon vor dem

---

(1) SHF XII, pp. 237-239. In Orthez hatte er unter anderen "chevaliers'' d'Arragon et Anglois" als Informanten über "Kastilien", "Navarra" und "Portugal" befragt; SHF XII, p. 95.
(2) SHF XII, p. 239.
(3) 1390 scheint Froissart erneut in Avignon gewesen zu sein; SHF XIV, p. 4.

Wahnsinnsanfall König Karls VI. (im August 1392) ausgebrochen waren - wieder in Paris. Die spannungsgeladene, von unterschwelliger Gewalttätigkeit gekennzeichnete Atmosphäre der beginnenden Zwietracht in Frankreichs Adelskreisen ist in den Chroniques meisterhaft eingefangen: Den dramatischen Höhepunkt in Froissarts Bericht bildet die Darstellung des nächtlichen Mordanschlags des Bretonen Pierre von Craon auf dessen Privatfeind, den Marmouset Olivier von Clisson, Konnetabel des Königreiches (1). Froissart mag nach dem Sommer 1392 wieder in den Hennegau zurückgekehrt sein; eine nächste Spur seines Lebenswegs findet sich indessen erst wieder 1393, als in Leulinghem nach vierjährigem Ringen um einen Friedensvertrag die Diplomaten Englands und Frankreichs vor einem Vertragsabschluss standen. Froissart hielt sich zu dieser Zeit in Abbéville auf, von wo aus er die Verhandlungen verfolgte (2). Er schildert die Atmosphäre des Misstrauens unter den Delegierten; die Engländer - vor allem Gloucester - fürchteten die französische Eloquenz mit ihren "Wortspielen" und hätten Latein oder Englisch als Verhandlungssprache vorgezogen (3). Aufschlussreiche Eindrücke erhielt Froissart auch aus dem Lager Karls VI. und seines Gefolges, das in Abbéville residierte. Froissart kritisiert die Anstrengungen der Ess- und Trinkgelage "hors heure", die seiner Meinung nach Ursache des nachfolgenden neuerlichen Wahnsinnsanfalls des französischen Königs waren (4).

Froissarts letzte Reise nach England    Seit einiger Zeit schon war der Stern des Grafen von Blois im Sinken. Zu Ende des dritten Buches schreibt Froissart noch von seinem

---

(1) Kervyn, XV, pp. 1-21. Froissarts Sympathien liegen in diesem Fall deutlich bei Clisson; die Schuld an den Unruhen trugen laut den Chroniques die Onkel des Königs, vor allem die Herzöge von Burgund und Berry. Zum Politischen vgl. Perroy, La Guerre, pp. 166ff.; Contamine, La guerre, p. 110.
(2) Kervyn, XV, p. 112. Kervyn zitiert in seiner Einleitung (Kervyn, I, 1, p. 372) ein Dokument vom 7.6.1393, das Froissarts Anwesenheit in Abbéville bezeugt. Froissart erhielt an diesem Datum eine Summe von zwanzig Goldfranken vom Herzog von Orléans für ein Buch "Le dit royal" (dieses Werk ist nicht erhalten). Dies ist ein weiterer Hinweis auf die Weitläufigkeit der Beziehungen Froissarts.
(3) Kervyn, XV, pp. 114f. und 120f.
(4) Kervyn, XV, pp. 116 und 126-128.

"très chièr et honnouré seigneur monseigneur le conte Gui de Blois",
und auch das vierte Buch beginnt noch mit der Ehrung seines langjährigen Gönners (1). Bald aber sind es andere Wohltäter, die in den Vordergrund treten: "monseigneur le duc Aubert de Bavière, conte de Haynau (...), monseigneur Guillemme son fils (...), conte d'Ostrevan (...), madame Jeanne, la duchesse de Brabant et Luxembourg, (...) monseigneur Enguerrand de Coucy et aussi (...) ce gentil chevallier, monsigneur de Gommegnies" (2). Die Begründung für die Auslassung Guis von Blois in dieser späteren "Gönnerliste" des vierten Buches gibt Froissart selbst in seinem Bericht vom Niedergang des Hauses Blois. Froissart schildert mit starker Anteilnahme die chronischen Geldnöte wegen der Krankheit des Grafen, und er verurteilt die Günstlingswirtschaft der Gräfin, die er für den ruinösen Verkauf von Besitzungen an den Herzog von Touraine verantwortlich macht. Voller Bitterkeit schreibt Froissart, Marie von Namur habe nach dem Tod ihres Gatten 1397 zur Schuldentilgung das letzte Mobiliar versetzen müssen. Aus diesen Gründen dürfte Gui von Blois schon bald nach 1390 nicht mehr in der Lage gewesen sein, Froissart finanziell zu unterstützen (3).

Froissarts zahlreiche Gönner enthoben den Chronisten jedoch auch weiterhin materieller Sorgen, und die englisch-französische Annäherung von 1388 bis 1393 liess ihn in ungebrochenem Unternehmungsgeist neue Reisepläne schmieden. 1393/94 schuf der Waffenstillstand endlich wieder die Voraussetzung zu einer Englandreise. Ausgestattet mit verschiedenen Empfehlungsschreiben seiner Herren an den König von England, überquerte Froissart am 12. Juli 1395 den Kanal von Calais nach Dover. Aber welche Ernüchterung, als er schon in Dover eine fremde und ungewohnte Umgebung vorfand:

> ... je ne trouvai homme de ma congnoissance du temps que j'avoie fréquenté en Angleterre et estoient les hostel tous renouvellés de

---

(1) Kervyn, XIII, p. 319 und XIV, p. 1.
(2) Kervyn, XV, p. 141.
(3) Zum Niedergang des Hauses Blois vgl. Kervyn, XIV, pp. 323-324, ibid., pp. 368-374, und XVI, pp. 70-71. Zur Tendenz der Chroniques zu Ungunsten der Marie von Namur vgl. Darmesteter, pp. 129-130.

nouveau poeuple, et les jeunes enffans, fils et filles devenus hommes
et femmes, qui point ne me congnoissoient, ne moi eulx. (1)
Durch einen alten Freund aus englischen Hofkreisen, Richard Stury,
fand Froissart dennoch rasch Zugang zum König, der eben von seinem
ersten Irlandfeldzug zurückgekehrt war. Als Geschenk überreichte er
Richard II. ein kostbar eingebundenes Buch, das alle "traittiés amoureux et de moralité" enthielt, die er "während 33 Jahren" verfasst hatte (2).
Wir wissen über Froissarts letzte Englandreise, dass er auf der Hinreise das Grab des Schwarzen Prinzen in Canterbury besuchte, und dass
er während dreier Monate bis zu seiner Rückkehr dem Gefolge Richards II.
angehörte. Er besuchte viele Orte seiner Erinnerungen wie Leeds, Kingston, Eltham und Windsor und nutzte die guten Möglichkeiten zum Sammeln
neuer Informationen über die Rivalitäten und Machtverhältnisse am englischen Hof und über die in seinen Augen verhängnisvolle Rolle der Commons von London (3). Neues und Skurriles aus der Sicht englischer Ritter erfuhr er dabei auch über Irland, das in seinen Chroniques bis dahin
nicht behandelt worden war (4). Im Herbst 1395 nahm Froissart in Windsor Abschied vom englischen König. Versehen mit einem grosszügigen
Geldgeschenk kehrte er zurück auf den Kontinent (5).

<u>Die letzten Jahre</u>   Von diesem Zeitpunkt an liegt Froissarts Biographie
im dunkeln. Nur die letzten Daten der Chroniques
und ein Hinweis auf die Abfassungszeit der dritten Redaktion des ersten
Buches (6) geben noch Andeutungen der letzten Lebensjahre. Bis 1400
führte er nun das vierte Buch weiter. Dieser letzte Teil seiner Chroniques

---

(1) Vgl. Kervyn, XV, p. 142.
(2) Ibid., p. 141.
(3) Dies fand vor allem in der 3. Redaktion des 1. Buches seinen Niederschlag, vgl. Diller, p. 42.
(4) Vgl. die Erzählungen englischer Ritter über Irland, Kervyn, XV,
pp. 137-140, 144-146, 161-182. Zum England-Besuch Froissarts
vgl. auch die ausführliche Darstellung bei Shears, pp. 65ff.
(5) Kervyn, XVI, p. 234.
(6) Bei der Schilderung der Belagerung von Quesnoy 1340 steht in der
3. Redaktion die Bemerkung: "Pour ces jour li Quesnois n'estoit point
si bien fermée, comme elle estoit soisante ans après..."; SHF II,
p. 204. Demzufolge arbeitete Froissart um 1400 an der 3. Fassung
des 1. Buches.

behandelt zur Hauptsache die Wirren am französischen Hof nach 1390 und die englischen Ereignisse im Vorfeld der Absetzung Richards II.. Das Ende des Königs bildet den eigentlichen Höhepunkt des vierten Buches. Ausserdem bemühte sich Froissart aber auch, die französische Italienpolitik mit den Feldzügen Armagnacs und des Herzogs von Anjou, die Auseinandersetzungen in der Kirche sowie verschiedene Nebenschauplätze des Geschehens, unter anderem die "Kreuzzüge" nach Nordafrika 1390 und 1396 auf den Balkan mit der Schlacht von Nikopolis, ausführlich darzustellen. Die Anlage des vierten Buches ist ausserordentlich breit; sie lässt den Willen des Chronisten erkennen, eine universale Darstellung der europäischen Geschichte zu erreichen. Mit dem vierten Buch enden Froissarts Chroniques unvermittelt und ohne formalen Abschluss; aus dem Jahr 1400 erwähnt Froissart noch die Absetzung des deutschen Königs Wenzel (20. August 1400); die Gründe für das abrupte Ende des Werkes sind unbekannt.

Die letzten Jahre der Schaffenszeit des unermüdlichen Chronisten waren einer erneuten Revision des ersten Buches gewidmet. Diese dritte Redaktion, erhalten in der Handschrift im Vatikan-Archiv in Rom, schliesst mit dem Jahr 1350 (1). Sie tilgt vollends die Spuren der Chronik von Jean le Bel, die für die erste und zweite Fassung des ersten Buches noch als Vorlage gedient hatte.

Biographisches ist uns nach 1395 nicht mehr überliefert. Eine Stelle im vierten Buch deutet an, dass Froissart möglicherweise seinen Herrn Albrecht von Hennegau (gestorben 1404) überlebte.(2). Der Aufenthaltsort der letzten Jahre und das Todesdatum Jean Froissarts sind unbekannt.

*

---

(1) Sie endet mit dem Tod Philipps VI.. Diese HS. ist von G. T. Diller erstmals zusammenhängend publiziert worden. Diller, George T., Froissart: Chroniques. Genf/Paris 1972.
(2) Froissart nennt auf seiner "Gönnerliste" anlässlich der England-Reise (Kervyn, XV, p. 141) "Guillemme (...) pour ces jours conte de Ostrevan". Diese Wendung könnte andeuten, dass zum Zeitpunkt der Niederschrift Wilhelm bereits die Nachfolge seines Vaters Albrecht von Bayern/Hennegau angetreten hatte (Albrecht starb am 13. 12. 1404).

Biographie und Werk Froissarts sind nicht zu trennen. Als Dichter und
Chronist war er Schriftsteller von Beruf, ein Mann der Schreibstube,
der unablässig Material sammelte und zu diesem Zweck mühevolle Reisen durch Westeuropa von den Pyrenäen bis nach Schottland unternahm.
Er berichtet in seinen Chroniques nur eine verschwindend kleine Zahl
von Ereignissen, die er als Augenzeuge selber miterlebt hat, darunter,
soweit wir sein Leben kennen, keine kriegerischen. Froissart schrieb
nach dem Hörensagen, aber - wie noch eingehender zu zeigen sein wird -
aufgrund sorgfältiger und systematischer Nachforschungen. Noch im
Alter äussert er:

> ... tant comme je viveray par la grâce de Dieu je la (i. e. l'histoire)
> continueray, car comme plus y suis et plus y labeure, et plus me
> plaist; (...) ainsi en labourant et ouvrant sur ceste matière je me
> habilite et délite. (1)

Froissart hatte einen erstaunlich weiten Gönner- und Bekanntenkreis. Er
kannte den Adel seiner engeren Heimat, des Hennegaus, von Brabant und
Flandern ebenso wie die englischen und schottischen Königs- und Fürstenhäuser; der Hof in Frankreich war ihm vertraut; wir dürfen annehmen,
dass er die Barone aus dem Königshaus und die Berater Karls V.. und
Karls VI. aus persönlichen Kontakten kannte (2). Mit Gaston von Foix
hatte Froissart schliesslich in den Pyrenäen einen besonders engen Vertrauten, der ihm den Zugang zu einem weiten Kreis von Informanten eröffnete.

Froissart schrieb für ein aristokratisches Publikum. Die Chroniques
sind Geschichtsschreibung "von oben"; sie reflektieren Denkformen
und Werturteile einer Gesellschaftsschicht, deren Weltsicht Froissart
schon in der Jugend zu seiner eigenen gemacht hatte (3). Froissarts
internationale Beziehungen und seine Herkunft aus dem Hennegau nahe
bei Flandern, dem Bindeglied zwischen England und Frankreich, waren

---

(1) Kervyn, XIV, p. 3. Prolog zum 4. Buch um 1390.
(2) Zu Bureau de la Rivière sind persönliche Beziehungen in den Chroniques
erwähnt, vgl. oben, S. 18. Zu Froissarts Sympathien für Bureau de
la Rivière vgl. Kervyn, XV, pp. 56-71, bes. pp. 62-64.
(3) In der Poesie erwähnt er seine frühe Vorliebe für höfische "romans"
und besonders "traitiers d'amours". Espinette amoureuse, Hg. A.
Fourrier, Paris 1963, p. 55, V. 313-318.

die Voraussetzungen für seine Haltung in den politisch-militärischen Auseinandersetzungen seiner Zeit. Froissart fühlte sich nie einem einzelnen Königshaus oder einer Partei verpflichtet, sondern einer Gesellschaftsschicht, deren Ideale er verehrte und in seinem Werk verherrlichte (1). Aus diesem Grund konnte auch die spätere nationale Geschichtsschreibung Froissart nicht für sich beanspruchen (2).

In Umrissen lassen die biographischen Daten auch bereits die geographischen Kenntnisse und den Bildungshorizont Froissarts erfassen. Er war ein vorzüglicher Kenner Westeuropas von den Pyrenäen - und indirekt auch von Kastilien und Portugal - bis Schottland, hatte aber kaum genauere Vorstellungen von Deutschland und Italien, dies trotz seiner Italienreise von 1368 (3).

Froissarts Bildung dürfte vor allem in seiner vorzüglichen Belesenheit in der französischen Epik, Romanliteratur und der volkssprachlichen Poesie (4) bestanden haben, denn sein Werk enthält eine Fülle von Anleihen stilistischer und stofflicher Art aus der höfischen Literatur; in diesem Zusammenhang sei auch auf Froissarts ausserordentlich produktives Schaffen auf dem Gebiet der Poesie und der Epik verwiesen (5).

---

(1) Diller, p. 35: "Et seront dedens ce livre li bien fait ramenteu de ceuls qui l'ont deservi, de quel pais et nation que li soient."
(2) Der Mangel an Patriotismus ist Froissart gelegentlich zum Vorwurf gemacht worden; vgl. Jeanroy, p. 188; Kilgour, R.l. The Decline of Chivalry. Harvard 1937, p. 66. Kilgour richtet den Vorwurf an die ganze Chevalerie des "Spätmittelalters". Unterhaltend auch S. Luce in seiner Einleitung (ca. 1869!), SHF I, p. cxvii f. Luce feiert dort Froissarts Abneigung gegen die Deutschen als Beweis für seine "âme française", welche durch und durch eine "âme chevaleresque" sei. Luce macht Froissart jedoch nicht zu einem nationalen Geschichtsschreiber; vgl. ibid., p. cxii.
(3) Es geraten ihm viele geographische Namen daneben; vgl. die Bemerkungen von S. Luce, Introd., SHF I, pp. cxx ff.
(4) Wilmotte, pp. 35-49, bes. pp. 37ff. Wilmotte nimmt aufgrund von Gedichtpassagen an, die Lateinkenntnisse Froissarts seien dürftig gewesen. Er glaubt aber, in Gedichten Anklänge an Ovid (p. 48) und Dantes "Vita nuova" (p. 40) nachweisen zu können.
(5) Zum ausserordentlich grossen Umfang der Poesie und Epik vgl. Darmesteter, pp. 78-93, mit Inhaltsangabe des "Méliador". Auf eine Uebersicht über die Manuskripte und Editionen sei hier aus Raumgründen verzichtet. Eine Zusammenstellung der wichtigsten Editionen und der einzelnen Redaktionen bietet das Literaturverzeichnis. Die von S. Luce in seiner Einleitung zum 1. Band der SHF-Ausgabe vorgelegte Klassifizierung (SHF I, pp. i-cxxiv) ist bis heute anerkannt. Vgl. bes. ibid., pp. i-xcv.

> Je ne vueil parler fors que de la
> verité et aler parmy le trenchant,
> sans coulourer l'un ne l'autre.
> SHF XIII, p. 224.

## II. Der Chronist und die Fakten. Zur Auswertung der Chroniques als historische Quelle

Froissart interessierte sich vorwiegend für den Krieg; von all den Ereignissen, die in seinen Chroniques aufgezeichnet sind, nehmen die kriegerischen den weitaus breitesten Raum ein. Froissart war überzeugt, in einer Epoche zu leben, die an kriegerischen Taten ihresgleichen in der Geschichte kaum kannte. Dies klingt bereits im Prolog zum ersten Buch der Chroniques an:

> Affin que li grant fait d'armes qui par les guerres de Franche et d'Engleterre sont avenues, soient notablement régistré et mis en mémoire perpetuel, par quoy li bon y puissent prendre exemple, je me vueil ensonnier dou mettre en prose. (1)

Froissart erhebt damit den Anspruch, eine exemplarische Sammlung für die "Guten" vorzulegen, welche sich an seinen Werken vervollkommnen könnten. Er umschreibt sein Ziel aber noch genauer:

> Or doient donc tout jone gentil homme, qui se voellent avancier, avoir ardant desir d'acquerre le fait et le renommée de proèce, par quoi il soient mis et compté ou nombre des preus, et regarder et considerer comment leurs predicesseurs, dont il tiennent leurs hyretages et portent espoir les armes, sont honnouré et recommendé par leurs biens fais. (...) Et ce sera à yaus matère et exemple de yaus encoragier en bien faisant, car la memore des bons et li recors des preus atisent et enflament par raison les coers des jones bacelers ... (2).

Die Darstellung der "prouesse" als höchster Rittertugend ist Froissarts moralisch-didaktisches Anliegen. Diese Wirkabsicht - ein allgemeines Merkmal mittelalterlicher Geschichtsschreibung (3) - ist mehr als ein literarisches Klischee, sie manifestiert den "Drang, die Dinge so darzustellen, wie man sie gesehen haben will" (4) und drückt damit aus,

---

(1) Prolog SHF I, p. 1; vgl. auch SHF XII, p. 3, wo Froissart Gaston von Foix sagen lässt, in den letzten 50 Jahren (vor 1388) seien mehr Waffentaten und "merveilles" vollbracht worden als in den 300 Jahren zuvor.
(2) Vgl. SHF I, pp. 1-7; 209-212.
(3) Vgl. Herbert Grundmann. Geschichtsschreibung im Mittelalter. Göttingen 1965, p. 75.
(4) Ibid.

was Froissart aus seinem Innersten heraus zeit seines Lebens mit den vielen Manuskripten und den unermüdlichen Ueberarbeitungen bis ins hohe Alter bezweckte: Alle Kriegsrealität sollte ihre Ordnung in einem von Anfang bis Ende überschaubaren Ganzen finden. Froissarts Ordnungsdenken ist im weitesten Sinne Gegenstand der gesamten vorliegenden Arbeit. Ein derart produktiver Geschichtsschreiber und Literat, wie Froissart es war, schrieb aber kaum nur aus moralisch-didaktischem Antrieb. Seine Begeisterung für den Krieg - die Begeisterung eines Laien, der wohl nicht ohne Neid die Waffentaten der Helden bewunderte - fand eine angemessene Ergänzung in der Freude am Erzählen, die sich in der von keinem anderen Chronisten je erreichten Fülle von detaillierten und materialreichen Berichten niederschlug. Wie aber sind diese fast unerschöpflichen Materialien auszuwerten?

## 1. Froissart im Widerstreit der Urteile

> Froissart, quoique membre du clergé, a écrit d'exellents chapitres sur l'histoire militaire féodale du XIV$^e$ siècle. Il connait la tactique, la guerre, les armes et leurs effets. (1)

> ... Jean Froissart, who in his first edition copied unblushingly the Chronicle of the Liègeois (Jean le Bel) and added to it - embellished it would be a more exact expression - according to his information and his fancy. His reckless irresponsibility is the despair of all who search for the truth in his pages." (2)

Die Chroniques sind früher in weiten Teilen für die Darstellung der Geschichte des Hundertjährigen Krieges bis 1400 herangezogen worden (3). Im 19. Jahrhundert ging der Herausgeber der Chroniques, Siméon Luce, sogar so weit vorzuschlagen, man möge um Froissarts Werk als Zentrum die Quellen des 14. Jahrhunderts "gruppieren" in Form von ergänzenden "Dissertations" (4). Froissarts guter Ruf als Geschichtsquelle war indessen nie unbestritten. Neben bedingungslosen Verehrern und Bewunderern, die ihn als "grössten Chronisten des Mittelalters" feierten (5), finden sich

---

(1) Ciurea, D. Jean Froissart et la societé franco-anglaise. In: Le Moyen Age, T. LXXVI (1970), p. 278.
(2) Burne, A. D. H. The Crécy War. London 1955, p. 64.
(3) Vgl. dazu etwa Lavisse, Ernest. Histoire de France, Bd. IV, 1, z. B. pp. 236f. ; Episoden aus Froissart pp. 305, 308 und passim.
(4) SHF I, p. xcviii.
(5) Shears, p. 87: "... the greatest of medieval chroniclers."

auch enragierte Kritiker wie der pointiert urteilende Jeanroy, der dem
Chronisten zwar literarische Qualitäten zubilligt und auch an dessen Aufrichtigkeit nicht zweifelt, ihm aber jegliche Fähigkeit zum Verständnis
der Vorgänge seiner Zeit abspricht. Froissart sei "ni un grand esprit ni
un grand coeur", dafür ein "esprit superficiel et mobile", unfähig, zwischen Wichtigem und Unwichtigem zu unterscheiden. Die Chroniques erscheinen Jeanroy als eine "narration de tant de faits d'un médiocre intérêt". Eine "indifférence dédaigneuse" zeichne Froissart in den Fragen des
Schismas wie auch gegenüber der "idée de patrie" aus, von der gerade die
Bürger von Calais so beredtes Zeugnis ablegten, und schliesslich folgt
der Vorwurf, Froissart sei "plein de tendresse pour ceux qui lui ont
fait quelque bien" und in geradezu charakterloser Weise bereit, seine Hefte je nach den Auffassungen seiner Gönner zu revidieren (1). Es ist dies
ein Katalog der Haupteinwände, wie sie im Laufe der Zeit immer wieder
gegen die Chroniques vorgebracht worden sind.

Heute ist die Frage nach dem historischen Wert der Chroniques kaum weniger umstritten als zu Beginn unseres Jahrhunderts, wie die beiden einleitenden Zitate verdeutlichen. Trotzdem hat die zunehmende Auswertung
des Aktenmaterials zum Hundertjährigen Krieg und seinen Protagonisten
der Chronistik im grossen und ganzen einen festen Platz unter den Quellen
zugewiesen. Für die Rekonstruktion des faktischen chronologischen Ablaufs der Geschehnisse wird der Wert chronikalischer Quellen im Grundsatz zu Recht angezweifelt, auch wenn man heute für gewisse Daten und Ereignisse auf deren Zeugnisse nicht verzichten kann.

Man hat die Frage, ob Froissart im Ganzen "genauer" oder "weniger genau" sei als seine Zeitgenossen, immer wieder aufgeworfen und - wie könnte es angesichts der Fülle des Materials in den Chroniques anders sein -
sehr unterschiedlich beantwortet (2). Es trifft zu, dass Froissart oft Irr-

---

(1) Vgl. Jeanroy, pp. 180-192.
(2) Ein generelles Urteil ist angesichts der Materialfülle unmöglich. "Fehlerkataloge" finden sich beispielsweise bei Luce, Introd., SHF I, pp. cxxff. ; Jeanroy, p. 183; allgemeine Betonung der Irrtümer bei Molinier, A. Les sources de l'histoire de France, IV. Paris 1904, pp. 5-18, bes. 12f. In jüngerer Zeit mit positivem Urteil über die Genauigkeit: Artonne, André. Froissart historien: le siège de la Roche-Vendeix. In: B. E. C., T. CX (1952), pp. 89-107. Zum letztgenannten Ver-

tümer begeht oder weitergibt. Viele Details und manche Episoden sind suspekt und teils schon im letzten Jahrhundert als faktisch unrichtig erkannt worden (1). Jeanroy wendet auch zu Recht ein, dass von heute aus gesehen manch Bedeutsames fehlt, Nebensächliches dafür breit ausgewalzt wird. Auch die Datenangaben geraten dem Chronisten oft erheblich daneben, und über Gegenden, die er nicht selber bereist hat, weiss er im allgemeinen nur ungenau Bescheid. Ferne Länder - die "Ferne" beginnt für ihn schon im Römischen Reich - versinken zuweilen in eine märchenhafte Traumwelt, die von Feen bewohnt oder von unheimlichen Zauberern beherrscht wird (2).

Diese Vermischung romanhafter Motive mit dem chronikalischen Geschehnisbericht ist - wenn auch in unterschiedlichem Ausmass - kennzeichnend für die volkssprachliche Chronistik des 13. und 14. Jahrhunderts. Froissart verbindet seine Ambitionen als Geschichtsschreiber mit literarischen Absichten; sein Werk soll nicht bloss Historie wiedergeben, es soll auch "Literatur" sein im heutigen Wortsinn. Damit kommt in den Chroniques eine Geisteshaltung zum Ausdruck, die kaum bloss nach dem Gesichtspunkt der exakten und vollständigen Wiedergabe von Geschehnissen erfasst werden kann. Zudem ist die Beurteilung einzelner Geschehnisse angesichts der Materialfülle nur von Fall zu Fall, nicht aber summarisch für das ganze Werk sinnvoll und möglich. Dabei ist wesentlich, dass die Aussagen und Anschauungen eines Chronisten oder seiner Auskunftgeber über die Ereignisse seiner Zeit in erster Linie als Zeugnisse menschlicher Existenz an Interesse gewinnen. Sie können trotz ihrer faktischen Ungenauigkeit und zuweilen gerade, weil sie erfunden oder völlig "falsch" gewichtet sind, die subjektive Wirklichkeitserfahrung oder die Projektion der Wertmassstäbe und Leitbilder einer sozial begrenzten Gruppe - hier des Adels bzw. der

---

such vgl. Contamine, Etat, p. 212, Anm. 24: Contamine zeigt, dass selbst punktuelle Untersuchungen von Einzelepisoden wie jene Artonnes keinen allgemeinen Beweis für Froissarts generelle "Genauigkeit" im Faktischen erbringen können.
(1) Beispiele lassen sich in den Fussnoten der SHF-Edition ohne Mühe finden.
(2) SHF X, pp. 175-178: Karl von Durazzo verteidigt sich gegen Ludwig von Anjou durch Zauberei. Kervyn, XV, pp. 260-261: Abenteuerliche Vergiftungsgeschichte am Hofe des Herzogs von Mailand. Kervyn, XVI, p. 53: Die Insel Chifolignie (Kephallenia?), von Frauen regiert und von Feen und Nymphen bewohnt.

"Chevalerie" - zum Ausdruck bringen. Wenn der Chronist so als sozial gebundenes Wesen in die historische Bewertung seiner Chronik einbezogen wird, können selbst die literarischen Elemente in seiner Geschichtsschreibung von Bedeutung sein. Dies soll allerdings nicht über die Schwierigkeiten hinwegtäuschen, denen eine solche Betrachtungsweise ausgesetzt ist und mit denen wir uns nun im einzelnen befassen werden.
Es wird nun im folgenden zu fragen sein, inwieweit überhaupt literarische Motive und Techniken als Stilmittel in den Chroniques zur Anwendung gelangen. Davon erhoffen wir uns bessere Einsicht in die Geisteshaltung des Chronisten und insbesondere eine nähere Bestimmung seines Verhältnisses zu den Geschehnissen, die er überliefert. Aber auch der Geschichtsschreiber Froissart bedarf näherer Prüfung. Um seine Auffassungen von der Aufgabe des Chronisten als Vermittler "historischer Wahrheit" erfassen zu können, ist die Kenntnis seiner Arbeitsweise und Informationsbeschaffung von ausschlaggebender Bedeutung. Zunächst aber sind noch die materiellen Voraussetzungen Froissarts, seine Abhängigkeit von den Gönnern, kurz zu beleuchten.

## 2. Froissart und seine Gönner

Der Umstand, Diener mehrerer Herren zu sein, verschaffte Froissart einen gewissen Spielraum für ein unabhängiges Urteil, war er doch nicht auf Gedeih und Verderb an einen einzelnen Geldgeber ausgeliefert. Ausserdem gehörten weder die englische Königin oder Robert von Namur, noch Wenzel von Brabant oder Gui von Blois zu den Hauptfiguren des dargestellten Stoffes; die einflussreichsten Gönner Froissarts treten nur ganz sporadisch als Akteure in den Chroniques in Erscheinung und dann meist nicht im Rahmen kriegerischer Handlungen. So bestand für Froissart selten ein echtes Dilemmma seinen Geldgebern gegenüber, zumindest soweit es deren persönliche Rolle betraf.
Froissart dokumentiert seinen Willen zu geistiger Unabhängigkeit in unzweideutiger Weise. Vorbeugend oder als Protest gegen Kritiker schreibt er:

> On ne dye pas que je aye la noble hystoire corrompu par la faveur que je aye eu au conte Guy de Blois, qui le me fist faire et qui bien m'en paiet tant que je m'en contente, pour ce qu'il fut nepveulx et si prouch-

ains que filz au conte Loys de Blois, frere germain à saint Charle de
Blois, qui, tant qu'il vesqui, fu duc de Bretaingne. Nennil vrayement,
car je ne vueil parler fors que de la verité et aler parmy le trenchant
sans coulourer l'un ne l'autre; et aussy le gentil sire et conte, qui
l'istoire me fist mettre sus et edifier, ne le voulsist point que je le
fesisse aultrement que vraye. (1)

In dieser Aeusserung - sie ist nicht die einzige ihrer Art (2) - kommt
Froissarts Wille zu Distanz und zur Ablehnung einer Einflussnahme seiner
Gönner auf die Chroniques deutlich zum Ausdruck. Es finden sich denn in
den Chroniques auch Passagen, die verschiedene bedeutende Wohltäter
Froissarts keineswegs in rosigem Licht erscheinen lassen. Ueber Gui von
Blois, auf den sich das obenstehende Zitat bezieht, urteilt Froissart in
scharfen Worten, indem er den Verkauf der Grafschaft Blois (1392) ungewöhnlich heftig kritisiert: er rügt den Grafen, er habe wie ein Kind gehandelt, "comme jeune, ignorant et mal conseillé" (3); und Guis Gattin kommt
noch schlechter weg als "une des convoiteuses dames du monde" (4). Freilich trübt diese Episode kaum das günstige Bild Guis in den Chroniques,
denn Froissart schiebt die Schuld am Niedergang seines Freundes und Gönners der Gattin des Grafen und einem ihrer Favoriten in die Schuhe. Ausserdem ist zu beachten, dass der Bericht über den Verkauf von Blois erst zu
einem Zeitpunkt (wohl um die Mitte der Neunzigerjahre) verfasst wurde,
da Froissart nicht mehr vom Grafen abhängig war.
Bemerkenswert an Froissarts scharfem Urteil ist jedoch sein Ton, der
auf starke emotionale Anteilnahme des Chronisten am Abstieg des Hauses
Blois schliessen lässt. Froissart ist hier frei von jeglichem Schematismus;
er legt die Rücksichten auf den zum Zeitpunkt der Niederschrift immerhin
noch lebenden Gui von Blois völlig ab. Dies gilt auch für Abschnitte in den
Chroniques, die andere Gönner betreffen. Zur Person des Grafen Gaston
von Foix, für Froissart Muster echt ritterlicher Lebensführung und Gesinnung, erfahren wir aus dem Munde seines Informanten Espan von Lion
Einzelheiten, die die gräflichen Familienverhältnisse betreffen - es sind
dies die Trennung von der Gattin, die eigenhändige Ermordung des Sohnes

---

(1) SHF XIII, pp. 223-224.
(2) Vgl. SHF XIII, pp. 197-198: Er könne mit "tausend Rittern" beweisen,
    dass sein Lob Gastons von Foix keine Schmeichelei sei.
(3) Kervyn, XIII, p. 374.
(4) Ibid., p. 372.

und Erben, als dieser noch ein Kind war -, die wenig mit den herkömmlichen Vorstellungen unserer Tage über höfische Galanterie zu tun haben (1). Froissart hätte die den Charakter des Grafen beeinträchtigenden Ereignisse verschweigen können, zumal er zum Zeitpunkt der Niederschrift seines Berichtes von der Reise nach Orthez die Hoffnung hegte, noch einmal an den Hof des grosszügigen Gönners in den Pyrenäen zurückkehren zu können. Gui von Blois und Gaston von Foix gehören zu jenem engen Kreis von Gönnern, die in Froissarts Leben eine hervorragende Stellung einnahmen und denen er ganz besonders verbunden war, so dass hier seinem Urteil besonderes Gewicht zukommt.

Unschwer sind aber auch Gegenbeispiele zu beschaffen. Bekannt und in der Literatur ausgiebig diskutiert ist etwa jene berüchtigte Szene bei Jean le Bel, die König Edward III., den Gatten der edlen Gönnerin Philippa, als ungalanten Liebhaber der Gräfin von Salisbury zeigt, der sie vergewaltigt und ihre Ehe zerstört. Froissart wendet sich energisch gegen die Darstellung seines Vorgängers (2). Was er dagegen anstelle des rohen Gewaltaktes bei Jean le Bel dem Leser vorsetzt, hat nur entfernt mit Geschichtsschreibung zu tun: in einer Romanszene präsentiert er Edward III. und die Gräfin beim Schachspiel; der König lässt die sittsame Gräfin als Unterpfand der Liebe einen Ring gewinnen, gelangt aber dennoch nicht ans Ziel (3).

Es liessen sich weitere Belege - etwa Auslassungen - anführen, die auf eine gewisse Rücksichtnahme auf seine "patrons" schliessen lassen, wie etwa die dürftige Behandlung der Schlacht von Bastweiler 1371, wo gleich zwei Gönner Froissarts eine unrühmliche Rolle spielten: Wenzel von Brabant - er geriet in Gefangenschaft - und Robert von Namur, der als Anführer der Nachhut für die Niederlage verantwortlich gemacht wurde (4).

---

(1) Vgl. SHF XII, pp. 62f., p. 88.
(2) SHF III, p. 293.
(3) Jean le Bel II, pp. 30ff.; SHF II, pp. 340-342. Froissart streicht die Szene in der dritten Fassung seines ersten Buches.
(4) In der ersten Redaktion - sie war Robert von Namur gewidmet - findet sich keine Erwähnung der Schlacht. In der zweiten Redaktion steht nur eine knappe Erwähnung, SHF VIII, pp. 274f.. Ausführlich wird Froissart erst später: Kervyn, XIII, pp. 175ff. Froissart bezeichnet dort die Niederlage der Brabanter als "honteuse desconfiture". Ausserdem hat Froissart auch den Schottlandfeldzug Jeans von Namur und seiner Brüder, Verwandter Roberts, aus Jean le Bel nicht übernommen. Sie gerieten dort in Gefangenschaft. Jean le Bel I, pp. 116-117.

Dennoch kann man den Chronisten nicht als Panegyriker bezeichnen, wie
dies etwa Jeanroy tut (1), denn Froissart hatte, wie die angeführten Beispiele zeigen, durchaus den bewussten Willen und die Ehrlichkeit, auch
Ereignisse festzuhalten, die dem Ruf seiner Gönner abträglich sein konnten. Sein Hang zur exemplarischen, über den Parteien stehenden Darstellung ritterlicher Kriegskunst und, damit verbunden, seine Unverbindlichkeit werden noch Gegenstand weiterer Erörterungen sein. Es ist in diesem Zusammenhang aber nicht zu übersehen, dass oft gerade dieses Fehlen
von Engagement des Chronisten Konflikte gar nicht erst entstehen liess,
da die pathetische Höhe und formelhafte Stilisierung der Darstellung wenige echt individualisierende Züge aufweist.

## 3. Der Chronist und seine Informanten

Die ersten grossen volkssprachlichen Chronisten Frankreichs im 13. Jahrhundert schrieben im wesentlichen über ein einzelnes, zeitlich und räumlich leicht überschaubares Ereignis, etwa über Kreuzzüge (Villehardouin)
oder über das Leben und die Taten einer Herrschergestalt (Joinville). Der
Mittelpunkt und das zentrale Geschehnis waren damit vom Gegenstand der
Darstellung aus gegeben, die Komposition und der Aufbau des Werkes vorbestimmt. Dazu kam, dass der Chronist in der Regel weite Teile seiner
Chronik aufgrund seiner eigenen Erlebnisse verfassen konnte. Darin liegt
der wichtigste Unterschied zu der Lage, in der sich ein Geschichtsschreiber im Zeitalter des Hundertjährigen Krieges befand. Wer wie Froissart
den gesamten Ablauf der Ereignisse erfassen wollte, sah sich vor die
Probleme einer zunehmenden Komplexität des kriegerischen und politischen
Geschehens gestellt. Der französisch-englische Konflikt mit seinen verschiedenen, oft gleichzeitig ablaufenden Kriegshandlungen, die als Randschauplätze neben der Bretagne auch Schottland, die Niederlande und Spanien
erfassten und sporadisch noch Raum liessen für einzelne Unternehmen
nach Italien sowie für "Kreuzzüge" gegen die islamische Welt in Nordafrika und auf dem Balkan, zwang den Chronisten, seine Informationen
systematisch und mit erheblichem Aufwand zu sammeln und zu ordnen.
Die Chronik des Lütticher Kanonikers Jean le Bel machte einen ersten und

---

(1) Vgl. Jeanroy, pp. 180-192; vgl. S. 28 dieser Arbeit.

lückenhaften Anfang in dieser Richtung. Ausgehend vom Schottlandfeldzug Edwards III. 1327, an dem Jean mehr oder weniger zufällig und keineswegs in glänzender Rolle teilgenommen hatte, versuchte er später, die seiner Meinung nach bedeutenden Ereignisse festzuhalten. Jean le Bel pflegte jeweils Teilnehmer und Augenzeugen eines Ereignisses, vor allem aus Kreisen des Adels, zu befragen und nach deren Aussagen seine Berichte zusammenzustellen (1). Diese Methode war keineswegs neu, durch Jeans Fortsetzer Froissart gelangte sie aber, wie bereits die Biographie deutlich macht, mit zuvor nie erreichter Gründlichkeit und Systematik zur Anwendung.

Mit berechtigtem Stolz weist Froissart immer wieder auf seine beschwerlichen und finanziell aufwendigen Reisen und Bemühungen um ein möglichst wahrheitsgetreues Erfassen der Materialien hin, und er vergleicht sich in stolzem Selbstbewusstsein mit dem fahrenden Ritter, der von Abenteuer zu Abenteuer eilt mit dem Ziel, sich dauernd in der Ausübung ritterlicher Tugend zu vervollkommnen. Genau dasselbe aber erstrebt auf seinem Gebiet der Geschichtsschreiber:

> Ainsi comme le gentil chevalier ou escuyer qui ayme les armes, les persévérant et continuant, il s'i nourrist et parfait, ainsi en labourant et ouvrant sur ceste matière je me habilite et délite. (2)

Froissart bemühte sich, alle Parteien zu Wort kommen zu lassen; immer wieder betont er, Vertreter beider Seiten hätten ihm berichtet (3). Am nachfolgenden Beispiel - es handelt sich um Froissarts Reise nach Orthez 1388 (4) - möchten wir die Arbeitsweise des Chronisten etwas eingehender darstellen. Dieser lange Reisebericht Froissarts zu Beginn des dritten

---

(1) Vgl. Viard, J. Introd. Jean le Bel I, pp. i-xliv, bes. xvi-xxi. (Der Clerc, welcher die Taten der Ritter nach ihren Erzählungen aufzeichnet, ist ausserdem natürlich auch ein Dichtertopos.) Wir vernachlässigen hier die Frage des Verhältnisses Froissarts zu Jean le Bels Chroniques, da wir die Materialien beider Chronisten berücksichtigen. Zur Literatur vgl. oben, S. 12, Anm. 5.
(2) Kervyn, XIV, p. 3, Prolog 4. Buch. So äussert er sich noch öfters: SHF XII, p. 2, Prolog 3. Buch.
(3) SHF V, p. 48 (Poitiers); SHF VI, p. 128 (Cocherel); Kervyn, XIII, pp. 218f. (Otterburn).
(4) Die Reise nach Béarn SHF XII, pp. 1ff. Die Rückkehr von Béarn Kervyn, XIV, pp. 3ff.. Lit.: Froissarts Bericht seiner Reise nach Orthez ist in einer gesonderten Edition publiziert worden: Diverres, A. H., Voyage en Béarn. Manchester 1953.

Buches illustriert aber nicht nur die Art, wie Froissart sich seine Materialien verschaffte, er gibt auch über die Persönlichkeit des Chronisten Auskunft.

Im Herbst 1388 reiste Froissart mit dem Ziel Orthez, dem Hof Gastons von Foix, nach Pamiers, wo er zufällig einen Ritter aus dem Gefolge des Grafen von Foix, Espan von Lion (1), kennenlernte, der am Hofe des Grafen eine bedeutende Stellung als Berater innehatte. Espan begleitete Froissart von Pamiers nach Orthez; er diente dem Chronisten als bewanderter, redseliger und unterhaltsamer Reiseführer. Die Chronik liegt für diesen Abschnitt im "Rohzustand" vor; sie steht über weite Strecken in der Form eines Dialogs zwischen Froissart und Espan von Lion:

> En cheminant le gentil homme et bon chevalier, puis qu'il avoit dit au matin ses oroisons, jongloit le plus du jour à moy en demandant nouvelles. Je lui en demandoie aussi; il m'en disoit. (2)

Jeden Abend schrieb Froissart das Gehörte auf:

> Des paroles que messire Espaeng de Lyon me comptoit estoie tout rafreschi, car elles me venoient grandement à plaisance et toutes très bien les retenoie, et si tost que aux hostelz, sur le chemin que nous fesismes ensamble, descendu estoie, je les escripsoie, fust de soir ou de matin, pour avoir en tout temps advenir mieulx la memoire, car il n'est si juste retenue que c'est d'escripture... (3).

Diese während der Reise gemachten Aufzeichnungen hat Froissart sichtlich mit wenigen redaktionellen Aenderungen in seine Chronik aufgenommen. So vermengen sich die Historien Espans mit Froissarts persönlichen Reiseeindrücken; der Chronist erfreut sich an den "belles villes" mit ihren Weinbergen, die sein wärmstes Interesse finden, und gelegentlich schimmert schon renaissancehaftes Naturempfinden durch, wenn er die "belle rivière de Lissc" rühmt, die an Tarbes vorbeifliesst, "so klar wie eine Quelle" (4). Beeindruckt ist er von der Gefährlichkeit der Garonne, die nur "unter grosser Gefahr" zu überqueren ist (5). Die bewaldete Gebirgsgegend beim Eintritt nach Bigorre erfüllt ihn mit Furcht; er hielte

---

(1) SHF XII, pp. 20f.
(2) Ibid., p. 21.
(3) Ibid., p. 65.
(4) Ibid., p. 15.
(5) Ibid., p. 27.

sich "für verloren", wenn nicht sein Begleiter bei ihm wäre (1).
Froissarts Hauptinteresse gilt den Kastellen und Schlössern, den befestigten Städten; er ist begierig, von seinem Begleiter über jede Burg und jede Stadt zu hören, was es damit jeweilen für eine Bewandtnis hat:

> ... nous arrestasmes à Cassers, et demorasmes là tout le jour. Endementres que on appareilloit le souper, le chevalier me deist: "Messire Jehan, alons veoir la ville." - "Sire, di-ge, je le vueil." Nous passasmes au long de la ville et venismes à une porte qui siet devers Palamyninch, et passasmes oultre et venismes sur les fossez. Le chevalier me monstra ung pan de mur de la ville et me dist: "Veez-vous ce mur illec?" - "Oil, sire, di-ge, pour quoy le dictes-vous?" - "Je le di pour tant, dist le chevalier; vous veez bien que il est plus neuf que les autres." - "C'est verité, respondi-ge." - "Or, dist-il, par quelle incidence ce fut, et quelle chose; y a environ X. ans il en avint." (2)

Der Plauderton des Berichts Espans und die frischen und ungekünstelten Dialoge übertragen das Behagen Froissarts über die unterhaltsamen Geschichten auf den Leser. Froissart wie sein Begleiter schmunzeln über listige Garnisonskapitäne, erfreuen sich an schönen Befestigungen wie jenem Turm an einem Engpass von Montpesac, der so trefflich angelegt ist, dass "sechs Männer" ihn "gegen alle Welt halten könnten". Einträgliche Lösegeldfälle, so die Festnahme eines reichen Händlers und dessen Auslösung gegen "cinq mille francs" und andere wohlgelungene Streiche von Strauchrittern garnieren die Palette (3). Allerdings sind auch gewichtigere Ereignisse im Gespräch, so z.B. die Auseinandersetzung Gastons von Foix mit seinen Feinden Armagnac und d'Albret in den Sechziger- und Siebzigerjahren (4), die Kämpfe Anjous gegen die Engländer nach 1369 (5), die üble Herrschaft Berrys im Languedoc nach 1380 und die Aktionen Gastons von Foix gegen die "freien" Routiers, von denen er bei Rabastens 1382 angeblich vierhundert gehängt oder ertränkt habe (6).
Gegen Ende der Reise wendet sich Froissarts Interesse zunehmend dem Grafen von Foix zu. Espan als persönlicher Ratgeber des Grafen

---

(1) SHF XII, p. 48.
(2) Ibid., pp. 27-28. Vgl. auch pp. 31-32.
(3) Ibid., pp. 25-52.
(4) Ibid., pp. 24-31 und 70-75.
(5) Ibid., pp. 44-54.
(6) Ibid., pp. 65-68.

ist dazu eine reich fliessende Informationsquelle (1). Wir hören vom sagenhaften Vermögen des Grafen: er besitze "trente fois cent mille" (francs) und gebe jährlich nicht weniger als deren 60 000 für Geschenke an sein Gefolge aus (2). Es folgt ein Exkurs Espans über die Neutralitätspolitik Gastons, der sich von den englisch-französischen wie auch von den spanischen Konflikten fernhält, dafür aber mittels regelmässiger Steuern sein Söldnerheer zu stärken sucht gegen seine lokalen Feinde, die Armagnac und die d'Albret, gegen eventuelle Uebergriffe der grossen Herren (3).
Im Verlaufe der Gespräche erfährt Froissart weitere Einzelheiten aus dem Leben des Herrn von Foix: er lebt getrennt von seiner Gattin (Agnes von Anjou, Schwester Karls des Bösen von Navarra). Einen seiner Vettern, Perarnad de Béarn, greift der Graf mit dem Dolch an, verletzt ihn schwer und lässt ihn danach im Kerker elend umkommen. Froissarts Entsetzen ist von kurzer Dauer: "Ha! sainte Marie, di-ge au chevalier, et ne fu ce pas grant cruaulté?" - "Quoi que ce fust, respondi le chevalier, ainsi en avint." Und Espan fährt fort, der unerbittliche Graf kenne, einmal gekränkt, kein Pardon; selbst seinen leiblichen Cousin, den Vicomte von Castelbon, habe er eingekerkert und erst gegen 40 000 Francs wieder freigelassen; damit ist das Thema erschöpft. Froissart und Espan sind keine Moralisten (4).
Die Grausamkeiten Gastons von Foix trüben denn auch sein Bild in den Chroniques in keiner Weise. Selbst der Mord am eigenen Sohn, zwar euphemistisch als eine Art fahrlässiger Tötung dargestellt (5), tut Froissarts Begeisterung über die "personne si saige et si percevant que nul hault prince de son temps ne se povoit comparer à li de sens, d'onneur et de largesce" (6), keinen Abbruch. Froissarts positives Urteil ist verständlich: schon in der Einleitung zu seinem Reisebericht schreibt er vom herz-

---

(1) Zur Person Espans von Lion vgl. SHF XII, p. x, Anm. 13.
(2) SHF XII, p. 45.
(3) Ibid., p. 46.
(4) Ibid., pp. 6o-63; vgl. p. xxiv, Anm. 1.
(5) Ibid., pp. 79-89. Grund für Gastons Tat sei eine abenteuerliche "Vergiftungsgeschichte" gewesen: Karl der Böse von Navarra habe den Knaben benützt, um seinen Schwager mit einem giftigen Pulver - aus Rache für die Trennung von seiner Schwester - umzubringen.
(6) Ibid., p. 95.

lichen Empfang, der ihm in Orthez durch den Grafen zuteil wurde. Der
Graf habe ihn gekannt vom "oy parler", und mit Stolz berichtet der Chronist, wie Gaston ihm versichert habe, "que l'istoire que je avoie fait et
poursieuvoie seroit ou temps advenir plus recommendée que nulle autre"(1).
Schliesslich erweist ihm der Herr von Foix - neben allen erdenklichen Vorzügen gastfreundlicher Bewirtung - die Ehre, ihm aus dem Roman "Méliador" vorlesen zu dürfen. "Ensi fu-je en l'ostel du noble conte de Foeis
recueilli et nourry à ma plaisance..." (2).
Froissart lässt in seinem historischen Baedeker den Leser an den zufällig
aneinandergereihten Erläuterungen und Geschichten seines Reiseführers
unmittelbar teilnehmen, indem er die Form des Gesprächs wählt. Diese
Darstellungsform drängte sich für diesen Abschnitt seiner Chronik auf,
denn es werden um Jahre oder um Jahrzehnte zurückliegende Ereignisse
behandelt, die chronologisch bereits ins erste oder zweite Buch der Chroniques gehörten, welche Froissart aber schon abgeschlossen hatte. Dieses
Vorgehen ist exemplarisch: fast das ganze dritte Buch besteht aus den Ergebnissen der Reise nach Orthez. Es enthält zum grössten Teil Ergänzungen zu vorher Behandeltem; der chronologische Ablauf des dargestellten
Stoffes entspricht dem Nacheinander der Gespräche, die der Chronist mit
seinem Informanten führte. Auch später noch erscheinen weite Passagen
der Chroniques in Dialogform, oder sie sind gekennzeichnet als Bericht
einer einzelnen Auskunftsperson (3). Wir können aber noch weiter gehen:
Die gesamten Chroniques sind das Ergebnis unzähliger Interviews von der
Art, wie Froissart sie hier wiedergibt, auch wenn der Chronist üblicherweise seinen Stoff als zusammenhängenden chronikalischen Bericht darbietet.
Es versteht sich von selbst, dass den mündlichen Berichten der Auskunftgeber grosse Mängel anhaften mussten. Das Erinnerungsvermögen, der
Charakter des Erzählers, die zeitliche Distanz zwischen Bericht und Berichtetem, die Rolle des Informanten im Geschehnis selbst und seine Par-

---

(1) SHF XII, p. 3.
(2) Ibid., und Kervyn, XIV, p. 2.
(3) Vgl. bes. Froissarts Berichte von seiner Reise nach England 1395,
    Kervyn, XV, pp. 140ff., dann aber auch die Erzählungen des Bascot
    von Mauléon, SHF XII, pp. 95ff.; vgl. auch SHF XI, pp. 53-54 (Roosebeke).

teizugehörigkeit sind nur einige subjektive Faktoren, die als mögliche
Fehlerquellen ein mündliches Zeugnis problematisch erscheinen lassen.
Wie wir wissen, war sich Froissart dessen bewusst, und er bemühte sich
denn auch, jeweils mehrere Informanten zu befragen und alle Parteien
zu Wort kommen zu lassen. Die Auskunftgeber bestimmen damit die Tendenz und den Inhalt, wie schon S. Luce in seiner Einleitung zur SHF-Edition festgehalten hat (1). Aenderungen in der Beurteilung eines Ereignisses durch eine spätere Fassung erscheinen somit nicht unbedingt als das
Werk eines opportunistischen Chronisten, wie es Jeanroy an Froissart
rügt (2), sondern entstanden durch Froissarts unmittelbare Uebernahme
des Stoffes von seinen Informanten (3), die wohl oft auch den Erzählton
in den Chroniques bestimmen. Froissarts Arbeitsweise ist, in heutigen
Begriffen ausgedrückt, eher journalistisch als historisch; seine Chroniques
bestehen zum grossen Teil aus Reportagen, bei denen der Autor im Hintergrund bleibt, so dass die Meinung des Verfassers nur ausnahmsweise und
dann indirekt "szenisch" in Aeusserungen von Protagonisten der Chroniques
erscheint.
Aufgrund der Darstellungsweise Froissarts erstaunt es kaum, dass er
fast vollständig auf den Einbezug und die Wiedergabe von Urkunden- und
Aktenmaterial verzichtet hat. Die wenigen angeführten Dokumente können
bei einer Interpretation der Chroniques vernachlässigt werden (4). Auch
chronikalische Quellen sind ausser der Chronik von Jean le Bel, die Froissart in seiner ersten Redaktion des ersten Buches zum Teil fast wörtlich
wiedergegeben hat, ohne Bedeutung. Zu erwähnen sind lediglich die teilweisen Anklänge an die Reimchronik des Herolds Chandos, die Froissart
möglicherweise als Vorlage diente (5).
Wer waren Froissarts Informanten? In den weitaus meisten Fällen blei-

---

(1) SHF I, p. cxi.
(2) Vgl. oben, S. 28.
(3) Es ist natürlich nicht möglich festzustellen, wie stark Froissart die
mündlichen Berichte bei der Ausarbeitung seiner Chroniques veränderte.
Diese Frage muss offen bleiben.
(4) Als Beispiel sei hier lediglich genannt: SHF VI, pp. 5-17: der Vertrag
von Brétigny; selbst dies ist keine wörtliche Wiedergabe des bei Rymer
III, pp. 524f., publizierten Vertragstextes. Froissart gibt in seiner eigenen "wörtlichen" Version grundsätzlich den Inhalt (gekürzt) richtig
wieder.
(5) Vgl. S. Luce, SHF VII, p. xvf.

ben sie ungenannt. Froissarts grosser Bekanntenkreis an den Höfen halb
Europas verschaffte ihm Zugang zu "Königen, Baronen, Rittern" und -
wie er besonders hervorhebt - zu den Experten in Fragen des Kriegsrechts
und der Heraldik: den Herolden.

> ... et en mon temps je cerçay la plus grande partie de la crestienneté
> (...), et, partout où je venoie, je faisoie enqueste aux anciens cheval-
> iers et escuiers qui avoient esté en fais d'armes et qui proprement
> en savoient parler et aussi à aucuns héraulx de crédence, pour véri-
> fier et justifier toutes mes matères. (1)

Die faktische Ueberprüfung dieser Zeugnisse im Einzelfall etwa mit Dokumenten oder erzählenden Quellen stösst auf grösste Schwierigkeiten und
muss in jedem Fall Stückwerk bleiben. So oft auch diese Berichte der
Chroniques durch Sachirrtümer oder absichtliche Tendenz verdreht sein
mögen - in ihrer Summe sind sie dennoch Zeugen eines Zeitgeistes, der
sich im Ueberblick der Materialfülle in seinen Grundzügen nachzeichnen
lässt; exemplarisches Verhalten und exemplarische Wertungen gelangen
so durch die Chroniques zu erfassbarem Ausdruck.

## 4. "Chroniqueur" und "historien"

Froissart versteht sich indessen nicht nur als "Reporter" der von ihm gesammelten Materialien. Er erhebt vielmehr den Anspruch, die Geschichte
zu "erklären" und die Ereignisse auf ihre Ursprünge zurückzuführen (2):

> Si je disoie "ainsi et ainsi en avint eu ce temps", sans ouvrir ne ex-
> clarcir la matere qui fut grande et grosse et orrible (...), ce seroit
> cronique non pas historiée, et se me passeroie bien, se je voloie; or
> ne m'en vueille pas passer que je n'esclarcisse tout le fait ou cas que

---

(1) Kervyn, XIV, p. 3; vgl. auch SHF XII, p. 2.
(2) Froissart verwendet für seine Tätigkeit der Geschichtsschreibung eine
Fülle von Begriffen: - B e g r i f f e   d e s   S a m m e l n s: rassambler
(Kervyn, XIV, p. 2), registrer (SHF I, p. 1), augmenter par enqueste
(SHF I, p. 209), compiller (ibid.), cronissier (SHF XII, p. 1; SHF XIII,
p. 222), grosser (Kervyn, XIII, p. 178). - B e g r i f f e   d e s   O r d n e n s:
forgier (Kervyn, XIV, p. 1), ordonner (SHF I, p. 1, p. 209 und p. 210).
- B e g r i f f e   d e s   A b h a n d e l n s,   E r k l ä r e n s: esclarcir (SHF XIII,
p. 222), historier (ibid.), declarer, deviser (SHF III, p. 121), trettier
(SHF I, p. 2), usf. - Diese Liste ist zwar unvollständig, es können weitere Begriffe wie "faire narration" (Kervyn, XIII, p. 128), "dictier"
(SHF XII, p. 1) usf. angeführt werden. Sie dürfte aber das Spektrum
der von Froissart verwendeten Terminologie in groben Zügen umreissen.
Auch hier kommt der Wille zum Ordnen und Abhandeln zum Ausdruck.

Dieu m'en a donné le sens, le temps, le memoire, et le loisir de cronissier et historier tout au long de la matiere. (1)

Die Arbeit des Geschichtsschreibers besteht darin, die Ereignisse aufzuzeichnen (cronissier) und sie zu "erklären" (historier). Froissart bemüht sich denn auch sichtlich, Ursachen und Hintergründe der in den Chroniques geschilderten Ereignisse zu beleuchten. So schreibt er zum Krieg in der Bretagne (1341):

Et pour ce que vous saciés veritablement le commencement et le racine de ceste guerre et dont elle se meut, je le vous declarrai de point en point. (2)

Es ist der Anspruch, Interpret der Geschichte zu sein, der Froissart veranlasst, die zusammenhängenden Geschehnisse seiner Epoche auf den verschiedensten Schauplätzen Europas miteinzubeziehen. Es war zweifellos sein Ziel, die Geschichte seiner Zeit im "Ueberblick" darzustellen, Gleichzeitiges zu erfassen und möglichst vollständig das Nebeneinander der einzelnen Kriegsschauplätze in den grösseren Rahmen des englisch-französischen Konflikts zu stellen (3). Aus diesem Grund sah er sich auch genötigt, seine Chroniques bis in die Zwanzigerjahre des 14. Jahrhunderts zurückreichen zu lassen.

Trotz diesen Vorsätzen blieb Froissart ein überwiegend deskriptiver Geschichtsschreiber. Zusammenhänge politischer oder wirtschaftlicher Art sah er höchst selten - einige Ausnahmen bestätigen hier die Regel; am ehesten noch war er da und dort imstande, militärische Fragen im grossen zu beurteilen, aber selbst dort, abgesehen etwa von Fragen der Taktik, gelang ihm dies nur sporadisch (4).

---

(1) SHF XIII, p. 222.
(2) SHF II, p. 86.
(3) Vgl. etwa als Ergebnis solcher Bemühungen die kurze Zusammenfassung der Ereignisse seit Brétigny in den Neuzigerjahren; Kervyn, XV, pp. 197-201.
(4) Als Beispiele seien genannt: Froissarts Vorliebe für genealogische Fragen in der Darstellung der feudalrechtlichen Ursachen des Hundertjährigen Krieges (SHF I, pp. 84, 118-121, 196-200, 296) und im Prolog zu den Kriegen in der Bretagne (SHF II, p. 86). Wirtschaftliche Hintergründe erwähnt Froissart am ehesten in den flandrischen Konflikten (Zur Allianz Englands mit Flandern vgl. Diller, pp. 280-285, HS. Rom). Die politisch-diplomatischen Aspekte des Konfliktes behandelte Froissart allgemein ausführlich: Brétigny mit Zitat des Vertrages (SHF VI, pp. 1-17); Leulinghem (Kervyn, XV, pp. 109-128). Vor der Schlacht von Roose-

Das tägliche Aufschreiben - zumeist von Zeitgeschichte - hatte zur Folge, dass Froissart meist keine kritische Distanz zum Berichteten gewann; die Disproportion in den Chroniques zwischen politisch und militärisch folgenschweren und rein episodenhaften Geschehnissen hat ihre Ursache in der Arbeitsweise des Verfassers. Dazu kommt, dass immer wieder die Leidenschaft des Erzählers mit seiner Freude am Merkwürdigen und Aussergewöhnlichen dem Stoff das Gepräge gab; der Literat siegte immer wieder über den Historiker. Dies gilt grundsätzlich für die gesamten Chroniques, jedoch nicht ohne Einschränkung: die ersten beiden Redaktionen des ersten Buches sowie das zweite und dritte Buch sind vor allem annalistische Verzeichnisse von aneinandergereihten Ereignissen. Erst im vierten Buch und in der dritten Redaktion des ersten - jenen Teilen, die Froissart in hohem Alter verfasste - erscheinen vermehrt persönliche Urteile des Verfassers. So geht dort z. B. Froissarts negative Meinung von der Rolle der Gemeinen in England weit über das Mass an persönlichem Engagement in den früheren Teilen der Chronik hinaus (1). Doch auch diese Passagen widerspiegeln - wie noch eingehender zu zeigen sein wird - mehr persönliches Erleben Froissarts, etwa seine Enttäuschung über die Krise Englands zur Zeit seiner Reise von 1395 oder die eigene Anschauung von den Wirren am französischen Hof unter Karl VI.. Nachdenklichkeit und ein leichter Pessimismus beginnen im Alter noch das unreflektierte Weltbild einer zeitlos blühenden Chevalerie in Frage zu stellen. Dies lässt sich bis in die formale Struktur der Chroniques hinein nachweisen, etwa am verstärkten Hang Froissarts zu allgemeinen Sentenzen (2). Im wesentlichen bleiben die Chroniques aber eine hetero-

---

beke 1382 erwähnt Froissart französische Befürchtungen über eine neue englisch-flandrische Allianz (SHF XI, p. 343). Trotzdem bleiben politische Fragen fast ganz vernachlässigt. Im militärischen Bereich zeigt Froissart zwar grosses Interesse für taktische Fragen - davon später -, grossräumiges strategisches Denken aber ist ihm fremd. Gelegentliche Ausnahmen liessen sich aber auch hier finden, z. B. SHF XIII, p. 102: der französische Invasionsversuch von 1386 diente der Entlastung der spanischen Verbündeten in Kastilien, die dort gegen Lancaster kämpften.
(1) Zum kriegerischen Charakter der Engländer vgl. das Urteil Froissarts in der HS. Rom, Diller, pp. 41ff.; SHF I, pp. 311ff.; Kervyn, XIV, p. 384.
(2) Vgl. B. J. Whiting, Proverbs in the Writings of Jean Froissart. In: Speculum X (1935), pp. 291-321.

gene Sammlung von Aufzeichnungen, auf die immer noch Montaignes scharfsichtiges Urteil zutrifft: "... le bon Froissard qui a marché en son entreprise d'une si franche naifeté qu'ayant faict une faute il ne creint aucunement de la reconnoistre et corriger en l'endroit où il en a esté adverty; et qui nous represente la diversité mesme des bruits qui couroyent et les differents rapports qu'on luy faisoit. C'est la matière de l'Histoire, nue et informe; chacun en peut faire son profit autant qu'il a d'entendement." (1)

## 5. Literarische Tradition und "Wahrheits"-Anspruch in den Chroniques

> Si vous vouldroie esclarcir par
> bel langaige tout ce dont je fus a-
> dont informé ...
> SHF XII, p. 3.

Froissart war überzeugt von der "Wahrheit" seiner Geschehnisberichte. Er verwendete zwar literarische Techniken, auf die im folgenden hingewiesen werden soll, seine Wahrheitsbeteuerungen aber sind keineswegs nur als literarische Formel im Sinne der mittelalterlichen Epik zu verstehen. Das Selbstbewusstsein des Chronisten gründete vor allem in seinem umfassenden und methodischen Vorgehen beim Sammeln und Aufzeichnen unzähliger Augenzeugenberichte, die er mit dem Anspruch möglichster Unabhängigkeit von den Parteien zusammentrug.

<u>Prosa als Form</u>   Die dieser Haltung entsprechende Form ist die Prosa.

Im Gegensatz zu den Reimchronisten, die "um des Reimes willen" ihr Material verfälschten und damit die Geschichte korrumpierten, bietet nach Froissarts Meinung der Prosa-Text die Gewähr hoher Authentizität. So schreibt Froissart in seiner Einleitung zu den Kriegen in der Bretagne:

> Pluiseur gongleour et enchanteour en place ont chanté et rimet lez guerres de Bretagne et corromput, par leurs chançons et rimes controuvées, le juste et vraie histoire, dont trop en desplaist à monseigneur Jehan le Biel, qui le coummencha à mettre e n   p r o s e et en cronique, et à moy, sire Jehan Froissart, qui loyaument et justement l'ay porsuivi à mon pooir; car leurs rimmez et leurs canchons controuvées

---

(1) Michel de Montaigne. Essais. Hg. Albert Thibaudet, Paris 1950, p.459.

> n'ataindent en riens le vraie matère, mès velle ci si comme nous
> l'avons faite et achievée par le grande dilligensce que nous y avons
> rendut, car on n'a riens sans fret et sans penne. (1)

Die Polemik gegen die Jongleurs mit ihren "rimes controuvées" findet sich in der volkssprachlichen Historiographie Frankreichs schon seit den Kreuzzügen immer wieder (2). Froissart brauchte beim vorliegenden "Wahrheitsbeweis" nur den Kommentar seines Vorgängers Jean le Bel zu übernehmen und auszuweiten (3). Auch jene Chronisten, die ihren Stoff in Prosa niederschrieben, gestatteten sich grosse Freiheiten. Eine Fülle von traditionellen literarischen Stilmitteln sind in den Chroniques mühelos feststellbar. Ohne Anspruch auf Vollständigkeit und philologische Systematik - dies müsste Gegenstand einer ausschliesslich diesem Thema gewidmeten Untersuchung sein - sollen nun einige für die Auswertung der Chronik bedeutsame Darstellungs- und Stilmittel zur Sprache kommen.

<u>Erzählschema oder echter Geschehnisbericht?</u>   Zahlreiche formelhafte oder schematische Berichte der Chroniques erwähnen zwar ein Ereignis, lassen aber kaum zuverlässige Rückschlüsse auf den tatsächlichen Ablauf zu. Als Beispiel dafür eine Kampfschilderung:

> Là eut bonne bataille et dure et bien combatue, et fait tamainte grant
> apertise d'armes, car il estoient droite fleur de chevalerie, d'un costé
> et d'aultre. Si furent un grant temps tournoiant sur les camps et com-
> batant moult ablement, ançois que on peuist savoir ne cognoistre li-
> quel en aroient le milleur, et liquel non. Et fut tel fois que li Engles
> branlèrent, et furent priès desconfi, et pois se recouvrèrent et se
> misent au dessus, et desrompirent, par bien combatre et hardiement,
> leurs ennemis, et les desconfirent. (4)

Es versteht sich von selbst, dass aus einer derart schablonenhaften und

---

(1) SHF II, p. 265. Vgl. auch Prolog, SHF I, p. 1: "mettre en prose".
(2) Schon, pp. 27-31.
(3) Vgl. Jean le Bel, I, pp. 1-4. "Et pourtant que en ces hystoires rimées treuve on grand plenté de bourdes, je veul mectre paine et entente, quant je pourray avoir loisir, d'escrire par prose ce que je ay veu et ouy recorder par ceulx qui on esté là où je n'ay pas esté, au plus prez de la verité que je pourray..." (pp. 3-4).
(4) SHF IV, p. 107: "Combat des saintes", ein umstrittenes Gefecht 1351, über das andere Chronisten Widersprüchliches berichten, vgl. S. Luce, SHF IV, p. xliii, Anm. 1.

nach dem Muster der Ritterepik beliebig auswechselbaren "Kampfdarstellung" kaum ein realer Zug der wirklichen Begebenheit aufgedeckt werden kann. Szenen dieser Art haben für Froissart vor allem enumerativen Charakter: er erwähnt ein Ereignis der Vollständigkeit halber - dem Ziel seiner Chronik entsprechend -, verfügt aber nicht über nähere Informationen über den Ablauf des Geschehnisses.
Anders verhält es sich mit jenen Berichten, die von einem oder mehreren direkt beteiligten Informanten stammen. Zu den grossen Schlachten, Feldzügen und grösseren Belagerungen trug Froissart, wie oben dargelegt, eine Fülle von Material zusammen, die er zu einem formal mehr oder weniger einheitlichen Chroniktext zusammenfügte (1). Bei aller Verwendung literarischer Stilmittel will Froissart dort nicht nur literarisch brillieren oder enumerativ vollständig berichten; er baut keine fiktive Welt auf wie der Dichter, sondern übermittelt Geschehenes mit möglichst grosser Ausführlichkeit. Dies bedeutet aber keinesfalls auch einen Verzicht auf Idealisierung oder Gestaltung des Stoffes mit Topoi, Entlehnungen und kompositorischen Kunstgriffen.

<u>Der Prolog</u>  Als Beispiel dieser literarischen Konventionen kann schon der Prolog gelten, den Froissart seinem Werk voranstellt (2). Neben der Umschreibung des Zweckes der Chronik und der Würdigung seines Vorgängers Jean le Bel in der ersten und zweiten Fassung des ersten Buches findet sich ein umfangreicher "historischer" Bildungsexkurs, in dem Froissart den geschichtlichen Weg der "Tapferkeit" (proèce) schildert, deren Herrschaft über Ninive zu den Juden, Persern, Medern, Griechen, Troianern, Römern und Franken wanderte und schliess-

---

(1) Auf ein Gegenbeispiel zum oben zitierten Erzählschema sei hier verzichtet. Ein Blick auf die grossen Schlachtdarstellungen, etwa von Poitiers (SHF V, pp. 32-58, 260-283) oder Roosebeke (SHF XI, pp. 50-57) dürfte als Beleg genügen.
(2) SHF I, pp. 1ff.; 3. Redaktion des 1. Buches: Diller, pp. 35-39. Auch das dritte und vierte Buch beginnen mit einem Prolog: SHF XII, pp. 1ff. (3. Buch); Kervyn, XIV, pp. 1ff. (4. Buch). Dazu kommt noch ein Prolog zu den Kriegen in der Bretagne: SHF II, pp. 86-87, 265-266. Diese späteren Prologe bestehen aber vor allem aus biographischen Hinweisen, die Froissarts aufwendige Materialsammlung betonen. Bei Froissart wird der Hinweis auf seine Arbeitsweise zum Ersatz für die "adtestatio rei visae" bei Augenzeugenberichten anderer Chronisten. Zur "adtestatio" vgl. Curtius, Europäische Literatur, p. 183.

lich England erreichte (1. Fassung). Die "proèce" als "mère materièle et lumiere des gentilz hommes" erscheint personifiziert in den Helden von der Vorzeit bis zur Gegenwart. Froissart verzichtet nicht auf die Gelegenheit, einen langen Katalog der "preux" vorangegangener Epochen vorzulegen (1). Daneben findet sich eine Anzahl der in Prologen üblichen Topoi wie die Betonung der Bedeutung und Grösse des gebotenen Stoffes, wenn auch mit der Einschränkung "selonch se quantité" (!). In keinem Geschichtswerk "seit der Erschaffung der Welt" seien so viele "merveilles" und "grans faits d'armes" zu finden.

Die Betonung der "Prouesse" unterstreicht die didaktische Absicht des Chronisten. "Prouesse" bedeutet Vollkommenheit an "ritterlicher" Gesinnung; sie ist das Ideal, welches Froissart in der Ritterschicht seiner Zeit verwirklicht sehen möchte. Froissart stellt sich damit an die Seite jener Zeitgenossen, die mit ihren kasuistischen Handbüchern eine Erneuerung "alter" Rittertugenden anstrebten: Geoffroy de Charny, der bei Poitiers als Träger der "oriflamme" Frankreichs fiel, und Honoré Bonet, Rechtstheoretiker des Rittertums im 14. Jahrhundert (2). Froissarts Absichten decken sich zum Teil mit jenen Charnys und Bonets, so etwa in seiner Betonung der exemplarischen Bedeutung seiner Chroniques für die jungen Ritter. Im Zusammenhang mit den Fragen des Kriegsrechts wird davon noch die Rede sein. Der Prolog ist somit nicht nur weitschweifiger Bildungsbeweis (3), sondern er formuliert auch Absichten des Autors, die für das Gesamtverständnis der Chroniques von Bedeutung sind.

<u>Direkte Reden</u>   Das schon bei oberflächlicher Durchsicht auffälligste traditionelle Stilelement sind die überaus zahlreichen direkten Reden. Auf den ungefähr zweihundert Seiten des ersten Bandes

---

(1) Die Verherrlichung der grossen Helden der Geschichte gipfelte im 14. Jahrhundert im literarischen Kult der "neuf preux" (Hektor, Cäsar, Alexander, Josua, David, Judas Makkabäus, Karl der Grosse, Artus und Gottfried von Bouillon), wie er in zahlreichen Gedichten der Zeitgenossen Froissarts, Machaut und Deschamps, zum Ausdruck kommt (vgl. Huizinga, Herbst, p. 92; S. Luce, La France pendant la guerre de cent ans. Paris 1890, pp. 231-246).
(2) Zu erwähnen wäre etwa noch Christine de Pisan mit ihrem "Le livre des faits d'armes et de chevalerie", 1489. Wir werden noch ausführlicher darauf zurückkommen.
(3) Zum Prolog als "Bildungsbeweis" vgl. Schon, p. 111.

der Ausgabe der SHF finden sich über ein Dutzend längere Passagen in
direkter Rede. (Es handelt sich um die Jean le Bel verpflichtete erste
Fassung.) In Froissarts ausschliesslich eigener Version desselben Stoffes in der Handschrift Rom (3. Fassung) sind es gut doppelt so viele. Besonders häufig findet die direkte Rede Anwendung in den später verfassten
Teilen der Chroniques, vor allem im dritten und vierten Buch. Von den
ersten dreissig Seiten des Bandes XVI der belgischen Ausgabe Kervyns de
Lettenhove (4. Buch) entfallen nicht weniger als dreizehn auf Aeusserungen
in direkter Rede. Als archaisches Stilelement fällt dabei die Häufigkeit der
sogenannten Chorrede oder Kollektivrede auf; dazu ein Beispiel: "A le
parfin, si conseilleur li respondirent d'acord et li disant: 'Ciertes, sire,
la besongne nous samble estre (...) grosse, et de (...) haute entrepresure." (1)

Die Auflösung des Geschehnisberichtes in Dialoge und Einzelreden ist ein
uraltes Mittel der Historiographie; die unmittelbaren Wurzeln der Dialogtechnik der volkssprachlichen Chronisten im späteren Mittelalter liegen
in Epen und Romanen der vorangegangenen Jahrhunderte. Das Erzählen
in Dialogen ist zunächst ein Merkmal der gesprochenen Sprache; die Rede
soll dem Zuhörer die geschilderte Szene veranschaulichen und möglichst
lebensnah vor Augen führen. Damit entspricht die direkte Rede den Bedürfnissen einer Zeit, in der ein grosser Teil des Publikums des Lesens und
Schreibens noch nicht mächtig war (2). Dies hatte sich zu Froissarts Zeiten, zumindest was die Aristokratie betraf, schon weitgehend geändert;
die Praxis des Vortrags erfreut sich aber, wie Froissarts Leseabende
mit Gaston von Foix zeigen, immer noch einiger Beliebtheit. Die ausgiebige Verwendung der direkten Rede in den Chroniques dürfte allerdings
eher Froissarts literarischem Traditionalismus zuzuschreiben sein als
den Erfordernissen des mündlichen Vortrags. Ueberdies entsprechen die
direkten Reden auch Froissarts Hang zur szenisch bildhaften Schilderung.
In den Reden formt der Verfasser mit seiner szenischen Darstellungsweise seine eigene Welt, die zwar die Treue zum Geschehnis bewahren

---

(1) SHF I, p. 120. Die Beispiele für die Chorrede sind so häufig, dass wir
auf weitere Verweise verzichten können.
(2) Vgl. Hajdu, Helga. Lesen und Schreiben im Mittelalter. Fünfkirchen 1931.

will, dabei aber die freie Ausgestaltung des Geschilderten mit literarischen Mitteln für angebracht und erforderlich hält. Die Reden bedingen ein sehr aufwendiges Erzählen; sie ziehen den Text oft gewaltig in die Länge und verleihen ihm epische Umständlichkeit. Sie ermöglichen es damit aber Froissart, sein Arsenal an rhetorischen Redefiguren (1), seine Bildung und damit sein kultiviertes Wesen unter Beweis zu stellen.

Zweck und Funktion direkter Reden sollen im Zusammenhang dieser Arbeit nicht ausführlicher dargestellt und begründet werden. Die nachfolgenden Angaben mögen als Hinweise dienen. Neben den bereits genannten stilistischen Aspekten der Verwendung direkter Reden seien genannt: Die Wiederholung von bereits Bekanntem, gelegentlich als historische Parallele oder als blosse Vorgeschichte; der Hinweis auf den Ausgang der nachfolgenden Ereignisse und die Selbstdarstellung von Personen ("Charakterisierung"). Sodann erscheinen Reden aber auch als blosse Kunstgriffe etwa der Retardierung (Erhöhung der Spannung vor der Schlacht oder im Schlachtgeschehen) oder - wie oben angedeutet - als rhetorische "amplificatio".

Die Anwendung der direkten Rede ist ein allgemeines Merkmal der volkssprachlichen Geschichtsschreibung des hohen und späten Mittelalters. Schon die frühen Chronisten des 13. Jahrhunderts bis zu Jean le Bel verwendeten die Rede durchwegs und zum Teil sehr ausgiebig; selbst Commynes im 15. Jahrhundert macht noch davon Gebrauch. Das Ausmass der Verwendung von Reden ist freilich verschieden. Chronisten, die starke literarische Ambitionen zeigen wie Froissart, verwenden die Rede allgemein häufiger als jene Autoren, die als Kriegsteilnehmer Augenzeugen waren (2). P.M. Schon weist aber in seiner Untersuchung zu frühen volkssprachlichen Chronisten Frankreichs nach, dass die faktische Genauigkeit des Wiedergegebenen von der szenischen Gestaltung nicht immer be-

---

(1) Vgl. Brinkmann, Mittelalterliche Dichtung, pp. 33ff., bes. 47, zur "amplificatio" als Technik der pathetischen "Aufschwellung".
(2) Vgl. dazu Schon, p. 190, der etwa beim "Literaten" Henri de Valenciennes mehr als doppelt so viele Reden gezählt hat wie bei Villehardouin und Robert de Clari. Interessant im Vergleich dazu sind auch die Prozentzahlen der Reden in der höfischen Literatur Frankreichs, ibid., pp. 186 u. 190.

troffen werden muss (1).

Aus der Darstellung der hauptsächlichsten Anwendungsmöglichkeiten der direkten Rede dürfte hervorgehen, wie sie für unsere Fragestellung zu beurteilen ist: Die szenische "Verlebendigung" des Stoffes und das daraus entstehende Nebeneinander von Bildern lassen höchstens die Rückschlüsse auf Meinungen und Schwerpunkte des Autors oder auf dessen Beurteilung einer Person zu; niemals aber dürfen Reden in ihrer Gesamtheit oder Teile daraus als Belege für die Tatsächlichkeit von Einzelheiten Verwendung finden; die Reden und Dialoge selbst sind fiktiv, auch wenn ihnen reales Geschehen zugrunde liegt.

Weitere literarische Elemente in der Darstellungsweise Froissarts seien im folgenden nur soweit angeführt, als sie für die Auswertung der Chroniques durch den Historiker von Bedeutung sein können. Die Epenliteratur des Mittelalters kennt die ausgiebige Verwendung der Uebertreibung als Beweismittel für die Grösse einer Tat oder eines Ereignisses. Anklänge an die Heldenepik sind auch in den Chroniques aufzudecken: Siebentausend Genter besiegen sechzigtausend Mann aus Brügge (2); in die Schlacht von Crécy ziehen die Franzosen in einer Stärke von "mehr als hunderttausend" Kämpfern und verlieren gegen einen achtmal schwächeren Gegner (3).

Als guter Kenner der Heere seiner Zeit dürfte Froissart über die wahren Zahlenverhältnisse durchaus unterrichtet gewesen sein (4). Die übertriebenen Zahlenangaben gehören somit zum Repertoire literarischer Formeln; sie sind Synonyme für "gewaltig", "überaus gross", "besonders beeindruckend". Eine ähnliche Haltung kommt in den immer wiederkehrenden "Unsagbarkeitstopoi" Froissarts zum Ausdruck, wenn

---

(1) Vgl. ibid., pp. 107-108, 121. Dies gilt zum Teil für Henri de Valenciennes im 13. Jahrhundert, zumindest in bezug auf die geographischen Angaben.
(2) SHF XII, p. 143. Wohl in der Schlacht von Beverhoutsveld 1382 (Froissart gibt die Angaben von Kaufleuten aus Lissabon wieder.)
(3) SHF III, p. 166, p. 390.
(4) Vgl. zu den Zahlen: Lot, L'art militaire, I, passim; pp. 344-348 (zu Crécy); Hewitt, Organization, pp. 28-49. Contamine, Etat, pp. 65ff.

er versichert, es sei unmöglich, alle schönen Waffentaten einer Schlacht
wiederzugeben, so zahlreich seien sie gewesen, oder wenn er immer
wieder die "merveilles" betont, die er berichtet.

Aehnlich unzuverlässig wie die Zahlen sind in den Chroniques die Zeitangaben. Zwar gibt Froissart manche Daten mit erstaunlicher Genauigkeit wieder; die Dauer der geschilderten Ereignisse aber wird oft mit vagen Formeln angegeben, so dass die Dimension der Zeit kaum zur Geltung kommt (1). "An einem Donnerstag" ziehen die Portugiesen 1385 gegen Aljubarrota aus, "am Freitag" erreichen sie nach "vier Meilen" Marsch den Ort der Schlacht, die "am Samstag" stattfindet (2). Derartige "Datumsangaben" sind schon in der Epik Gemeinplatz (3). Froissarts Nonchalance im Umgang mit Daten äussert sich auch auf Schritt und Tritt bei den Uebergängen in der Schilderung zeitlich auseinanderliegender Ereignisse, wo die Zeitangaben oft kaum mehr sind als Ueberleitungsformeln, Wegweiser für das Publikum, die Schauplatzwechsel und Zeitsprünge anzeigen, mehr aber nicht. So berichtet Froissart unmittelbar vor seinem Bericht über den Zug der Portugiesen nach Aljubarrota von der Belagerung Lissabons durch die Kastilier, die schon elf Monate vor Aljubarrota ihr erfolgloses Ende gefunden hatte. Diese elf Monate "überbrückt" Froissart mit einer grosszügigen Formel: "noch in der gleichen Woche" - nach dem Ende der Belagerung - lässt er englische Hilfstruppen anrücken und nach einigen nicht näher datierten Beratungen können die Portugiesen losziehen (4). Es ist denn auch nicht verwunderlich, dass die Angabe der Dauer der Belagerung von Lissabon falsch ist, die in den Chroniques mit "environ ung an" angegeben wird (5) - auch dies eine schon in der Epik geläufige Formel -,

---

(1) Froissart gibt allgemein sehr selten Daten an, was zweifellos auch im Zusammenhang steht mit der Informationsbeschaffung. Zudem zeigt sich damit erneut Froissarts Hang zur Schilderung anstelle einer "erklärenden", analysierenden Darstellung.
(2) SHF XII, pp. 142-144.
(3) Vgl. Schon, p. 62.
(4) SHF XII, pp. 137ff.
(5) Ibid., p. 127. Die Belagerung dauerte vom Juli 1384 bis zum September 1384. Froissart vermischt Ereignisse der Jahre 1384 und 1385; Mirot, SHF XII, p. xlii, Anm. 4, und xliii, Anm. 1.

in Wirklichkeit dauerte sie lediglich knappe fünf Monate. Ebenso unwahrscheinlich ist neben der formelhaften Distanzangabe der Marschroute nach Aljubarrota ("sechs Meilen") die Marschzeit der Portugiesen, denn das Heer müsste die mehr als hundert Kilometer in anderthalb Tagen zurückgelegt haben nach den Zeitangaben der Chroniques (1). Bei dieser altertümlichen Form des erzählenden Fortschreitens folgt ein Bild enumerativ dem andern, nur dürftig verknotet durch formelhafte Daten, die den Schauplatzwechsel signalisieren und zuweilen noch den Zeitablauf suggerieren, meist aber ohne dem Stoff eine echte chronologische Perspektive zu geben.

Wir haben nun auf eine Reihe traditioneller Stilmittel in den Chroniques hingewiesen, die auch in der übrigen Chronistik der Zeit und in deren literarischen Wurzeln, den Epen und dem höfischen Roman, zu finden sind. Die Art und Weise, wie Froissart diese konventionellen literarischen Techniken mit seinen persönlichen Erzählmerkmalen zu verbinden weiss, macht das Unverwechselbare der Chroniques aus. So wäre zu erinnern an Froissarts Ironie, die in Gesprächen zuweilen durchscheint, oder an seine vielen ungekünstelten, mit Kraftausdrücken gewürzten Dialoge, ebenso an seine Freude am Detail, wie sie zum Ausdruck kommt in seinen "Gemälden" - etwa den Schlachtszenerien -, die zu Recht literarische Berühmtheit erlangt haben. Zu Froissarts literarischen Eigenheiten gehören aber auch sein weitschweifiges Ausholen, die umständlichen Digressionen in "Vorgeschichten", seine oft mit Formeln und Dialogen überladenen "Aufschwellungen" des Textes, in denen er sein ganzes Repertoire an Stilmitteln einzusetzen weiss, und schliesslich sein langatmiges Insistieren auf Vollständigkeit einer Liste der Barone und Ritter vor der Schlacht. Dies sollen nur Hinweise sein auf die literarischen Qualitäten der Chroniques. Eine Untersuchung oder gar Würdigung der literarisch-ästhetischen Kriterien kann und soll nicht Gegenstand der vorliegenden Arbeit sein (2).

---

(1) SHF XII, pp. 143f.
(2) Die Zahl philologischer und literarischer Teiluntersuchungen zu Froissart ist ausserordentlich gross. Eine Anzahl von Hinweisen finden sich in den Fussnoten und im Literaturverzeichnis.

## 6. Zur Auswertung der Chroniques

Der Gebrauch literarischer Techniken nimmt in den späteren Fassungen der Chroniques, d. h. vom dritten Buch an, zu, während andere Chronisten, etwa Villehardouin in zunehmendem Mass die rein erzählende Wiedergabe bevorzugten (1). Dennoch kommt Diller, Herausgeber der dritten Redaktion des ersten Buches, zum Schluss, der Chronist erweise sich in der Distanz des Alters "mehr als Historiker, denn als Chronist" (2), und in gleicher Weise urteilt Shears (3). Es sind vor allem Froissarts persönliche Meinungsäusserungen - etwa zum Charakter der Engländer -, die diesen Schluss nahelegten. Von den Darstellungsmitteln her betrachtet lässt sich indessen auch anders schliessen. Wenn Froissart persönlichere Urteile in seine Chroniques einführt, so sind sie vorerst einmal der Niederschlag seiner eigenen Erlebnisse, etwa auf der Englandreise, in keiner Weise aber ein Voranschreiten in Richtung der Analyse. Froissart überträgt seine Enttäuschung über die Machtkämpfe und die Regierungsführung Richards II. - der zum "idealen" König Edward III. in scharfem Kontrast steht - auf frühere Ereignisse. Er projiziert damit seine in persönlichen Erlebnissen gründenden Urteile der Neunzigerjahre in seiner dritten Fassung des ersten Buches in Geschehnisse hinein, die mehr als fünfzig Jahre zurückliegen.

In diesem Zusammenhang ist auch auf die Problematik der Personendarstellung hinzuweisen. Es fällt auf, dass z.B. Edward III., den Froissart persönlich gut gekannt haben muss, kaum eine echte Individualität erlangt.

---

(1) J. Frappier, Les discours dans la chronique de Villehardouin. In: Etudes romanes dediées à Mario Roques. Paris 1946, p. 53. Vgl. auch dieselbe Erscheinung beim Katalanen Muntaner, Sablonier, Muntaner, p. 44.
(2) Diller, HS Rom, Einleitung, p. 23.
(3) Shears, Froissart, p. 222. Ebenso Darmesteter, Froissart, pp. 167ff.

Sein Zorn etwa gegenüber den Bürgern von Calais ist modellhaft stereotyp der Zorn des Souveräns auf die rebellischen Untertanen; die Situation ist exemplarisch für die Belagerung (1). Die Beurteilung der Personendarstellung in den Chroniques ist zwar nach wie vor heftig umstritten (2), und eine nähere Untersuchung dieses vorwiegend literaturkritischen Problems ist an dieser Stelle nicht möglich. Wesentlich für eine Beurteilung Froissarts ist aber im Zusammenhang unserer Fragestellung dies: die zunehmende Verwendung von Szenen und Dialogen in den späteren Teilen der Chroniques unterstreicht neben den verstärkten literarischen Ambitionen den Hang Froissarts, seine eigene Sicht der Dinge durch die Protagonisten seiner Szenerie indirekt zum Ausdruck zu bringen. Ironie, Sarkasmus, emotional gefärbte Passagen wie Ausrufe und Kraftausdrücke entstammen mit höchster Wahrscheinlichkeit dem Stilrepertoire des Chronisten selbst; es wäre sicher verfehlt, an Reden, die Froissart dem Herzog von Gloucester oder dem Herzog der Bretagne in den Mund legt, auf psychologisch individualisierende Darstellungen zu schliessen. Gloucester vertritt in den Szenerien der Chroniques Froissarts eigene Kritik an Richard II. Der Herzog der Bretagne erscheint in den Neunzigerjahren als das "gegnerische Prinzip" zum französischen Königtum; die ungünstige Charakterisierung des hinterhältigen, immer zu Ausreden bereiten Herzogs steht für Froissarts in diesem Fall eindeutig feststellbare Abneigung gegen die Partei der Onkel des Königs, Berry und Burgund, die nach Froissarts Meinung mit dem

---

(1) SHF IV, pp. 60-62, 283, 287. Vgl. die Diskussion der Problematik aus rein literarischer Sicht bei P. F. Ainsworth, Peinture des personnages chez Froissart, pp. 498-522: "Les explosions de colère (colère juste et virile) sont avant tout le privilège du monarque." (p. 504). Vgl. auch L. Chalon, La scène des bourgeois de Calais chez Froissart et Jean le Bel. In: Cahiers d'analyse textuelle, X (1968), pp. 68-84.

(2) Vgl. G. Th. Diller, La dernière redaction du premier livre des Chroniques de Froissart. In: Le Moyen Age, LXXVI (1970), pp. 91-125. Diller meint, Froissarts Chroniques gäben "certains héros hautement individualisés" wieder. Anderer Auffassung ist P. F. Ainsworth, op. cit., p. 514. Er schreibt zur Charakteristik des Grafen Robert d'Artois in der 3. Redaktion des 1. Buches: "Robert d'Artois n'est que un type psychologique, dont la rhétorique nous permet de mieux apprécier une situation particulière. Comme personnage dramatique il a une certaine réalité humaine, mais il n'en est pas moins le porte-parole de Froissart...".

Herzog gemeinsame Sache machten (1).

Froissarts vermehrter Gebrauch literarischer Techniken in den späteren Teilen mag den rein literarischen Reiz seiner Chronik zwar erhöhen, im Hinblick auf eine historische Auswertung der Chroniques stellen sich damit aber vermehrte Probleme. Die Ausdehnung der szenisch dramatischen Teile lässt auf einen verstärkten Hang zu literarischer Perfektion schliessen. Eine Entwicklung des Chronisten in Richtung Analyse und Interpretation kann daraus aber kaum festgestellt werden. Im Gegenteil: der Literat dominiert zunehmend den Geschichtsschreiber.

Für die Chroniques im gesamten stellt sich die Frage einer historischen Auswertung in folgender Weise: Es gilt zunächst grundsätzlich, Froissarts Bild von Krieg und Kriegertum "im Geflecht" teils ornamentaler, teils traditionell intentionaler Darstellungsmittel zu erkennen und wiederzugeben. Allerdings kann der Realitätsbezug bei isolierten Fakten oder Ereignissen angesichts der enormen Materialfülle nur im Rahmen von Detailuntersuchungen im konkreten Einzelfall geschehen; im Rahmen der vorliegenden Arbeit ist dies jedoch kein zentrales Anliegen.

Für eine allgemeine Untersuchung des Kriegsbilds bei Froissart sind für uns vor allem die Grundvorstellungen des Chronisten von Interesse. Wir richten unser Augenmerk auf die Grundzüge exemplarischen Verhaltens, die Froissart nicht an imaginären und oft konstruierten Fällen wie etwa die Kasuistik Charnys und Bonets, sondern am realen Geschehen verdeutlicht (2). Sein Hang zu szenischer Gestaltung, zu literarischer Brillanz ganz allgemein, bedeutet für ihn keineswegs eine Abkehr vom Ideal der "Wahrhaftigkeit" der Ereignisse, die er wiedergibt. Er gestaltet seinen Stoff bewusst, setzt auch gemäss seinen literarischen und didaktischen Absichten die Schwerpunkte - etwa im breiten Ausmalen des Schlachtgeschehens -, er hat aber, wie seine Informationspraxis genügend belegt, auch den glaubhaften Willen, die Materialien inhaltlich im Sinne seiner Aus-

---

(1) Vgl. Kervyn, XVI, pp. 1-5. Zu Gloucester vgl. Kervyn, XIV, pp. 314-315; XV, pp. 154-156. Zur Charakterisierung des Herzogs der Bretagne: Kervyn, XIV, pp. 350-355; XV, pp. 21-22. Zu Richard II.: Ermordung Gloucesters auf Richs. Anstiftung hin, Kervyn XVI, pp. 71-73, 74-77; Tyrannenherrschaft Richards II. ibid., pp. 79-83.

(2) Vgl. zu diesen Problemen auch Reuter, Ritterstand, pp. 34ff.

kunftgeber zu verarbeiten; Froissarts ehrliche Begeisterung für die Leitideen der Aristokratie seiner Epoche macht ihn zum vertrauenswürdigen Zeugen für diesen Bereich der historischen Fragestellung. Unter dieser Voraussetzung ist es durchaus sinnvoll, Froissarts Chronik historisch auszuwerten.

Aus dem Gesagten ergibt sich von selbst, dass eine Unterscheidung von eigenen Augenzeugenberichten des Chronisten - sie fehlen wohl, was das Kriegsgeschehen angeht, vollständig - und Nachrichten aus zweiter Hand bei der Bearbeitung der Materialien der Chroniques keine Rolle spielen kann. Besonderes Augenmerk verdienen aber jene Abschnitte, von denen wir wissen, dass Froissart unmittelbar Beteiligte befragt hat.

ZWEITER TEIL: KRIEG UND "CHEVALERIE" IN DEN CHRONIQUES

I. "Ritterlichkeit" und Kriegsrecht

1. Einleitung

Zur Darstellung der Epoche bei Froissart und Molinet, der sich im 15. Jahrhundert als Fortsetzer Froissarts verstand, schreibt Johan Huizinga in seinem "Herbst des Mittelalters": "Ausserstande, in dem allem eine reale gesellschaftliche Entwicklung zu erkennen, ergriff die Geschichtsschreibung die Fiktion des Ritterideals; sie führte damit alles auf ein schönes Bild von Fürstenehre und Rittertugend, ein hübsches Spiel edler Regeln zurück, und schuf so wenigstens die Illusion einer Ordnung." (1)

"Ritterlichkeit" bedeutet für Huizinga eine moralisch-ästhetische Haltung; im Zentrum stehen die Ideale des Opfermuts, des Schutzes der Schwachen, das Streben nach Gerechtigkeit und im 15. Jahrhundert erstmals sichtbar: patriotische Gefühle neben den traditionellen Ritteridealen (2). Freilich wies Huizinga schon 1921 auf die Verbindung zwischen der Ritteridee und der Entwicklung des Völkerrechts hin (3), ohne aber diesen Ansatz - abgesehen von einigen allgemeinen Bemerkungen - weiterzuverfolgen. Im "Herbst des Mittelalters" 1924 werden die rechtlichen Aspekte des Krieges wieder zum "unentwirrbaren Gemisch" einzelner Rechtsfragen, die in den äusserst formlosen Kriegen des 14. Jahrhunderts die Diplomatie beherrschen (4). Diese "Fiktion" des Rittertums ist für die spätmittelalterlichen Geschichtsschreiber in der Sicht Huizingas "the formula with which man

---

(1) J. Huizinga, Herbst des Mittelalters, p. 87.
(2) J. Huizinga, The Political and Military Significance of Chivalric Ideas in the Late Middle Ages. In: Men and Ideas, New York 1959, p. 206. Vgl. ferner id., Herbst, p. 88: "Seinem Wesen nach ist er (=der Rittergedanke) ein ästhetisches Ideal, aus bunter Phantasie und erhebender Empfindung gewoben. Er will aber ein ethisches Ideal sein: mittelalterliche Anschauung konnte einem Lebensideal nur dadurch einen edlen Platz einräumen, dass sie es in Beziehung zu Frömmigkeit und Tugend setzte. In solcher ethischen Funktion versagt das Rittertum immer; es wird durch seinen sündigen Ursprung herabgezogen. Denn der Kern des ritterlichen Ideals bleibt doch der zur Schönheit erhobene Hochmut."
(3) Huizinga, Significance, p. 203ff.. Zur Lösegeldpraxis: "it is especially on that point that chivalric honor and the principles of international law converge." Ibid., p. 204.
(4) Id., Herbst, p. 87.

was in those days able to understand in his poor way the appalling complexity of events" (1). So wurde die Geschichte dank dieser ritterlichen Fiktion auf ein Spektakel von Ehre und Tugend, auf ein nobles Spiel mit erbaulichen und heroischen Regeln reduziert (2).
Huizinga war der Meinung, dass dieses agonale Wirklichkeitsverständnis nicht nur den Köpfen der Chronisten entsprungen sei; es habe vielmehr eine "real and most desastrous influence on the fate of nations" gehabt (3). Ritterliche Vorurteile gerieten - nach Huizinga - in ständigen Widerspruch zu den Erfordernissen der Taktik und Strategie, aber auch der Politik (4). In der ganzen Epoche des Spätmittelalters sah Huizinga den künstlichen Versuch, "alte" Rittertugenden wieder aufleben zu lassen. Getrieben von der "Sucht nach einem schönen Leben" (5), die in der Not des von Kriegen und Krisen erschütterten Westeuropa wurzelte, suchte die führende Gesellschaftsschicht der Epoche Zuflucht zu einem schönen "Spiel bewusster Heuchelei" (6); ihr "Ritterideal" erscheint als der oberflächliche, "zur Schönheit erhobene Hochmut" (7).
Diese Interpretation der ritterlichen "Ideologie" des Spätmittelalters hatte in der Folge eine ausserordentlich starke Wirkung auf die Geschichtsschreibung. So folgte Froissarts Monograph Shears zwar der harten Verurteilung Huizingas nicht, er übernahm aber die These der Nachahmung ritterlicher Ideale (etwa von Romanfiguren) als des dominanten Grundzuges der Chevalerie auch bei Froissart. Shears betont, die "pittoreske", höfisch-galante Seite ritterlichen Verhaltens sei "charakteristisch" für das 14. Jahrhundert (8). Im Kapitel über das Rittertum bei Froissart werden denn auch zahlreiche Passagen der Chroniques als Belege herangezogen, die das Bild einer

---

(1) Huizinga, Significance, p. 199.
(2) Ibid. . Zu Spiel und Krieg vgl. a. id., Homo Ludens, pp. 90-105.
(3) Ibid. , p. 200. Als Beleg diente Huizinga z. B. die auf traditionellen Vorstellungen beruhende und deshalb unterlegene Taktik der Franzosen bei Poitiers und die Rückkehr Johanns II. in englische Gefangenschaft 1364 nach der Flucht seines Sohnes aus der Geiselhaft. Ibid., p. 199f.
(4) Ibid. , p. 202.
(5) Huizinga, Herbst, p. 131. Diese Vorstellung auch bei J. Evans, Das Leben im mittelalterlichen Frankreich (1925), 2. Aufl. Köln 1960, pp. 155f..
(6) Huizinga, Herbst, p. 87.
(7) Huizinga, Herbst, p. 88.
(8) Shears, Froissart, p. 153. Dies trotz der "ruthless barbarity" des Kriegsalltags, p. 150ff.

zwar anachronistischen, aber in Shears' Urteil liebenswürdig-galanten späthöfischen Gesellschaft entstehen lassen: Hüben und drüben suchen sich die Chevaliers in sportlichem "Fair-play" zu übertreffen (1).
Ein anderer Autor setzte die Akzente anders, ging aber bei der Quellenauswahl ähnlich vor: Der Harvard-Professor Raymond Kilgour urteilt 1937 in seiner Studie "The Decline of Chivalry" über Froissart:

> Diese Müsterchen ritterlicher Tapferkeit, die der Chronist so aufbauscht, fanden ihr unmittelbares Modell in den Artus-Romanzen, und sie zeugen von der überspannten Unwirklichkeit einer Zeit, da man sich angestrengt bemühte zu leben, wie es die Romanzen vorschrieben, und doch so leicht aus der Rolle fiel, wenn die Schrecken des Krieges in greifbare Nähe kamen. (...) Das Streben nach individuellem Ruhm nahm den Platz von religiösem Eifer und Vaterlandsliebe ein." (2)

Diese auf die moralisch-patriotische und damit retrospektiv-wertende Beurteilung begrenzte Interpretation des Rittertums im späten Mittelalter mit der "Theorie" der "Dekadenz" als Grundlage ist in ihrer Verabsolutierung sicher überspitzt und einseitig. Der höfisch-spielerische Aspekt der Adels- und Rittergesellschaft, für das 14. Jahrhundert von Huizinga, zweifellos einem der besten Kenner des Zeitalters, in kaum zu übertreffender Prägnanz gezeichnet, ist zwar unbestritten ein auffälliges Merkmal im Erscheinungsbild des Kriegertums Frankreichs; die Geisteshaltung der Chevalerie im Krieg wird damit aber nach unserer Meinung nur zum Teil erfasst. Oft sind es gerade dichterisch gestaltete Episoden der Chroniques, die das Fundament der Interpretation Huizingas und seiner Nachfolger bilden. Abweichendes - es ist der grösste Teil des dargestellten Stoffes bei Froissart - wurde sodann als Inkonsequenz, als ein "aus der Rolle fallen" der ritterlichen Schauspieler und ihrer Chronisten interpretiert, die das von ihnen verkündete hohe Ethos nur in einer Fiktion, im Traum und im Spiel, zu leben imstande waren (3).

---

(1) Shears, Froissart, pp. 143ff.
(2) Kilgour, Raymond L. The Decline of Chivalry. Baltimore 1937, p. 66 (Uebersetzung: G.J.). Diese Vorwürfe finden sich schon 1909 bei Jeanroy, Extraits, pp. 189-190.
(3) Huizinga, Herbst, pp. 86-87: "Nehmen wir Froissart, selbst Dichter eines hyperromantischen Ablegers der Ritterepik, "Méliador". Während sein Geist in idealer "prouesse" und "grans apertises d'armes" ("Tapferkeit und grossen Waffentaten") schwelgt, schreibt seine Journalistenfeder fortwährend über Verrat und Grausamkeit, schlaue Habgier und Uebermacht, kurz ein Kriegshandwerk, das ganz Sache der Gewinnsucht geworden ist." Wir werden in Kap. VI noch eingehender auf diese Fragen zurückkommen.

Eine vollständige Darstellung dieser ideengeschichtlich begründeten Interpretationen ist an dieser Stelle nicht möglich und auch nicht notwendig. Die angeführten Hinweise mögen zur Illustration genügen; ihre breite Wirkung lässt sich gerade in der Literatur zu Froissart auch später noch feststellen (1). Es kann nicht unsere Absicht sein, das oben umrissene Bild des Krieges und der Chevalerie im 14. Jahrhundert auf seine grundsätzliche Richtigkeit hin zu überprüfen. Dazu wäre unsere Quellenbasis viel zu schmal. Nachfolgend soll aber der Versuch unternommen werden, über die ideen- und literaturgeschichtlichen Gesichtspunkte hinaus die Chroniques in anderer Richtung zu befragen: Unser Interesse gilt dabei vor allem den rechtlichen und später auch den materiellen Aspekten des Krieges, zu denen Froissart umfangreiches und bisher wenig beachtetes Material liefert. Als auffälligstes Merkmal der Chroniques soll uns zunächst die wiederholte Betonung des Kriegsrechts - "droit d'armes" - beschäftigen.

## 2. Das "droit d'armes"

Froissart schreibt in seinem Kommentar zur Schlacht von Otterburn zwischen Engländern und Schotten 1388:

> Anglois ... et ... Escots sont très bonnes gens d'armes, et quant ils se treuvent en rencontre et ou party d'armes, c'est sans espargnier (...). Ceulx qui sont pris et créantés, ils sont raenchonnés, et savés-vous comment? si trestost et si courtoisement que chascuns se contente de son compaignon (...), mais en combatant et faisant armes l'un sur l'autre, il n'y a point de jeu ne d'espargne (...) car ce rencontre fut aussi bien demené au d r o i t d' a r m e s que nulle chose puet oncques estre. (2)

Die Schlacht im ganzen wurde "bien demené au droit d'armes"; der mutige Einsatz "ohne Spiel und Schonung" fällt ebenso unter das summarische Lob des Verhaltens gemäss dem Kriegsrecht wie die rasche und "höfische" Regelung der Lösegeldfragen. Wir lassen noch ein weiteres Beispiel folgen: In Froissarts Bericht über die Eroberung von Limoges 1370 durch die

---

(1) Vgl. etwa Wilmotte, Maurice. Froissart. Bruxelles 1942, pp. 53-79, bes. pp. 59-60. Vgl. aber auch Cram, Kurt-Georg. Iudicium belli, (1955), pp. 15, 181: "... bis schliesslich jene Welt, die wir als 'Herbst des Mittelalters' kennen, die agonalen Idealfiguren der Romanliteratur auf der Bühne des Schlachtfeldes in sonst unerreichter Vorbildtreue wirklich durchspielt."
(2) Kervyn, XIII, p. 220. Zum Gebrauch des Verbs "demener" (etwa: durchführen) vgl. Picoche, Jacqueline, Le vocabulaire, p. 87.

Truppen des Schwarzen Prinzen ergeben sich drei französische Ritter
dem Schwarzen Prinzen mit der Formel: "Signeur, nous sommes vostres
et nous avés conquis: si ouvrés de nous au droit d'armes" (1). Trotz
des vorherigen Befehls des Schwarzen Prinzen, niemand zu schonen, erhalten die als besonders tapfer geschilderten drei Franzosen einen Lösegeldvertrag.
Die Franzosen appellieren hier an ein übergeordnetes Recht, das vom
Feind anerkannt wird und das ihnen ihr Leben sichert. Das "droit d'armes"
erscheint im ersten Beispiel als Richtschnur für das Verhalten in der
Schlacht allgemein und im zweiten als übergeordnete, von Freund und
Feind zumindest im Falle von Limoges respektierte Rechtsnorm für Fragen der Gefangenschaft.
Zur Zeit Froissarts entstanden zu den Problemen des "droit d'armes" mehrere Abhandlungen, die in kasuistischer Form als Lehr- und Handbücher
der Chevalerie die Verhaltensnormen der Ritterschaft festzulegen trachteten. Zunächst wäre Geoffroy de Charny, gefallen als Träger der "oriflamme" bei Poitiers 1356, zu nennen, der in seinem "Livre de Chevalerie" für die Mitglieder des Stern-Ordens Johanns II. einen Katalog von
Fragen zu den Grundsätzen ritterlichen Verhaltens aufstellte (2). Als bedeutendste Sammlung von Rechtsfragen erschien 1387 der "Arbre de Bataille" des Rechtsgelehrten Honoré Bonet (3), dessen Werk im wesentlichen
eine Kompilation früherer juristischer und kanonistischer Abhandlungen
zum Krieg, insbesondere Giovanni da Legnanos "De bello, de repressaliis
et de duello" darstellt (4).
Froissarts Interesse für Lösegeldfragen, Formen des Belagerungskrieges, die breite Schilderung des Verwüstungskrieges und der grossen
Schlachten belegen, wie die nachfolgenden Kapitel zeigen werden, das In-

---

(1) SHF VII, p. 252.
(2) Ein Teil ist publiziert worden in Kervyns Froissart-Edition: Chroniques, Hg. Kervyn de Lettenhove, Bd. I, 2, Brüssel 1867, pp. 463-533. Die eigentliche Sammlung von Fällen ist unseres Wissens noch nicht gedruckt worden. Ein Teil der von Charny aufgeworfenen Fragen sind angeführt bei Contamine, Azincourt, pp. 108-109.
(3) Bonet, Honoré. L'arbre de bataille. Hg. E. Nys, Brüssel 1883. Ferner: Bonet, H., The tree of Battles. Hg. und übersetzt G. W. Coopland, Liverpool 1949.
(4) Vgl. Bonet, The Tree of Battles, Hg. Coopland, p. 27. Nach Coopland basieren 84 Prozent des "Arbre" auf Giovanni da Legnano.

teresse des Chronisten für jene Fragen, die das "droit d'armes" betreffen.
Die von Charny und Bonet aufgeworfenen Probleme reichen von der Erörterung des "gerechten Krieges" über Fragen der Beuteansprüche, des Lösegeldwesens und der Gefangenschaft bis zu jenen der Disziplin, des ehrenhaften Rückzuges oder der Kapitulation. Charny und Bonet schrieben aus didaktischen Anliegen; in Charnys Traktat steht die Frage der individuellen Vervollkommnung des Ritters im Waffenhandwerk und in der Gesinnung im Vordergrund, bei Bonet vor allem der Versuch der Disziplinierung und Unterordnung unter die Befehlsgewalt der Anführer, insbesondere des Königs oder souveränen Fürsten, denen Bonet allein die Berechtigung zur Kriegserklärung zubilligt (1). Froissarts Haltung entspricht eher derjenigen Charnys, die auf das Individuelle bezogen ist. Beide Autoren betonen den Wert ihrer "Beispielsammlung" für die jungen Ritter, die am Beispiel der Alten zu grossen Waffentaten angespornt werden sollen (2).
In Uebereinstimmung mit einer langen Tradition hebt Froissart besonders hervor, dass die Ritterschaft im Sinne einer Haltung nicht durch Geburt erworben, sondern erlernt werde; im Prolog findet sich programmatisch das besondere Lob des armen, aber tüchtigen Ritters, der "à haute honneur · à table de roy" sitzt, während "nobles de sanch" und Reiche oft nicht dort zu finden sind (3). Diese althergebrachten Topoi des Prologs, die das Lob des tüchtigen, aber armen Ritters singen, sollten jedoch nicht als eine Abkehr Froissarts von seinen aristokratischen Idealen verstanden werden, denn das "droit d'armes" war Standesrecht (4). Es betraf

---

(1) Bonet, Arbre, ed. Nys, p. 91 u. pp. 105-107. Nur souveräne "princes" durften nach Bonet Krieg führen. Der Krieg des Königs dient der "commune utilité de tout le royaume" (im Gegensatz zum Privatkrieg), p. 107.
(2) Ibid., pp. 472ff.
(3) SHF I, p. 6 (Prolog). Zur Tradition dieses "Leistungsprinzips" vgl. Schon, Studien, p. 24.
(4) M. H. Keen, The Laws of War. London 1965, pp. 7-22; vgl. bes. pp. 15-17, 19: "Though it was founded in the civil law and the jus gentium, the law of arms applied in particular matters and to a particular class of persons only. Thus for instance a peasant could not claim rights in an enemy prisoner under the law of arms, because it applied only to military persons and therefore only they could sue for rights under it. If a soldier was captured by a civilian, the latter therefore could not ransom him, but must turn him over to the civil or military authorities."

den Ritterstand als "christlichen" Berufsstand. Seine legale Basis bildeten im wesentlichen das römische Zivilrecht, das kanonische Recht und feudales Gewohnheitsrecht (1). Das "droit d'armes" war nicht an einen bestimmten Staat gebunden; es war "international"; Gültigkeit hatte es in Auseinandersetzungen unter Christen, den Rechtsnachfolgern des "römischen Volkes", nicht aber gegenüber Ungläubigen (2).

Es kann nicht Gegenstand dieser Arbeit sein, die rechtstheoretischen Grundlagen des "droit d'armes" eingehender zu erörtern sowie die ungemein komplexe Rechtspraxis der Zeit zu beschreiben (3). Geoffroy de Charnys "Livre de Chevalerie" zeigt in seiner Zweiteilung deutlich die beiden Grundaspekte des "droit d'armes": den moralisch-ethischen (was ist ein wahrer Ritter?) und den formalrechtlichen (Rechte, Pflichten im Vertragsrecht, Disziplinarrecht). Beide Aspekte sind wesentlich für die Konstituierung der "Ehre" des Ritters im ausgehenden Mittelalter (4). Sie bilden einen Gesamtkomplex von Verhaltensnormen, die aber im Einzelfall zu recht unterschiedlichen Interpretationen Anlass geben können. Die Schriften Bonets und Charnys schliessen indes weit mehr ein als bloss Normen eines positiven Kriegsrechts. Wenn Bonet etwa die Treue zum Herrn, die Schonung von Frauen, Kindern und Alten, in den Vordergrund stellt und nachhaltig das Plündern verurteilt, wenn Charny häufig Fragen der eidlichen Verpflichtung aufwirft und ganz ausserhalb der Rechtsfragen im Krieg den sportlichen Zweikampf und das Turnier als dem Krieg fast gleichzustellende "mestiers d'armes" darstellt, dann sind dies primär ethisch-moralische und nicht formalrechtliche Fragen. So bildet etwa das Vertragsrecht, dessen Satzungen Rechte und Pflichten der

---

(1) Contamine, Azincourt, p. 105: "Peu à peu, il s'y élabore une doctrine morale, légale et sociale de la guerre, qui repose sur des fondements divers: droit canon, droit romain ou écrit, vieilles traditions féodales dont certaines remontent aux temps carolingiens, sans compter les apports nouveaux que suscite la pratique et qui font en quelque sorte jurisprudence."
(2) Bonet, Arbre, ed. Nys, pp. 89, 223; Keen, Laws, pp. 57f.
(3) Wir verweisen auf die umfassende Darstellung bei Keen, Laws; kurze Einführungen bei: Contamine, Azincourt, pp. 1o5-126; id., Etat, pp. 184-192.
(4) Cram, Iudicium, p. 180, sieht die Entstehung eines formalistischen Kriegsrechts in der Zeit Barbarossas, d.h. mit dem Beginn der Rezeption des römischen Rechts.

Kriegsteilnehmer festzulegen hatten, nur einen Teil des "droit d'armes"; von mindestens ebenso weittragender Bedeutung ist der Komplex jener Fragen, die um die ritterliche Ehre kreisen. Keen bezeichnet deshalb aufgrund seiner Quellen aus der Rechtstheorie und der Gerichtspraxis der Zeit das "droit d'armes" als "the law of chivalry" (1), das für den Krieger im umfassenden rechtlich-ethischen Sinn verpflichtend war. Es ist daher verständlich, dass Froissart auch turnierhafte Scharmützel bei Belagerungen als "faire le droit d'armes" bezeichnet (2).

Die Rechtsgelehrten verstanden ihre Bücher als umfassende Leitfäden für die Ritterschaft, wie es z. B. Christine de Pisans "Livre de Fays d'armes et de Chevalerie" schon im Titel zum Ausdruck bringt (3). Beim Krieger fehlten in der Regel theoretische Rechtskenntnisse. Im Zweifelsfall wurden - wie auch Fälle aus den Chroniques belegen (4) - Herolde oder erfahrene Ritter beigezogen, die Streitigkeiten nach den Gewohnheiten oder nach den Instruktionen der Handbücher wie etwa jenem Bonets regelten. Eine Trennung des Verhaltens der Krieger im 14. Jahrhundert in positivrechtlich bedingte und in ethische, von einem geistigen "Ritterideal" her geprägte Verhaltensmuster würde somit am Rechtsverständnis der Zeit vorbeizielen. Die Wirksamkeit des Ehrenkodexes für den mittelalterlichen Krieger braucht an dieser Stelle kaum besonders hervorgehoben zu werden. Der drohende Verlust der Ehre mag in vielen Fällen weit schwerer gewogen haben als die blosse Verpflichtung zur Einhaltung eines Vertrages. Damit ist auch bereits auf fehderechtliche Denkformen in den Kategorien der Rache und der Wiederherstellung der Ordnung als Ehrenpflicht jeden Ritters hingewiesen, die in den Kriegen des 14. Jahrhunderts, wie wir noch sehen werden, trotz der Einschränkung des Privatkriegs immer noch eine Rolle spielten. In der Internationalität dieser rechtlichen Denkformen

---

(1) Keen, Laws, p. 19. Vgl. auch Brunner, Otto. Land und Herrschaft. Darmstadt 1973, pp. 118-119: "Ehre (Honos) und subjektiver Rechtsanspruch fallen im mittelalterlichen Denken in eins." Vgl. dagegen die Trennung von "law" und "chivalry" bei Hewitt, Expedition, p. 11.
(2) SHF XIII, p. 276. Vgl. Picoche, Le vocabulaire, p. 86.
(3) Christine de Pisan. The Book of Fayttes of Armes and of Chyvalrye. Hg. A. T. P. Byles, London 1932. Uebersetzung von William Caxton. (Nur in Englisch ediert.)
(4) Vgl. etwa SHF VII, p. 51: Der Schwarze Prinz tritt in Spanien 1357 als Richter in Fragen des "droit d'armes" auf.

liegt auch die Ursache, weshalb die Satzungen des "droit d'armes" bei Franzosen und Engländern grundsätzlich anerkannt wurden (1). Der Ritter, der einen Eid verletzte, entehrte sich selbst: die Furcht vor der Sanktion der Entehrung war denn auch - wie Keen feststellt - wirksamer als ein abstraktes Pflichtbewusstsein (2). Im Zusammenhang mit der oben zitierten Aeusserung Froissarts zur Schlacht von Otterburn scheint uns dies bedeutsam zu sein. Die traditionellen Denkformen des mittelalterlichen Kriegsrechts, ergänzt und umgeformt durch die Rezeption des römischen Rechts (3), prägten in der Theorie, aber auch in ihrer praktischen Anwendung im Felde das Verhalten der Krieger in einem umfassenden Sinn. Wir versprechen uns daher von der Frage nach den Auswirkungen des "droit d'armes" als Verhaltensnorm der Chevalerie im folgenden konkretere Ergebnisse, als sie vage Vorstellungen von einer artifiziellen "Nachahmung" literarischer Vorbilder zu erbringen vermögen.

---

(1) Keen, Laws, p. 22, äussert dazu: "The law of arms (...) was respected indifferently in all places because it was founded in rules which all lawyers knew, and at the same time appealed to the social and professional pride which bound together all who bore arms."
(2) Selbst bei "indentures" wurden die Rekrutierungsverträge durch den Ehreneid besiegelt. Vgl. Keen, Laws, p. 20.
(3) Vgl. ibid., pp. 16-17, ferner p. 22.

> Les vaillans hommes affrontent le péril
> dans les combats par s'avancer et ac-
> croistre leur honneur; le peuple s'entre-
> tient d'eux et de leurs aventures; les
> clercs écrivent et enregistrent leurs
> faits et gestes. SHF I, pp. 4-5, Prolog

## II. Das Ritterheer: Sein Bild in den Chroniques

Wie sieht Froissart den Aufbau der Heere seiner Zeit? Diese Frage ist, wie der Zusammenhang von Rechtsfragen und Ehrenkodex bereits gezeigt hat, von Bedeutung. Froissart bezeichnet mit zumeist genauer Respektierung der Hierarchie die sozialen Gruppen aller Heere nach einheitlichen Mustern, ob es sich um Engländer, Franzosen oder Schotten handle. Damit lassen sich aus den Chroniques natürlich kaum mehr als typisierende Hinweise auf die komplexe soziale Realität dieser Heere gewinnen. Ihr Erscheinungsbild ist geprägt von den Anschauungen des Chronisten, der die soziale Wirklichkeit so darstellte, wie er sie sehen wollte, nicht aber unbedingt so, wie sie sich tatsächlich darbot. Froissart vermittelt dadurch zwar ein unvollständiges Bild, dafür geben seine Chroniques die Gewichtung und Bewertung der einzelnen Gruppen aus der Sicht der Chevalerie und damit die Mentalität der Führungsschicht seiner Zeit wieder, was für unsere Fragestellung nicht minder eine historische Realität bedeutet. Fragen der Organisation, Rekrutierung, aber auch der sozialen Herkunft von Einzelpersonen oder Gruppen müssen daher vernachlässigt bleiben; es handelt sich dabei ohnehin um in letzter Zeit sehr eingehend erforschte Gebiete (1). Unser Interesse gilt im folgenden vor allem dem Erscheinungsbild des Heeres, wie Froissart es typologisch sah, wobei wir, von "oben nach unten" vorgehend, den einzelnen Gruppen der "hommes d'armes", des Klerus, der spezialisierten Hilfstruppen und schliesslich der Fusssoldaten als Grundkategorien je einen Abschnitt einräumen werden. Im Vordergrund steht vor allem deren Funktion und ihre Bewertung aus der Sicht der Chroniques.

---

(1) Als bedeutendste Publikationen in jüngerer Zeit sind zu nennen: Contamine, Ph. Guerre, Etat et Société à la fin du moyen âge. Paris 1972. Hewitt, H.J. The Black Prince's Expedition of 1355-1357. London 1958. id.: The Organization of War Under Edward II. London 1966. - Diese Untersuchungen werden im folgenden - neben anderen - ergänzend zu konsultieren sein.

1. Die "hommes d'armes"

Kennzeichnend für Froissarts Schilderungen der Heere ist die Hervorhebung der "hommes d'armes", "gentils hommes" oder "riches hommes"(1). Froissart versteht darunter grundsätzlich den Adel, beritten und mit der üblichen Bewaffnung seiner Zeit ausgestattet. Diese Gruppe ist militärisch-sozial der eigentliche Träger des Heeres. Sie bildet, wie aus späteren Kapiteln hervorgehen wird, den universalen Stand, der Freund und Feind sozial verbindet. Froissart versteht die Chevalerie in der mittelalterlichen Tradition als einen "weder zeitlich noch räumlich" begrenzten universalen Stand innerhalb der christlichen Gemeinschaft (2).
Die Terminologie Froissarts ist jedoch nicht ganz konsequent (3). Neben der üblichen separaten Zählung der "hommes d'armes", Bogenschützen, Armbruster und der "bidaus" (Hilfstruppen zu Fuss) kann "hommes d'armes" zuweilen auch als allgemeiner Begriff für "Kämpfer" gelesen werden (4).
In der Regel aber umschreibt der am häufigsten als Bezeichnung der adeligen Truppe verwendete Begriff der "hommes d'armes" die "gentilshommes" vom Knappen bis zum Baron, also die soziale Gruppe der "Chevalerie" (5).
Für die kombattante Truppe mit Einschluss der Hilfstruppen verwendet Froissart gewöhnlich den Begriff "gens d'armes" (6).
Froissart ist immer wieder bemüht, auf die ständische "Reinheit" dieser Adelsheere hinzuweisen; so betont er etwa, die Franzosen vor der Schlacht von Poitiers seien in jeder "bataille" 16000 Mann gewesen, "dont tout estoient passet et moustret pour homme d'armes" (7). Dazu kommen an anderer Stelle wiederholte Bemerkungen des Chronisten, dass Ritter und Knappen in

---

(1) Die Bezeichnung "homme d'armes" ist so häufig, dass wir auf Quellenverweise verzichten können. Seltener wird "riche homme" gebraucht, vgl. etwa SHF V, p. 225.
(2) Vgl. dazu Reuter, Ritterstand, pp. 139ff. Für Froissart sind 1390 in Afrika ausnahmsweise selbst Mohammedaner im Stande ritterlicher Ehre, vgl. Kervyn, XIV, pp. 228-229.
(3) Dies gilt auch für andere erzählende Quellen des 14. Jahrhunderts; vgl. dazu Contamine, Etat, pp. 12f.
(4) Vgl. etwa in der Beschreibung der Gefangennahme Johanns II. bei Poitiers: "... en tel lieu estoit et telz fois fu, cinq hommes d'armes sus un gentil homme", SHF V, p. 54.
(5) Vgl. SHF III, p. 130; SHF VI, p. 141.
(6) Vgl. SHF III, p. 135; SHF VIII, p. 172: "toutes manières de gens d'armes".
(7) SHF V, p. 20. Zur zunehmenden Bedeutung kleiner Adliger als Unternehmer vgl. Powicke, Aristocracy, pp. 126f.

Heer "tous gentilshommes" seien (1), was einerseits auf Froissarts Bemühen, die gesamte militärische Ehre diesem Stand vorzubehalten, zurückzuführen ist, andererseits aber als unfreiwilliger Hinweis des Chronisten gelten kann, dass in Wirklichkeit doch nicht alle "hommes d'armes" adelig waren, wie es Froissart wahrmachen will.

Konsequent wird in den Chroniques denn auch immer wieder betont, dass grundsätzlich nur adelige Kämpfer von militärischem Wert seien (2). So schreibt Froissart den Erfolg bei der Verteidigung von Narbonne 1355 gegen den Schwarzen Prinzen ausschliesslich den "gentils hommes qui en le cité estoient", zu (3). Auch bei anderen Gelegenheiten lässt der Chronist durchblicken, dass eine Belagerung ohne "gentils hommmes", die fachmännisch eine Verteidigung leiten könnten, aussichtslos sei (4). Besonders untauglich sind nach Froissarts Urteil die städtischen Milizen Frankreichs; sie werden nach seiner Meinung für das Ritterheer zur Belastung. Als geradezu programmatisches Beispiel, das für die gesamten Chroniques gelten kann, dienen uns Froissarts Bemerkungen zum Heeresaufgebot der Franzosen 1347, das für den Entsatz von Calais bestimmt war:

> Et avint que sus l'espoir de reconforter ceuls de Calais et lever le siege, li rois de France fist un tres grant mandement de chief en qor son roiaulme, et dist que il ne voloit fors guerriier de gentils hommes dou roiaume de France, et que des conmunautés amener en bataille, ce n'est que toute perte et empecement, et que tels manieres de gens ne font que fondre en bataille ensi conme la nive font au solel; (...) et que plus il n'en voloit nuls avoir, fors les arbalestriers des chités et des bonnes villes. Bien voloit lor or et lor argent pour paiier les coustages et saudees des gentils honmes, et non plus avant: il demorassent as hostels et gardaissent lors fenmes et lors enfans, il devoit sousfire, et fesissent leur labeur et marceandise, et les nobles useroient dou mestier d'armes dont il estoient estruit et introduit. (5)

---

(1) SHF II, p. 267 (Ost de Bouvines); Kervyn, XIV, p. 225 (Afrika-"Kreuzzug" von 1390). SHF XIII, p. 79.
(2) Eine Ausnahme bilden lediglich die englischen Bogner und gelegentlich die Genueser Armbruster. Zudem werden in Spanien gesondert als "autres gens d'armes" (neben den "hommes d'armes") die "geniteurs" als wirksame Hilfstruppe aufgeführt. Vgl. dazu SHF VII, p. 26; Kervyn, VII, p. 126, p. 189.
(3) SHF IV, p. 171.
(4) SHF VII, p. 249.
(5) Diller, HS. Rom, pp. 820-21.

Deutlich kommt in diesem Abschnitt der Römer Handschrift (dritte Redaktion des ersten Buches) Froissarts Abneigung gegen die unerfahrenen und deshalb untauglichen "conmunautés" zum Ausdruck, deren militärische Schwäche er bei jeder Gelegenheit dem Leser dramatisch vor Augen führt (1).

In der von Froissart genau respektierten sozialen Rangordnung der Zeit erscheinen die "hommes d'armes", gelegentlich auch "hommes d'onneur" genannt, gegliedert in Prinzen, Grafen, Barone, Chevaliers und Ecuyers (Knappen, Junker) (2). Der Titel des Prinzen, Herzogs und Grafen bezeichnet den Inhaber einer Herrschaft (bzw. herrschaftlicher Rechte); der Begriff "baron" (meist als Plural) umfasst in den Chroniques die Gesamtheit der Hocharistokratie (3). Die "chevaliers" und "escuiers", die das Gros der kombattanten Truppe bilden, werden ihrerseits unterschieden in "chevaliers bannerèz", "chevaliers d'un escut ou de deux" und "escuiers" (4), bei denen andere Quellen ebenfalls die "banerets" vor den "escuiers simples" unterscheiden (5).

Die kleinsten Einheiten des Aufgebotes waren die "banières" und "pennons", deren Anzahl von der Stärke des gesamten Heeres abhängig war (6). Als Bannerherren ("baneret") traten militärisch qualifizierte und begüterte Chevaliers oder Ecuyers in Erscheinung, die als Zeichen ihrer Stellung an-

---

(1) Dies kommt auch in der notorischen Kapitulationsbereitschaft der städtischen Zivilbevölkerung, besonders der untern Schichten, zum Ausdruck; vgl. dazu Kap. V, 2, dieser Arbeit; dann aber auch in Einzelepisoden wie jener der Flucht der Bürger von Caen und Charenton vor Edward III. 1346, SHF III, p. 135 und pp. 142ff.
(2) SHF VI, p. 155: "toute fleur d'onneur et de chevalerie"; vgl. auch SHF V, p. 198; zur umfassenden Benennung der "sires, contes, barons, chevaliers et escuiers" als "hommes d'armes" vgl. SHF IV, p. 141, u. II, p. 130.
(3) Vgl. dazu auch Contamine, Etat, p. 13.
(4) Dies ist Froissarts Rangordnung der französischen Gefallenen bei Crécy, SHF III, p. 431.
(5) Vgl. Contamine, Etat, pp. 14-15.
(6) Zu den Heereseinheiten vgl. Fowler, Age, pp. 100f.: "However raised, the French forces were organized into 'batailles' and 'bannières', 'routes' or 'compagnies' which denoted both military and administrative units. The classic division of fourteenth-century French and English armies was into three battles, destined to engage the enemy successively and not, as in the sixteenth century, simultaneously."

stelle des dreieckigen "pennon" (Fähnchen) ein viereckiges Banner tragen durften. Ein "baneret" war der Anführer einer Einheit von etwa fünfundzwanzig bis achzig "hommes d'armes" (1). Die "chevaliers d'un écu", auch "chevaliers simples" oder "bacheliers" genannt, stehen eine Stufe tiefer als die "banerets"; vor einem Treffen erhielten gewöhnlich einige Kämpfer der ersten Kategorie die Möglichkeit, in den Rang der "banerets" aufzusteigen ("lever banière"), was auch ein Vorrücken in der Soldhierarchie darstellte (2).

Das Gros der Heere bildeten indessen die "ecuyers" (3). Ihr Anteil an den "hommes d'armes" betrug nach den Berechnungen von Contamine in Frankreich während des 14. Jahrhunderts zwischen achzig und neunzig Prozent gegenüber lediglich etwa neun bis fünfzehn Prozent der "chevaliers simples" (4). Für die "ecuyers" bot sich besonders vor einem grossen Treffen die Möglichkeit, zum "chevalier simple" aufzusteigen, wie es zahlreiche Beförderungen vor Schlachten belegen (5).

Für die Bewaffnung der "hommes d'armes" liefert Froissart zahlreiche Hinweise. Da dieser Gegenstand sehr eingehend und umfassend erforscht

---

(1) Fowler, Age, p. 101; Contamine, Etat, p. 14: "quelques dizaine de combattants au moins servant sous son autorité". In der Bezahlung war der "baneret" in Frankreich den Baronen gleichgestellt, nicht aber in England. Das System der "banerets" findet sich in Frankreich seit Philippe Auguste, in England seit der Mitte des 13. Jahrhunderts. Vgl. Contamine, Etat, a.a.O.

(2) Vgl. SHF XI, p. 52 (Roosebeke); IX, p. 43 (Berwick 1378); VII, p. 34: John Chandos steigt 1367 zum Bannerherrn auf (bei Najera): "Là aporta messires Jehans Chandos sa banière entre ses mains, que encores n'avoit nulle part boutée hors, au prince, et li dist ensi: 'Monsigneur, vechi ma banière: je vous le baille par tel manière que il le vous plaise à desvoleper et que aujourd'ui je le puisse lever; car, Dieu merci, j'ai bien de quoi, terre et hyretage, pour tenir estat, ensi qu'il apartient à ce.' Adonc prisent li princes et li rois dans Piètres qui là estoit, la banière entre leurs mains, et le desvolepèrent, qui estoit d'argent à un peu aguisiet de geules, et li rendirent par le hanste, en disant ensi: 'Tenés, messire Jehan, veci vostre banière...'."

(3) Den geringen Anteil der Chevaliers belegt Froissart in seinen zwar übertriebenen Angaben der Heeresstärken bei Poitiers: "et li François estoient bien cinquante mil combatans, dont il y avoit plus de trois mil chevaliers." SHF V, p. 32.

(4) Contamine, Etat, pp. 180ff.

(5) SHF I, p. 182 (Buironfosse); SHF XII, p. 150 (Aljubarrota); SHF VII, pp. 18-19 (Najera). Vgl. zur grossen Anzahl der Junker auch: Winter, J.M.: Ritterschaft als 'classe sociale', p. 385.

und dargestellt worden ist (1), können wir uns hier kurz fassen: Die Grundbewaffnung der Ritterschaft bestand aus Schwert und Lanze, dazu kam der Streithammer (-axt, "hache") und der Dolch ("dague") (2). Bei der Defensivbewaffnung lässt sich in den Chroniques eine zunehmend stärkere Panzerung nachweisen, was auf den Einsatz der englischen Bogenschützen zurückzuführen ist (3). Gemeinplatz in den Chroniques ist der anstürmende Ritter mit der "lance au poing et la targe au col - le bacinet (Visierhelm) en le tieste". (Der Schild verlor allerdings seit der Mitte des 14. Jahrhunderts zunehmend an Bedeutung: Nach etwa 1375 verschwand er fast vollständig.) (4). Dieses turnierhafte Bild des Ritters mit seiner "aristokratischen" Bewaffnung bedeutet aber nicht, dass diese nur dem Adel vorbehalten gewesen wäre. Froissart erwähnt gelegentlich - ganz nebenbei und entgegen seiner Tendenz -, dass auch Städter über Schwerter und Lanzen verfügten (5), zuweilen treten in Frankreich auch berittene Hilfstruppen in Erscheinung (6).

Die Waffen und Pferde (7), von denen die Ritterschaft je nach Kaufkraft und Rang mehrere mitführte, wurden jeweils von einzelnen oder Gruppen von "valets" und "garçons" betreut, die sich im Falle eines Gefechtes in der Nähe des Kampfgeschehens aufhielten, bei Crécy z.B. im rückwärtigen "Park" (8), damit die Verfolgung flüchtender Feinde ohne grossen Zeitverlust aufgenommen werden konnte oder Pferde und Waffen während des Kampfes rasch zur Stelle waren. Froissart beschreibt auch diese Vorgänge nie im einzelnen. Beim Gefecht von Pontvallain (1370) erfahren wir, dass die englischen

---

(1) Wir nennen hier nur neuere Darstellungen. Zu Froissart: Burgener, Louis. L'art militaire chez Villehardouin et chez Froissart. Bienne (o.J.).
Allg.: Contamine, Azincourt, pp. 85-101. - Fowler, Age, pp. 102ff.
- McKisack, Fourteenth Century, pp. 238ff.
(2) SHF VI, p. 152: "Si commencièrent cil compagnon à mettre leurs armeures à point et à refoubir leurs lances, leurs daghes, leurs haces, leurs plates, haubergons, hyaumes, bachinés, visières, espées et toutes manières de harnas...". (haubergon, dt. Kettenhemd; hyaume, dt. Topf-, Kübelhelm; bacinet, dt. Beckenhaube)
(3) SHF VI, pp. 125-127; SHF VIII, p. 256.
(4) Vgl. Fowler, Age, p. 107; Contamine, Etat, pp. 15ff.. Bei Froissart findet sich ein formelhafter Beleg für den Schild noch 1373: SHF VIII, p. 157.
(5) SHF V, p. 125.
(6) SHF III, p. 146.
(7) Zu den Pferden vgl. Contamine, Etat, pp. 17ff.; Fowler, Age, p. 107.
(8) SHF III, p. 169. Die "valets" waren die persönlichen Diener (Pagen) der Herren, die "garçons" erfüllten bes. Aufgaben im Bereich der Verpflegung, des Unterhalts der Wagen und der Waffen. Vgl. Burgener, L'art militaire, p. 39.

"valets" und "garçons" sich auf den Pferden ihrer Herren retteten, als
die Niederlage sich anbahnte (1).
Eine besondere Kategorie kämpfender "valets" bildeten die sogenannten
"gros valets". Froissart erwähnt in der Römer Handschrift "autres
hommes as lances et as pavais" (2), die in recht grosser Zahl 1345 zum
französischen Heer gehört hätten, "les quels on nonme pour le temps present (um 1400) gros varlès" (3). Es finden sich aber nur noch wenige weitere Erwähnungen. So hätten 1378 mit Spiessen ("bastons d'armes") und
eventuell mit Axt und Lanze bewaffnete "gros valets" in den Reihen der
Schotten gekämpft (4). Die "valets" der Chevalerie waren somit zum Teil
als "gros valets" kombattante Truppen; ihre seltene Erwähnung deutet
aber darauf hin, dass sie wohl nicht besonders häufig zum Einsatz kamen
und wenig zahlreich waren (5).
Zusammenfassend stellen wir fest: Froissart bemüht sich, das Gros der
Heere seines Jahrhunderts vom "ecuyer" an aufwärts als rein adelig darzustellen: die Klasse der "hommes d'armes - der Begriff hat bei Froissart
trotz einiger abweichender Verwendungen einen sozial determinierenden
Charakter - bildet die Chevalerie, die rechtlich und auch militärisch bedeutendste und für Froissart einzig relevante Kategorie unter den Kämpfenden. Gemeine, soweit es sich nicht um spezialisierte Hilfstruppen handelt,
sind für den Autor der Chroniques ohne jeden militärischen Wert. An diese
Feststellung knüpft sich natürlich die Frage, inwieweit sich Froissarts
Darstellung mit der Realität decke.
Nach den neuesten umfangreichen Untersuchungen Contamines anhand von
Musterungs- und Soldlisten sind in den Reihen der "ecuyers" Nichtadelige
als "hommes d'armes" nachweisbar. Die Niederlage von Poitiers hatte beispielsweise einige königliche Erlasse zur Folge, die eine Aufnahme von
Städtern in die Reihen der "hommes d'armes" ausdrücklich gestatteten
und eine Zurückweisung Gemeiner durch den Adel verboten (6). Dennoch

---

(1) SHF VIII, p. 4.
(2) Zu den "pavais" ("pavois" = grosse rechteckige Schutzschilde der Fusssoldaten) vgl. Burgener, L'art militaire, pp. 19, 23.
(3) SHF III, p. 327; eine weitere Erwähnung 1386 im französischen Heer: SHF XIII, pp. 78, 86.
(4) SHF IX, p. 42.
(5) Vgl. Lot, Art militaire, I, p. 346: Grundsätzlich sind "valets" Nichtkämpfer.
(6) Vgl. dazu Contamine, Etat, pp. 174-183. Zu den Erlassen von 1358 und 1362 vgl. ibid., p. 177.

scheint die Zahl von "hommes d'armes" nichtadeliger Herkunft in den "regulär" aufgeboteten Heeren während des ganzen Jahrhunderts verhältnismässig gering gewesen zu sein. Städter sollten nach den Ansichten der Valois in Frankreich lediglich zur Verteidigung ihres Wohnortes aktiv werden, ansonsten aber beschränkte sich ihre Mitwirkung auf die Finanzierung des Krieges durch Steuern, auf die Verpflegung sowie auf die Stellung von spezifischen Hilfstruppen, z. B. Armbrustschützen (1).
Froissart gibt somit den Grundsachverhalt richtig wieder: Die ständisch legitimierten Kämpfer waren nach der vorherrschenden Meinung der Zeit (2) die "hommes d'armes", doch drangen von "unten" her, wie Contamine gezeigt hat, zunehmend nichtadelige Elemente in die Reihen der "écuyers" ein. Sie werden teilweise fassbar in den freien "compagnies", bei denen oft Leute obskurer Herkunft und Bastarde des Adels den Ton angaben (3). Wir werden noch darauf zurückkommen.
Die Konzeption des "reinen" Ritterheeres wendet Froissart auch auf Englands Armeen an, obschon diese schon im 14. Jahrhundert aufgrund ihres Rekrutierungsmodus eine veränderte Zusammensetzung aufwiesen (4). Das englische Heer kannte - wie das französische - als tragendes Element den Adel: die Kommandoposten oblagen meist der Aristokratie, die Abstufung vom "Esquire" über den "Knight" zum "Banneret" entspricht der französischen. Indessen scheint es, dass unter den "hommes d'armes" (men-at-arms) eine grössere Zahl nichtadeliger Krieger mitgezählt wurden als in Frankreich. So unterscheiden manche Verträge mit Unternehmern (indentures) "homines ad arma" (Knappen) und "homines armati", von denen die zweiten möglicherweise Fussoldaten waren (5). In bei Hewitt für das Jahr 1341 zusammengestellten Tabellen vom Gefolge englischer Aristokraten

---

(1) Contamine, Etat, pp. 177, 178ff.. Gelegentlich erwähnt Froissart auch "reiche Bürger", die in den Reihen der Ritter kämpfen: SHF VI, p. 226.
(2) Contamine erwähnt Christine de Pisan und Philippe de Mézières; Contamine, Etat, pp. 174-175.
(3). Ibid., p. 183.
(4) Vgl. dazu Fowler, Age, pp. 93-103, bes. 101f.
(5) Vgl. McKisack, Fourteenth Century, p. 239. Vgl. auch Kervyn, XVIII, pp. 390f. Die dort publizierte englische Liste der französischen Gefangenen und Gefallenen bei Poitiers folgt diesem Schema: "(Ducs)(nicht genannt) - Comtes - Viscomtes - Bannerets - Bachelers - gents de armes".

erscheinen die "armed men" (homines armati) durchwegs als zahlenmässig starkes, zusammen mit den Bogenschützen quantitativ dominierendes Element (1).

Die Zahlenverhältnisse, Rekrutierung und Bezahlung englischer Heere sind während Jahrzehnten eingehend erforscht worden, so dass eine erneute Zusammenfassung lediglich Wiederholung bedeuten würde (2). Froissart übertrug sein "kontinentales" Vokabular auf die englischen Verhältnisse, so dass in den Berichten der ersten drei Bücher der Chroniques die Gemeinen nur gelegentlich am Rande erscheinen. Nur im Alterswerk, z. B. in der dritten Fassung des ersten Buches seiner Chroniques - nach seiner Englandreise von 1395 - nimmt Froissart mit ungewöhnlicher Schärfe Stellung gegen die Engländer, denen er vor allem den zunehmenden Einfluss der niederen Stände ankreidet:

> Convoiteus et envieus sont trop grandement sus le bien de autrui et ne se pueent conjoindre parfaitement ne naturelment en l'amour ne aliance de nation estragne, et sont couvert et orguilleus. Et par especial desous le solel n'a nul plus perilleus peuple, tant que de honmes mestis, conme il sont en Engleterre. Et trop fort se diferent en Engleterre les natures et conditions des nobles aux honmes mestis et vilains, car li gentilhonme sont de noble et loiale condition, et li conmuns peuples est de fele, perilleuse, orguilleuse et desloiale condition. Et la ou li peuples vodroit monstrer sa felonnie et sa poissance li noble n'averoient point de duree a euls. (3)

Froissart hat hier zwar die Revolten und Auseinandersetzungen der Jahre nach dem Tod Edwards III. vor Augen; doch ist die Gier nach dem Gut anderer, der "nationale" Egoismus im Gegensatz zur Standessolidarität der Chevalerie, auch auf die Kriegslust und Grausamkeit der englischen Gemeinen in den Expeditionsheeren gemünzt, die Froissart auch bei anderer Gelegenheit wiederholt beklagt (4). Für Froissart bedeutet die zunehmende Macht der Gemeinen in England eine Bedrohung der herkömmlichen unumstösslichen Ordnung. Die Konzeption des Krieges in den Chroniques ist rein aristokratisch und "konservativ", was Froissart freilich nicht daran hinderte, auch die Rolle der Gemeinen, soweit es sich um Bogenschützen

---

(1) Hewitt, Organization, p. 35. Noch deutlicher kommt dies in der Verteidigung zum Ausdruck, vgl. ibid., p. 12.
(2) Vgl. McKisack, Fourteenth Century, p. 235; Fowler, Age, pp. 94ff., bes. p. 99; Hewitt, Expedition, pp. 14ff.
(3) Diller, HS. Rom, p. 42.
(4) Vgl. etwa Kervyn, XIV, pp. 314-315; Kervyn, XVI, pp. 190f.

und Armbruster handelte, im Hinblick auf ihre militärische Bedeutung realistisch zu beurteilen.

<u>Kämpfende Kleriker</u>   Es mag erstaunen, dass an dieser Stelle der Klerus als gesonderte Kategorie im Erscheinungsbild des Heeres angeführt wird. Wir haben durchaus nicht die Absicht, eine neue Klasse von Kombattanten einzuführen; Kleriker aller Stufen gehörten aber zu den meisten Heeren im Mittelalter, in vielen Fällen nicht nur als Seelsorger. Da Froissart recht häufig auf kämpfende Geistliche hinweist, schien es uns nicht uninteressant, am Rande unserer Fragestellung darauf hinzuweisen. Bereits Jean le Bel, Vorbild Froissarts als Geschichtsschreiber, war ein kennzeichnendes Beispiel für die vielseitigen Aktivitäten mancher geistlicher Herren im 14. Jahrhundert. Er war bürgerlicher Herkunft, Kanoniker und nahm 1327 aktiv in der Rolle eines wehrhaften Geistlichen am ersten Schottlandfeldzug Edwards III. teil (1).
Beraubung von Klöstern, Schändung von Kirchen, Gefangennahme von Geistlichen gehörten trotz der Ermahnungen und der Kritik der Kirche und der Rechtsgelehrten (2) zum Alltag des Hundertjährigen Krieges. Es ist deshalb verständlich, dass Kleriker bei Belagerungen oder Plünderungen von Abteien, aber auch von Städten, recht häufig in der Rolle der Verteidiger als Kriegführende erscheinen. So beschreibt Froissart schon zu Beginn des Krieges einen Geistlichen, "hardis et vaillans", der in der flandrischen Stadt Honnecourt den Widerstand der Bürger gegen die Engländer organisiert:

> Pour ce jour, avoit dedens Honnecourt .I. abbet de grant emprise, de bon sens et de grant hardement; et avoit fait remparer et fortefiier la ville.(...). Li abbés avoit fait armer tous ses honmes, voires ceuls dont on se pooit aidier; et avoit mandé a Saint Quentin des arbalestriers a ses deniers, pour aidier a garder la ville. (3)

---

(1) Ausserdem war er - dies sei am Rande vermerkt - Vater mehrerer unehelicher Kinder. Vgl. dazu Darmesteter, Froissart, pp. 62ff.
(2) Vgl. Bonet, Arbre, ed. Coopland, p. 188; Denifle, Desolation, Bd. II, pp. 592, 603ff u. passim; Keen, Laws, pp. 191f.
(3) Diller, HS. Rom, p. 321; SHF I, pp. 166-168. Es folgt ein unterhaltendes Müsterchen eines Kampfes zwischen dem Abbé und dem jungen Henri de Flandre, dem der kräftige Abbé durch die "barrières" hindurch die Lanze mit dem "pennon" (Fähnchen) entwindet. Vgl. auch ibid., pp. 191-193. SHF II, p. 68.

Die Chevauchée des Herzogs von Anjou führte 1374 am Ort Saint-Silvier (22 Kilometer nordöstlich von Tarbes, Südfrankreich) vorbei, dessen Herr der Abt des dortigen Benediktinerklosters war. Der Geistliche unterwarf sich kampflos gegen Stellung von Geiseln "et remoustra moult sagement que c'estoit uns homs d'eglise qui n'estoit mies tailliés ne en volenté de gherriier..." (1). Nach kanonischem Recht brauchten Geistliche nicht selbst zu kämpfen; in der Verteidigung ihrer Güter aber war ihnen die Teilnahme an Kampfhandlungen gestattet (2). (Dies betraf vor allem die geistlichen Barone.) So äussert Froissart in der dritten Redaktion des ersten Buches, es sei im kriegerischen England üblich, dass "alle" Prälaten und der Klerus "pour aidier à deffendre et garder leur pais" ebenfalls mitkämpften (3).

Aber auch die Heere im Feld benötigten Kleriker: zunächst führte jedes grosse königliche Heer die Feldgeistlichen mit, die als Priester ihren Dienst versahen (4). Diese Priester kämpften aber zuweilen nicht nur mit geistlichen Waffen. In Froissarts Bericht der Schlacht von Otterburn 1388 zwischen Engländern und Schotten erscheint der Kaplan des schottischen Anführers James Douglas, ein gewisser Guillaume de Nortberwick, nicht "comme prestre mais comme vaillant homme d'armes". Mit der Streitaxt hält er erfolgreich die Feinde vom Leichnam des gefallenen Douglas ab und erhält dafür noch im gleichen Jahr ein Kanonikat in Aberdeen als Belohnung (5). Man darf annehmen, dass derartige Erscheinungen keine besonders auffälligen Ausnahmen waren, denn Froissart scheint

---

(1) SHF VIII, p. 173.
(2) Vgl. Bonet, Arbre, ed. Coopland, pp. 123-124; vgl. auch Contamine, Etat, p. 171.
(3) SHF IV, p. 231. Froissart zählt im Heer von 1346 gegen die Schotten auf: "li archevesques de Cantorbie, (...) d'Iorch, li evesques de Londres, (...) de Harfort, (...) de Nordwich, (...) de Lincole et (...) de Durames...".
(4) Bei Crécy, SHF III, p. 168; Poitiers (Kommunion vor der Schlacht) SHF V, pp. 18, 259; ein besonders ausgefallenes Beispiel ist Froissarts Bemerkung in der HS. Rom, dass Edward III. 1340 300 Priester mitgenommen habe, "pour celebrer et faire l'office de Dieu en Flandres. Car papes Clemens VI, resgnans pour ce temps, à la requeste et ordenance dou roi de France, avoit jetté une sentense d'esqumenication par toutes les parties de Flandres."
(5) Kervyn, XIII, p. 224.

nicht in erster Linie an der Tatsache interessiert zu sein, dass dieser Guillaume de Nortberwick ein Kaplan war; das Interesse des Chronisten gilt ganz offensichtlich dem Heldenmut und somit den militärischen Qualitäten des Geistlichen. In der gleichen Schlacht von Otterburn wird auch der Bischof von Durham als wackerer Streiter geschildert, der Lösegeldverträge mit Gefangenen abschloss (1).
Betätigungen dieser Art waren recht vielen Klerikern der Zeit nicht fremd; als Anführer freier "compagnies", die in den Jahrzehnten nach 1360 zeitweise recht zahlreich waren, tauchen Angehörige der Geistlichkeit selbst in den führenden Positionen auf - davon soll später noch die Rede sein. Für Froissart sind kämpfende Geistliche aller Grade eine Selbstverständlichkeit. Aus den einzelnen Hinweisen auf Kleriker unter den "hommes d'armes" lässt sich aber keine genauere Vorstellung über deren Zahl gewinnen. Die relativ seltenen Erwähnungen dürften aber darauf hindeuten, dass, jeweils bezogen auf die gesamte Heeresstärke, nur wenige Geistliche als "hommes d'armes" am Krieg teilnahmen. Dies gilt nicht nur für den niederen Klerus, sondern auch für die hohe Geistlichkeit, die in den französischen und englischen Heeren - zumindest in Frankreich - weit weniger zahlreich gewesen sein dürfte als etwa im deutschen Reich. In Crécy, schreibt Froissart, sei unter den gefallenen Franzosen ein Prälat gewesen (2). Zu den Gefangenen bei Poitiers gehörte der Bischof von Noyon, Bernard le Brun, der am 10. März 1361 noch in England war (3), und in der gleichen Schlacht figurierte der Bischof von Châlons auf der Liste der Gefallenen (4). Auch der Erzbischof von Sens, Guillaume de Melun, geriet in Poitiers zusammen mit dem französischen König in Gefangenschaft (5).

---

(1) Kervyn, XIII, pp. 236-237. 1372, schreibt Froissart (allerdings nicht in Uebereinstimmung mit den Realitäten), sei Thomas Percy, Seneschall von Poitou, von einem walisischen Kanoniker in französischem Dienst gefangengenommen worden: SHF VIII, p. 69, und Luce, ibid., p. xxxviii, Anm. 1. Kleriker der unteren Grade waren aber auch anderweitig einsetzbar: so lässt ein Garnisonskapitän in Sancerre die Lösegelder der umliegenden Ort durch seinen Bruder, einen Mönch, einziehen, SHF XII, p. 102 (um 1360).
(2) SHF III, pp. 190-191. Michel de Northburgh zählt in einem Brief vom 4.9.1346 folgende Prälaten unter den gefallenen Franzosen auf: "L'archevesque de Niemes, (...) de Sauns, le haut prior de l'ospital de France..." Kervyn, XVIII, p. 292.
(3) Kervyn, XXIII, pp. 74-75.
(4) Kervyn, XVIII, pp. 390-391.
(5) SHF V, p. 47; Kervyn, XVIII, p. 390.

Eine besondere Rolle spielte in der gleichen Schlacht der geistliche Katalane Ferdinand de Heredia, genannt "le chastelain d'Amposte" (Amposta). Heredia gehörte zum Gefolge des Kardinals von Périgord, der als Abgesandter des Papstes vor der Schlacht vergeblich versucht hatte, durch einen Vertrag das Blutvergiessen zu vermeiden. Der Kardinal nahm am darauffolgenden Kampf nicht teil; dafür aber kämpften - ohne Wissen ihres Herrn, wie Froissart betont - Leute seines Gefolges unter der Führung Heredias auf französischer Seite. Der Schwarze Prinz betrachtete dies nach dem Kriegsrecht (1) als Verrat und wollte deshalb nach der Schlacht den in Gefangenschaft geratenen Heredia enthaupten lassen, was er dann aber auf die Einsprache von Chandos hin unterliess (2).

Die Kirche betrachtete es als ihre Hauptaufgabe, Frieden zu stiften und Blutvergiessen zu vermeiden. Die Rolle der Geistlichkeit als mildernde Kraft gegen die Grausamkeit des Krieges erhellt Froissart einmal mit einem handfesten Vergleich:

> Non plus que le my oeuf (Eidotter) de l'uef ne puet sans la glayre (Eiweiss) ne la glaire sans le my oef, ne pevent les seigneurs et le clergié l'un sans l'autre, car les seigneurs sont gouvernez par le clergié, ne ilz ne saroient vivre et seroient si comme bestes se le clergié n'estoit, et le clergié conseille et incite les seigneurs à faire ce qu'ilz font. (3)

Diese "humanitäre" Rolle, die der Kirche in der Kriegführung zugedacht war und die sie auch wahrzunehmen suchte, schloss eine aktive Kriegführung des Klerus aber nicht aus. Nach geltendem Kriegsrecht durften Geistliche im Krieg jedoch keine Sonderbehandlung beanspruchen. Als Kämpfer und auch als Gefangene waren sie dem weltlichen Kriegsvolk gleichgestellt (4). So werden sie in den Chroniques auch nicht als Sondergruppe aufgeführt, sondern zu den Reihen der Kombattanten zugezählt:

---

(1) SHF V, p. 39. Froissart schreibt zur Tatsache, dass Leute des Kardinals von Périgord mitkämpften: "On avoit jà enfourmé le prince que les gens le cardinal de Pieregorch estoient demoret sus les camps et yaus armet contre lui, ce qui n'estoit mies apartenans ne drois fais d'armes; car gens d'eglise, qui pour bien et sus trettiés de pais vont et travellent de l'un à l'autre, ne se doient point armer ne combatre par raison pour l'un ne pour l'autre."
(2) SHF V, pp. 39f. und 69. Ein weiterer Beleg für kriegführende Prälaten bei Najera 1367: SHF VII, p. 45.
(3) SHF XII, p. 227.
(4) Keen, Laws, p. 181: "A clerk in arms is to be treated as a soldier."

Prälaten erscheinen auf der Ebene der Barone, der niedere Klerus auf der Stufe der Ritter und Knappen (1).

## 2. Hilfstruppen: die Nichtadeligen

Bogenschützen   Eine Sonderstellung unter den nichtadeligen Hilfstruppen nehmen in der Beurteilung ihres militärischen Wertes die englischen Bogenschützen ein. Ihre Zahl war beträchtlich, wie die bei Hewitt angeführten englischen Listen zeigen; sie dürfte in den meisten Fällen jene der Adeligen übertroffen haben (2), wobei in England Adel und Bogner unter dem gleichen Kommando organisiert waren (3). Die englischen Bogenschützen waren beritten, rekrutierten sich aber aus der Bauernschaft und stammten vor allem aus Cheshire, Flintshire und Wales; die Elite bildeten die Cheshire-Archers, die - zumindest 1355 - einen höheren Sold bezogen als die Waliser (4).

Zum "long-bow" ist viel geschrieben worden, so dass sich eine eingehendere Darstellung an dieser Stelle erübrigt. Die Handhabung der uralten Waffe (5) war in England seit den Kriegen Edwards I. vervollkommnet und auch der Bogen stark verbessert worden. Die Länge eines Bogens lag bei 1.50 bis 2 Metern; als Material diente vor allem Eiben-, Eschen- oder Ahornholz. Der Vorzug des Bogens gegenüber der Armbrust lag in erster Linie in der raschen Schussabgabe. Mit acht bis zwölf Pfeilen in der Minute machte der Bogner seinen Nachteil in der Treffsicherheit gegenüber dem Armbruster wett, da dieser nur etwa zwei Pfeile im gleichen Zeitraum abzugeben vermochte (6). Allerdings erzielte der Bogenschütze le-

---

(1) Bischöfe werden auf den Musterungslisten als Grafen, Erzbischöfe als Herzöge aufgeführt: Kervyn, XVIII, pp. 390-392. Die dort publizierte Liste der Gefangenen nach der Schlacht von Poitiers belegt die schwache Präsenz der Geistlichkeit unter den Gefangenen: ein Erzbischof, ein Bischof. Tote: ein Bischof, eingereiht unter die "ducs" (Bf. von Châlons). Die dort aufgeführten Geistlichen von Rang werden bei Froissart alle erwähnt (s. oben).
(2) Hewitt, Organization, p. 35. Lot, Art militaire, I, pp. 334-335.
(3) Fowler, Age, p. 102.
(4) Hewitt, Expedition, pp. 15-17, über Rekrutierung, Uniformierung, die Froissart nie erwähnt, Bezahlung, Transport, vgl. bes. pp. 15ff.
(5) Zur Geschichte des Bogens vgl. Lot, Art militaire, I, pp. 312-315.
(6) Lot, Art militaire, I, pp. 314-315. Enthält weitere Einzelheiten zu Konstruktion und Gebrauch des Bogens.

diglich Wirkung in der Masse:

> Sitos que ces gens d'armes furent là embatu, arcier commencièrent
> à traire à esploit, et à mettre main à oevre à deux lés de le haie, et
> à berser chevaus et à enfiller tout ens de ces longes saiettes barbues.
> Cil cheval qui trait estoient et qui les fers de ces longes saiettes
> sentoient, ressongnoient et ne voloient avant aler. Et se tournoient, li
> uns de travers, li aultres de costé, ou il cheoient et trebuchoient de-
> sous leurs mestres qui ne se pooient aidier ne relever... (1).

Diese Passage aus dem Bericht über die Schlacht von Poitiers verdeutlicht den taktischen Einsatz und die Wirkung der Bogenschützen. Hinter Hecken geschützt oder vor den Schlachtreihen der Ritter schachbrettartig, "à manière d'une herce" (Egge), gestaffelt aufgestellt, stifteten die Bogner mit ihrem Pfeilhagel, der auf die Angreifer niederprasselte, grosse Verwirrung (2). Die Geschosse verwundeten Pferde und Reiter, wobei es sich beim obigen Beispiel aus der Schlacht bei Poitiers um eine Vorhut der Franzosen handelte, die als einzige beritten war; die restlichen "batailles" kämpften zu Fuss.

Der Einsatz der Bogenschützen entsprach der defensiven Kampftaktik Edwards III. und seines Sohnes (3). Der Pfeilhagel sollte den heranrückenden Feind zunächst verwirren, demoralisieren und im Verband verwundbar machen. Diese Taktik war in der Schlacht von Crécy 1346 entscheidend, wie Froissart selber etwas widerwillig und mit Einschränkungen anmerkt:

> Si vous di que ce jour li arcier d'Engleterre portèrent grant confort
> à leur partie, car par leur tret li pluiseur dient que la besongne se
> fist, comment que il y eut bien aucuns vaillans main, (...). Mais
> on doit bien sentir et cognoistre que li arcier y fisent un grant fait. (4)

---

(1) SHF V, p. 36.
(2) SHF III, pp. 175 u. 416; SHF V, p. 22. Vgl. Delbrück, Kriegskunst, III, p. 470. Vgl. auch SHF III, p. 162 (Beginn der Schlacht von Crécy): Die Pfeile wurden oft im Verband so abgegeben, dass sie, eine Parabel, beschreibend, "wie Schnee" auf die Angreifer niederfielen:"Et cil arcier d'Engleterre, quant il veirent ceste ordenance, passèrent un pas avant, et puis fisent voler ces saiettes de grant façon, qui entrèrent et descendirent si ouniement sus ces Genuois que ce sambloit nège." Vgl. auch SHF III, p. 162. Die Belege lassen sich beliebig erweitern.
(3) Zur Taktik vgl. Lot, Art militaire I, pp. 340ff.; 356-357; Sandberger, Rittertum, pp. 148ff.
(4) SHF III, pp. 186-187. Froissart betont aber auch, dass die Schwäche der genuesischen Armbruster (ibid.) und das Versagen der Chevalerie bei Crécy ebenso zur Niederlage der Franzosen beigetragen habe (HS. Amiens, ibid., pp. 426f.). Zur Wirkung der Bogner vgl. auch Fowler, Age, p. 108 und Lot, Art militaire, I, p. 314.

Auch aus dem Schlachtbericht von Poitiers, wo es Froissart zwar leichter fiel, den Schlachtruhm den "hommes d'armes" zuzueignen, geht deutlich die wichtige Rolle der Bogenschützen hervor (1). Seit den Fünfzigerjahren tauchten Bogenschützen am Rande auch in den französischen Heeren auf, ohne aber grössere Bedeutung zu erlangen (2).

<u>Armbrustschützen</u>  Den genuesischen Armbrustern und Aufgeboten der französischen Städte - schenkt Froissart bei weitem nicht die gleiche Aufmerksamkeit wie den Bogenschützen. Dies mag mit der unrühmlichen Rolle der Genuesen bei der Eröffnung der Schlacht von Crécy im Zusammenhang stehen (3). Die Armbrust, von Spezialisten bedient, fand zunächst Verwendung in der Verteidigung von Städten; dann aber auch in den französischen Heeren, wo sie, obschon Waffe der Nichtadeligen, von den französischen Königen nie verschmäht wurde (4). Die bei Contamine (5) angeführten Soldlisten weisen Armbruster "zu Fuss und zu Pferd" in französischen Heeren schon seit dem 13. Jahrhundert auf, aber selbst in den grossen Heeren des 14. Jahrhunderts ist ihre Anzahl nicht mehr zuverlässig zu ermitteln. Froissart behauptet, bei Crécy seien die Genuesen 15 000 Mann stark gewesen (6), zweifellos eine seiner stark übertriebenen Zahlenangaben. Lot beziffert, vielleicht in Unterschätzung der Zahlenverhältnisse, die Stärke aller Hilfstruppen auf etwa 4000 Mann, eingeschlossen die Infanterie (7). Die Zahl der Genuesen dürfte somit auf einige wenige Tausend im Maximum zu schätzen sein. Bei Poitiers

---

(1) SHF V, p. 36.
(2) Erste Erwähnung SHF V, p. 76; auch bei Roosebeke 1382 in recht grosser Zahl erwähnt, SHF XI, p. ii, Anm. 3.
(3) SHF III, pp. 175-177. Froissart gibt den Armbrustern zum guten Teil die Schuld an der französischen Niederlage.
(4) Die städtischen Armbruster wurden auch bei königlichen Aufgeboten, den "bans de l'ost", von den Städten bezahlt. Contamine, Etat, p. 140. Zur Führung der Armbruster durch die "Connétables" vgl. ibid., p. 144, Anm. 39. Ueber die Stärke der Kontingente einige Beispiele ibid., pp. 34, 140: Vermandois z. B. stellte 1380 loo Armbruster, somit mussten wohl unter Karl V. auch ländliche Regionen Armbruster stellen.
(5) Contamine, Etat, pp. 619ff.
(6) SHF III, p. 175.
(7) Lot, Art militaire, I, p. 347. Heftig widerspricht Burne, Crécy War, pp. 186-187.

spielten die Armbrustschützen wohl keine bedeutende Rolle mehr, soweit sich dies angesichts der mangelnden Kenntnisse des realen Schlachtverlaufs überhaupt sagen lässt.

Aeusserst wirksam war die Armbrust bei Belagerungen, wo die Verteidiger besonders schwere Geschütze, die Vorlaufer der Artillerie, einsetzten. Diese mit Stützen versehenen Armbrüste dienten zum Abschiessen von Brandpfeilen, deren Wirkung oft als verheerend geschildert wird (1).

Kennzeichnend für die Einschätzung der Armbruster durch Froissart und wohl auch seine Gewährsleute ist seine Darstellung der missglückten Eröffnung der Schlacht von Crécy, die deutlich die Abneigung der "hommes d'armes" gegen die "gens de trait" offenbart, dies zumindest auf französischer Seite. Froissart berichtet von einem Befehl des französischen Königs, diese "ribaudaille" niederzumachen (2), als die Wirkungslosigkeit der Genuesen offenbar geworden war, dies, nachdem der Chronist schon vor dem Angriff dem Grafen von Alençon die Worte in den Mund legt: "On se doit bien cargier de tel ribaudaille qui fallent au plus grant besoing!" (3) Die französische Chevalerie mag nicht ungern dem Befehl des Königs gefolgt sein: "Là veissiés gens d'armes enroueilliés entre yaus (i. e. die Genuesen) ferir et fraper sus yaus, et les pluiseurs trebuchier et cheir parmi yaus, qui onques puis ne relevèrent" (4).

Es ist anzunehmen, dass nicht bloss momentane Wut über den verfehlten taktischen Einsatz beim Angriff - der ohnehin völlig desorganisiert losbrach - die Ursache der Gewaltanwendung gegen die genuesischen Armbruster war. Diese Szene in den Chroniques offenbart für einmal auch Spannungen, die in den Heeren zwischen den sozialen Gruppen entstehen und sich plötzlich und zur Unzeit entladen konnten.

<u>Die Fussoldaten</u>   Die sozial unterste und in den grossen Heeren recht zahlreiche Gruppe sind die "gens de pied". Froissart erwähnt die Infanterie in jedem Fall nur widerwillig und mit Abscheu; im Fall Frankreichs vernachlässigt er sie - abgesehen vom Belagerungs-

---

(1) SHF XI, pp. 145f. Zu den technischen Einzelheiten der Armbrust vgl. Fowler, Age, p. 109; Burgener, L'art militaire, pp. 18-19.
(2) SHF III, p. 177.
(3) Ibid., pp. 175-176.
(4) Ibid., p. 177.

krieg (1) - mit der schon früher zitierten Begründung fast vollständig. Die Bezeichnungen, die Froissart für die Hilfskräfte verwendet, sind generalisierend und zeugen in den allermeisten Fällen von der Verachtung des Hofchronisten für die "menus gens", aus denen diese Kompagnien gebildet wurden. In den Angaben der Heeresstärke bedient er sich zwar der in der Zeit üblichen Fachbegriffe "bidaus", "brigands" oder "gens de pied". In Aktionen werden sie aber bald zur "piétaille", "ribaudaille" (die stehende Bezeichnung bei Jean le Bel), akzentuierter auch zu "pendaille", "larronaille" und - letzte Steigerung der Pejorative - zur "merdaille" (2).

Die Rolle der "piétaille" im Kampf wird denn auch entsprechend dargestellt. Es sind bei Crécy die Leute aus Wales und Cornwall,

> qui poursievoient gens d'armes et arciers, qui portoient grandes coutilles, et venoient entre leurs gens d'armes et leurs arciers qui leur faissoient voie, et trouvoient ces gens d'armes en ce dangier, contes, barons, chevaliers et escuiers; si les occioient sans merci, com grans sires qu'il fust (3).

Und Froissart fügt an: "Par cel estat en y eut ce soir pluiseur perdus et murdris, dont ce fu pités et damages, et dont li rois dEngleterre fu depuis courouciés que on ne les avoit pris à raençon" (4). Abschliessend schildert Froissart die Rolle der "brigans de pied" im Heer des Schwarzen Prinzen 1356 (5). Froissarts Unmut richtet sich gegen die Barbarei der "brigans", die Leute von Ehre nicht gegen Lösegeld gefangennehmen, sondern umbringen; ihre Rolle im Kampf ist die von Mördern und Räubern, die sich wie Raubvögel - wie es an anderer Stelle heisst - unter die Kämpfenden mischen (6). Dies sei, meint der Chronist einmal, nicht

---

(1) Im Belagerungskrieg findet Froissart gelegentlich sogar lobende Worte für die "bon homme dou pays", vgl. SHF III, p. 221.
(2) SHF I, pp. 53, 54, 300; SHF IX, p. 170. Die stärksten Ausdrücke beziehen sich allerdings auf die Heere der flandrischen Städte.
(3) SHF III, p. 187.
(4) Ibid., vgl. dazu auch die Rolle der städtischen Milizen bei Crécy in der Darstellung der Chroniques. In der ersten Redaktion höhnt Froissart, der "peuple de communauté" habe schon drei Meilen vor dem Feind die Schwerter geschwungen und "A le mort!" geschrieen, obschon das Heer noch nicht zu sehen gewesen sei. SHF III, p. 174.
(5) Auch auf dem Feldzug des Schwarzen Prinzen von 1356 spricht Froissart von den "brigans de piet", die einige "ribaudaille" nannten, "car il sieuvent les gens d'armes et se mettent entre lez bataillez; et si tost que on a abatu gens d'armes, il viennent sus yaux et les ochient sans pité." SHF V, p. 260.
(6) Kervyn, XIII, p. 260.

verwunderlich, "car il ne poet estre que, en une tèle host (wie jener von 1346) que li rois d'Engleterre menoit, qu'il ni ait des villains, des garçons et des maufaiteurs assés et gens de petite conscience" (1). Der Anteil von zum Zweck der Aushebung freigelassenen oder zugelaufenen Kriminellen war in der Tat beträchtlich in den englischen Heeren (2).
Die wenigen Angaben, die Froissart zu den Aktivitäten der Fussoldaten liefert, lassen selbst allgemeine Rückschlüsse auf ihre Anzahl, Zusammensetzung und Herkunft nicht zu. Ihre Funktion, so zum Beispiel jene der flämischen Spiesser, liesse sich aus den Chroniques anhand der Heere der Städte Flanderns etwas genauer erfassen (3), doch würde dies über die Zielsetzung dieser Arbeit hinausführen und kaum wesentliche Ergebnisse liefern.
Ebenso hart ist Froissarts Urteil über aufständische Bürger oder Bauern, die es wagen, gegen den Adel zu rebellieren. Zur Schlacht von Cassel kommentiert Froissart, Gott habe es nicht zulassen können, "que li signeurs fuissent là desconfi de tel merdaille" (4), und nach Roosebeke verhöhnten nach der Darstellung der Chroniques die Engländer die Franzosen, sie hätten nur einen "mont de vilains" besiegt (5). Die "Jacques" der Jacquerie von 1358 kennzeichnet Froissart durch die ungeheuerlichsten Greueltaten, zu denen sie seiner Meinung nach schon durch ihre hässliche Erscheinung prädestiniert waren. "Noirs et petis et mal armés", richteten sie zwar militärisch nichts aus (6), dafür aber kreidet er ihnen alle Schändlichkeiten an Wehrlosen bis zum Kannibalismus an, womit sie selbst die Uebeltaten zwischen Christen und Sarazenen übertroffen hätten (7). Freilich handelte es sich hier nicht mehr um Angehörige regulärer Heere, sondern um einen zufällig zusammengewürfelten, regellos kämpfenden Haufen, der in dumpfem Mitläufertum Gewalttaten verübte und dadurch

---

(1) SHF III, p. 147.
(2) Hewitt, Organization, pp. 29ff.
(3) Vgl. etwa Einzelheiten im Bericht zur Schlacht von Cassel 1328, SHF I, p. 300.
(4) SHF I, p. 300.
(5) SHF XI, pp. 85f.. Vgl. auch ibid., p. 55: In der Schlacht bei Roosebeke werden die Flamen von der französischen "pillart" mit Messern erstochen, "que che fussent chien".
(6) SHF V, p. 105.
(7) Ibid., pp. 99-100.

in den Augen des Chronisten zum reinen Verbrechertum degeneriert war (1).

Diese abschätzende Beurteilung aller Nichtadeligen schliesst Mitleid mit der im Kriege nicht aktiven Zivilbevölkerung nicht aus. Wir haben gesehen, wie Bonet die Schonung von am Krieg nicht Beteiligten als zentrale Forderung an die Chevalerie betont (2). Die gleiche Tendenz ist auch in den Chroniques durchgehend erkennbar. In der Theorie der Rechtsgelehrten hatte der Krieg eine Angelegenheit zwischen den Angehörigen des kriegführenden Standes zu sein, die ländliche Zivilbevölkerung war persönlich dem Grundsatz nach immun gegen Uebergriffe der Angehörigen der Heere (mit einigen Einschränkungen) (3). In der Praxis sah es indessen anders aus, wie im Kapitel über die Belagerung und die Chevauchée noch darzulegen sein wird.

Froissart äussert immer wieder Bedauern, wenn "bonnes gens et simples gens qui ne savoient que c'estoit de guerre", beraubt werden (4), oder "bourgois, qui n'estoient mies bien coustumier de guerriier", im Kampf um eine Stadt der Plünderung preisgegeben sind (5). Häufig weist Froissart deshalb auch auf die Angst der Gemeinen etwa bei Belagerungen hin, und dies nicht nur als Beweis ihrer Feigheit, denn ihnen drohte in solchen Fällen der Verlust von Leben und Gut. (6). Diese Haltung Froissarts den Nichtkriegführenden gegenüber wurzelt indessen keineswegs in der Erkenntnis eines Widerspruchs der Kriegswirklichkeit zum "Ritterideal", das den Schutz des einfachen Volkes zu den zentralen Aufgaben des Rittertums zählte (7). Die Not und das Elend der Landbevölkerung oder eroberter Stadtbewohner erscheint bei Froissart fatalistisch als

---

(1) SHF V, p. 102: "... il le veoient les aultres faire, si le faisoient ossi...".
(2) Vgl. oben, S. 62.
(3) Zur Frage der Immunität vgl. Keen, Laws, pp. 189-197; Bonet, Arbre, ed. Coopland, p. 189; ed. Nys, pp. 142-144: Nach Bonet sind unschuldige, nichtbeteiligte, arme Landleute zu schonen, denn ihre Arbeit dient allen. Wer aber dem Feind Hilfe leistet, darf nach Bonets sehr flexibler Formel geschädigt werden.
(4) SHF IV, p. 165.
(5) Ibid., p. 12.
(6) SHF III, pp. 50-51.
(7) Vgl. dazu etwa Painter, French Chivalry, pp. 68ff.

"grant pestillence", als schicksalbedingtes und unabwendbares Uebel. Nur christliche Barmherzigkeit vermag zuweilen die Leiden zu mildern.

Froissarts Mitleid ist recht häufig auch auf ein anderes, mit dem Krieg oft direkt zusammenhängendes Aergernis bezogen: die Besteuerung der Bevölkerung. Sie lehnt Froissart konsequent als "Geiz" und "Habsucht" des Königtums oder Adels ab. Die Herrscher haben nach Meinung des Chronisten auf eigene Kosten aus ihrem ererbten Patrimonium zu leben (1). So begrüsst Froissart zwar die Enthauptung der "mecheans gens" von Arras, die sich 1355 weigerten, die "gabelle" zu zahlen, aber nur, weil sie sich über die "vaillans" gesetzt hätten. Er bedauert aber fast im gleichen Atemzug "les povres gens (...) qui en eurent adonc, ensi qu'il ont encores maintenant, toutdis dou pieur" ( = den Kürzeren ziehen) (2). Dies bezieht sich auf die Kriegsgreuel wie auch auf die Besteuerung der Bevölkerung durch Adel und König, die für den Chronisten gleichbedeutend ist mit Erpressung (3).

---

(1) SHF XI, p. 204.
(2) SHF IV, pp. 173-175. Besonders deutlich wird Froissart in der Verurteilung der Politik Anjous im Languedoc, SHF IX, pp. 68-69; nicht besser beurteilt er anschliessend Jean de Berrys fiskalische Ausbeutungspolitik, Kervyn, XIII, pp. 298-299; auch mit der ausführlichen Darstellung des Bétisac-Prozesses, Kervyn, XIV, pp. 58-71, und bereits zuvor in der Schilderung der gewaltsamen Besteuerung der Bevölkerung nach dem Debakel der geplanten Invasion Englands von 1386-87, die eine massenhafte Flucht von Franzosen in den Hennegau und ins Bistum Lüttich zur Folge hatte, übt Froissart scharfe Kritik: "ainsi estoit en ce temps le noble royaume de France gouverné...", SHF XIII, p. 134.
(3) Zur Hungersnot im Jahre 1358 schreibt Froissart: "Et dura ceste durtés et cilz chiers temps plus de quatre ans. Et par especial, ens ès bonnes villes de France, ne pooit nulz ne nulle recouvrer de sel, se ce n'estoit par les ministres dou duc de Normendie. Et le faisoient cil as gens achater à leur ordenance, pour estordre plus grant argent, pour paiier les saudoiiers, car les rentes et les revenues dou dit duc en aultres conditions estoient toutes perdues." SHF V, pp. 130-131.

## 3. Grenzen des staatlichen Krieges: die "freien" Compagnies und Routes

Eine Darstellung der Heere im 14. Jahrhundert aus der Sicht der Chroniques wäre unvollständig ohne einen Hinweis auf die Haufen jener Söldner, die sich in den Jahren des Waffenstillstandes als arbeitsloses Kriegsvolk auf eigene Faust ihr Auskommen suchen mussten. Froissart räumt diesen "freien" Compagnies oder Routes (1), die seit Ende der Fünfzigerjahre in beträchtlicher Zahl weite Gegenden Frankreichs heimsuchten und in Permanenz schliesslich als vereinzelte Garnisonen in Zentral- und Südfrankreich bis zum Ende des Jahrhunderts aktiv blieben, breiten Raum ein, weit breiteren jedenfalls als den politischen Vorgängen oder etwa den Heeresreformen unter Karl V., deren Bedeutung Froissart nicht zu erkennen vermochte.

Es ist auch hier nicht unsere Absicht, das Phänomen der "freien" Compagnies chronologisch nachzuzeichnen; dies wäre anhand der Chroniques ein aussichtsloses Unterfangen. Im Zusammenhang mit dem vorangegangenen Kapitel interessiert dagegen Froissarts Einstellung zu einer Form des Krieges, die nach dem Kriegsrecht als Rebellion beurteilt wurde und somit mit "Ritterlichkeit" im heutigen Wortsinn wenig zu tun hat (2). Es zeigt sich gerade am Beispiel der "Routiers", wie die Angehörigen "unstaatlicher" Haufen genannt wurden, ein wichtiger Aspekt des mittelalterlichen Krieges: seine Eigendynamik, die staatliche Abmachungen oft wirkungslos machte und die Bevölkerung weiter Landstriche der Plünderung und Erpressung preisgab.

---

(1) Die Begriffe "routes" und "compagnies" beziehen sich zunächst in den französischen Heeren auf die Unter-Einheiten der Batailles (25-80 Mann). Nach 1351 waren die Begriffe gleichbedeutend mit "bannière". Die "freien" Compagnies übernahmen somit lediglich die Begriffe der regulären Heere (Fowler, Age, p. 101). Der Begriff "routier" für einen "unstaatlichen", auf eigene Faust kämpfenden Krieger findet sich schon in den Chroniques (SHF V, p. 312). Daneben verwendete Froissart oft auch die Bezeichnung "pilleur" (SHF II, p. 240; SHF VI, pp. 51, 141, 142). Die Compagnies bezeichnen sich selbst als Societas, Società und legten sich z. T. abenteuerliche Namen zu, vgl. Lot, Art militaire, I, p. 396; Fowler, Age, pp. 169-170.
(2) Eine neuere Gesamtdarstellung der Routes und Compagnies fehlt unseres Wissens. Aeltere Darstellungen sind: -Cherest, A. L'Archiprêtre: épisodes de la guerre de Cent Ans au XIV$^e$ siècle. Paris 1879. -Guigue, G. Les Tard-venus dans le Lyonnais, le Forez et le Beaujolais. Lyon 1886. (Diese Werke waren uns nicht zugänglich.) - Monicat, J. Les Grandes Compaignies en Velay. Paris 1928. - Vgl. auch Lot, Art militaire, I, pp. 395-411 (vermittelt einen allgemeinen Ueberblick); Fowler, Age,

Entstehung der Compagnies   Die Krieger aller Ränge in den englischen und französischen Heeren des 14. Jahrhunderts waren bezahlt, wenn zumindest in Frankreich auch grundsätzlich immer noch das feudale Heeresaufgebot des Königs, der "ban de l'ost", der offizielle Aushebungsmodus war (1). Solange eine vom Souverän unternommene oder gebilligte Kriegsaktion andauerte, waren die Heere "regulär". Die Truppen waren einerseits bezahlt, andererseits fehlte die Institution eines stehenden Heeres, was zur Folge hatte, dass die Söldner in Friedens- oder Waffenstillstandszeiten ohne Arbeit waren und ihrer Anzahl wegen nicht ohne weiteres wieder einer anderen Tätigkeit zugeführt werden konnten. Dazu allerdings wäre ein Grossteil des Kriegertums auch gar nicht bereit gewesen, denn der Kriegerstolz und oft auch die Herkunft standen dieser - nach der Meinung der Zeit - sozialen Degradierung entgegen.

Froissart hat für die Anliegen der Söldner viel Verständnis; denn der Uebergang vom "legalen", durch das Recht legitimierten Krieg zur "illegalen" Raubaktion der Compagnies war fliessend. Dies wird vor allem am Beispiel des Garnisonskrieges ersichtlich, denn Hinweise auf die Schädigung und Beraubung der umliegenden Gebiete durch Garnisonen von festen Stützpunkten sind in den Chroniques Gemeinplatz (2). War das Waffenhandwerk unter dem Titel einer "offiziellen" Kriegshandlung rechtmässig, so wurde es "sans nul title de raison" (3) zum "Banditenwesen"; die Macht des Staates aber, die das Recht hätte durchsetzen können, war so begrenzt, dass der Krieg auf eigene Faust nicht als besonderes Risiko erscheinen musste. Der Hauptbeweggrund der "Routiers" war zunächst die Sicherung der materiellen Existenz, denn wer "cassé", d. h. entlassen worden war, musste sich irgendwie den Lebensunterhalt beschaffen; der Krieg wurde zum existentiellen Bedürfnis. Es scheint deshalb zu allen Zeiten des Hundertjährigen Krieges Zusammenrottungen von Kriegsleuten gegeben zu

---

pp. 169-171. Contamine, Philippe. Les compagnies d'aventure en France pendant la guerre de Cent ans. In: Mélanges de l'ecole française de Rome, T. 87, 1975, pp. 365-396.
(1) Vgl. Fowler, Age, pp. 93ff.
(2) Vgl. etwa als Bsp. von vielen: SHF VIII, pp. 201-204; ebenso SHF VII, p. 190.
(3) SHF VI, pp. 67, 221.

haben. Die ersten "freien", d. h. ohne Legitimation durch einen souveränen Territorialherrn agierenden Gruppen von Abenteurern beschreibt Froissart schon in den Vierzigerjahren:

> D'autre part ossi, cil qui estoient en Gascongne, en Poito et en Saintonge, tant des François comme des Englès, ne tinrent onques fermement triewe ne respit qui fust ordenée entre les deux rois; ains gaegnoient et conqueroient villes et fors chastiaus souvent li uns sus l'autre, par force ou par pourcas, par embler ou par eschieller de nuit ou de jour. Et leur avenoient souvent des belles aventures, une fois as Englès, l'autre fois as François. Et toutdis gaegnoient povre brigant à desrober et pillier les villes et les chastiaus... (1).

Beispiele ähnlicher Art finden sich an fast allen Kriegsschauplätzen des Jahrhunderts. Garnisonen weigerten sich, nach einem Waffenstillstand ihren Platz zu verlassen und führten ihr bisher rechtmässiges Leben aus dem Land auf eigene Faust ohne offiziellen Rechtstitel weiter. Jene, die entlassen worden waren, bemächtigten sich fester Plätze und ernährten sich aus erpressten Abgaben der umliegenden Bevölkerung. Selbst in den Kriegen Flanderns in den Achzigerjahren finden sich diese obligaten Begleiterscheinungen des Krieges im 14. Jahrhundert:

> En che tamps avoit une manière de gens routiers ens es bos de le Raspaille que on appelloit les Pourcelès de le Raspaille, et avoient en ces bos de le Raspaille fortefiiet une maison tellement que on ne les pooit ne prendre ne avoir. Et estoient gens escachiet de Granmont et d'Alos et des autres terres de Flandres, liquel avoient tout perdu le leur, et ne savoient de quoi vivre, se il ne le pilloient et reuboient là partout où il le pooient prendre; et ne parloit on adont fors des Pourcelès de le Raspaille. Et siet cils bos entre Regnais et Granmont, Enghien et Lessines; et faissoient mout de maulx en le castelerie d'Ath et en la terre de Floberghe et de Lessines et en la terre D'Enghien, et estoient cil avoé de ceux de Gand, car soubs l'ombre d'eux, il faissoient mout de mourdres, de larchins, de pillages et de roberiies et venoient en Hainnau querre et prendre les hommes en leurs lis, et les en menoient en leur fort de le Raspaille, et les ranchonnoient, et avoient guerre à tout homme, puis que il le trouvoient. (2)

Dieser Text zeigt mit aller Deutlichkeit, aus welchen Zusammenhängen heraus derartige Plünderungsgruppen und "Raubnester" entstanden. Jene, die "nicht wussten, wovon sie leben sollten", hatten in vielen Fällen keine andere Wahl als zu fliehen (3) oder auf eigene Faust zu plündern. Die

---

(1) SHF IV, pp. 67-68; SHF XIV, p. 5: "gens aventurés" (=routiers). Der Begriff "frei" kommt in den Chroniques nicht vor, scheint uns aber in diesem Zusammenhang angebracht.
(2) SHF XI, pp. 199-200. Der Herausgeber dieses Bandes, Raynaud, datiert diese Episode in das Jahr 1385.
(3) Die kriegsbedingte Fluchtbewegung unter der Bevölkerung lässt sich aus den Chroniques nicht genauer erfassen. An Einzelhinweisen fehlt es aber nicht. Vgl. SHF V, pp. 122; SHF XIII, pp. 134-135.

hier vom Chronisten genannten Routiers von Flandern rekrutierten sich nach Froissarts Andeutungen wohl aus Bürgern oder Bauern. Auch wenn dieses Beispiel eher Vorgänge am Rande behandelt, trifft es doch ein grundsätzliches Problem des mittelalterlichen Krieges, das sich auch den Angehörigen der Garnisonen immer wieder stellte. Diese Söldner betrachtet Froissart als Berufsleute mit einem Anrecht auf angemessenes Auskommen. So lässt er Jan Trivet, Kapitän von Montauban, auf eine französische Forderung nach Auslieferung einiger "pilleurs et robeurs" antworten: "... ce sont gens d'armes: si les couvient vivre ensi qu'il ont accoustumé et sus le royaume de France et sus la prinçauté" (Aquitanien) (1). Die Franzosen als Beauftragte ihres Königs allerdings wollten sich diesem Legitimierungsversuch nicht anschliessen. Froissart lässt sie antworten: "ce sont gens d'armes, voirement telz et quels" (2). Die Krone versuchte - wie noch zu zeigen sein wird -, das Uebel zu bekämpfen, doch war auf dem Wege der Bestrafung allein das Ziel nicht zu erreichen.

Die Kriege des 14. Jahrhunderts, die ein bisher im Mittelalter nie gesehenes Ausmass annahmen, übten auf "estragniers" eine grosse Anziehungskraft aus. So heisst es, 1366 habe der Schwarze Prinz dem grossen Zulauf von Deutschen, Flamen, Brabanzonen und andern für seinen bevorstehenden Spanienfeldzug nur durch Zurückweisung der Fremden zugunsten seiner "féaulz de le princeté" begegnen können (3). Die Söldner offerierten sich dem Meistbietenden oder auch nur jenem, der ihnen auf einige Zeit Arbeit in Aussicht stellen konnte. So schlossen sich nach den Chroniques 1370 "bien cent lances" der Schotten nach Abschluss eines Waffenstillstandes mit England sogleich freudig dem Zug des Engländers Robert Knollys nach Frankreich an, somit gegen den traditionellen Verbündeten ihrer Krone (4). Klassische Beispiele dieser für die Zeit üblichen Vorgänge sind

---

(1) SHF VI, p. 222. Die gleiche Begründung taucht mit Regelmässigkeit auf: vgl. SHF VIII, p. 16; SHF XIII, p. 193.
(2) SHF VI, p. 222.
(3) Ibid., p. 229.
(4) SHF VII, p. 232. Auch Lancaster verfügte auf seiner Chevauchée von 1373 über Schotten, vgl. SHF VIII, pp. 137-139. Die Probleme der Söldner-Beschäftigung und der Entstehung der Compagnies bedürften einer gründlichen Studie mit Einbezug der Sozial- und Wirtschaftsgeschichte. Eine einzelne Quelle kann dazu nur rudimentäre Hinweise liefern.

aber die Ereignisse in Spanien 1366 und 1367 (1). Unter der Führung Duguesclins, der selber einem kleinen bretonischen Adelsgeschlecht entstammte, zogen Tausende von Routiers aus ganz Europa 1366 nach Spanien, verhalfen dem Bastarden aus Kastilien, Heinrich von Trastamara, auf den Thron und vertrieben dessen Bruder, Peter den Grausamen. Finanziert wurde dieses zum "Kreuzzug" gegen die Mauren erklärte Unternehmen zu wesentlichen Teilen vom Papst (Urban V. ), der sich mit dieser fiktiven rechtlichen Absicherung und den Geldzahlungen der dauernden Bedrohung seiner Residenz in Avignon durch die Compagnies entledigen wollte (2). In den Reihen der Franzosen kämpften auch englische Garnisonskapitäne aus dem Languedoc wie Hugh Calverley, der Duguesclin eben noch bei Auray bekämpft hatte. Diese Teilnahme seiner Leute war von Edward III. indessen ausdrücklich autorisiert, wie Lot meint, weil er sich über den Zweck des "Kreuzzuges" getäuscht habe (3). Wahrscheinlicher ist jedoch die Annahme, dass die Aussicht auf Beschäftigung der Routiers auf Kosten anderer dem englischen Monarchen zu diesem Zeitpunkt gelegen kam, denn so war er von der Unterhalts- und Beschäftigungspflicht in einer Zeit des Waffenstillstandes für kurze Zeit enthoben.

Nach erfolgreichem Abschluss des Unternehmens, das im Sommer 1366 mit der Inthronisation Heinrichs von Trastamara endete, änderten sich die Konstellationen fast schlagartig: Wenige blieben im Dienst des Kastiliers, ein grosser Teil kehrte aber über die Pyrenäen zurück; die Engländer und Gaskonier unterstellten sich wieder dem Befehl des Schwarzen Prinzen (4). Die "Franzosen" aber liefen sogleich wieder zu den in Frank-

---

(1) SHF VI, pp. 183-234, 353-382. Wir folgen in der kurzen Zusammenfassung der Ereignisse Lot, Art militaire, I, pp. 408ff. ; Coville, Europe Occidentale, pp. 610-613.
(2) Froissart sagt dies deutlich, SHF VI, p. 185: "Quant li papes (Urbains) et li rois de France veirent que il ne venroient point à leur entente de ces maleoites gens qui ne se voloient vuidier ne partir dou royaume de France, mès y moutepliοient tous les jours, si regardèrent et avisèrent une aultre voie." Vgl. auch Lot, Art militaire, I, pp. 408ff. ; Coville, Europe Occidentale, pp. 611f. ; Halphen/Sagnac (Hg. ): La Fin du Moyen Age (=Peuples et Civilisation VII, 1), pp. 166-167.
(3) Lot, Art militaire, I, p. 408.
(4) Vgl. SHF VI, p. 203: nach Froissarts Darstellung gingen die Engländer Don Pedro aus andern Motiven zu Hilfe: "car Englès et Gascon de leur nature sont grandement convoiteus. "

reich zurückgebliebenen Routiers-Banden über und besiegten anschliessend die königlichen französischen Truppen bei Villedieu (1).

Für die Anglo-Gaskonier führte der Weg Anfang 1367 indessen gleich nochmals nach Spanien: Diesmal für den eben vertriebenen Peter den Grausamen (2), der den Schwarzen Prinzen zu Hilfe rief. In der Schlacht von Najera 1367 wurde Heinrich von Trastamara besiegt; sein Bruder kam erneut auf den Thron, war aber zahlungsunfähig. Die Folgen waren unvermeidlich: Ohne Soldzahlungen nach Guyenne zurückgekehrt, durchstreiften die vom Schwarzen Prinzen entlassenen Compagnies wieder Zentralfrankreich, die Gegenden des Auxerrois und der Champagne; und von Teilen der Routiers wurde auf dem Rückweg nach Bordeaux im Winter 1367/68 auch noch Anjou geplündert (3).

Die "Voyages" in Spanien und ihre Folgen zeigen mit aller Deutlichkeit die Problematik des Unterhalts grosser Soldheere, die nur auf dem Wege der "Arbeitsbeschaffung" durch Unternehmen in möglichst entfernte Gebiete, die die Hoffnung einschlossen, eine grössere Anzahl möchte dort zurückbleiben, zu bewältigen war (4). Wir werden darauf noch zurückkommen.

Die Lage in den Sechzigerjahren war allerdings eine besondere. In Garnisonen konnten nach dem Frieden von Brétigny 1360 nur wenige der zuvor angeworbenen Söldner beschäftigt werden, und auch die Kriege in der Bretagne, die noch beträchtliche Teile des Kriegsvolks absorbiert hatten, wurden 1364 mit dem Sieg der Montfort-Seite über Karl von Blois abgeschlossen. Nun aber entstanden gerade in der Waffenstillstandszeit für viele Landstriche Frankreichs die grössten Uebel des ganzen Jahrhunderts

---

(1) Lot, Art militaire, I, p. 410.
(2) Zu den Ursachen der Feindschaft mit Frankreich vgl. SHF VI, pp. 185f. Peter der Grausame hatte seine französische Gattin, Blanche de Bourbon, im Kerker umkommen lassen (1361); vgl. auch Coville, Europe Occidentale, p. 610.
(3) SHF VII, pp. 58-66, 299-305 (schildert die Ereignisse lückenhaft). Vgl. Lot, Art militaire, I, p. 410.
(4) Es ist klar, dass bei den Spanienzügen der Jahre 1366 und 1367 auch politische und wirtschaftliche Motive mitspielten; vgl. Coville, Europe Occidentale, p. 612; bei Froissart erscheinen diese Züge jedoch vor allem als Unternehmungen der Söldnerbeschäftigung, ein Aspekt, der unseres Erachtens nicht vernachlässigt werden kann. Am eingehendsten sind die Spanienfeldzüge dargestellt bei Delachenal, Histoire de Charles V., III, pp. 244-451.

durch jene Haufen von Kriegsvolk, die den Krieg auf eigene Faust fortsetzten, weil ihnen die kriegführenden Fürsten und Könige keine Arbeit anzubieten vermochten. Die bekannteste der Erscheinungen war die Bildung der "Grande Compagnie" nach dem Frieden von Brétigny 1360 (1). Dem Friedensvertrag zufolge mussten die Engländer auf dem Boden des Königreichs zahlreiche Garnisonen abziehen. Einige Kapitäne, schreibt Froissart, hätten in der Folge denn auch ihre Festungen geräumt und vorgegeben, für Karl den Bösen von Navarra gegen Frankreich Krieg zu führen (2). Ein grosser Teil aber blieb übrig:

> Et encores en y avoit assés d'estragnes nations qui estoient grant chapitainne et grant pilleur qui ne s'en voloient mies partir si legierement telz que Alemans, Braibençons, Flamens, Haynuiers, Bretons, Gascons, mauvais François qui estoient apovri des guerres: se voloient recouvrer au guerriier le dit royaume de France. De quoi telz manières de gens perseverèrent en leur mauvaisté et fisent depuis moult de mauls ou dit royaume, oultre tous chiaus qui grever les voloient. (...) Cil qui avoient apris à pillier et qui bien savoient que de retourner en leur pays ne lor estoit point pourfitable, ou espoir n'i osoient il retourner pour les villains fais dont il estoient acusé, se cueilloient ensamble et faisoient noviaus chapitainnes et prendoient par droite election tout le pieur des leurs, et puis chevauçoient oultre en sievant l'un l'autre. Si se recueillièrent premierement en Champagne et en Bourgongne, et fisent là grandes routes et grandes compagnies qui s'appelloient les Tart Venus, pour tant que il avoient encores peu pilliet ens ou royaume de France. Si vinrent et prisent soudainnement en Campagne le fort chastiel de Genville et très grant avoir dedens que on y avoit assamblé de tout le pays d'environ sus le fiance dou fort lieu. (...) Et tinrent le chastiel un temps; et coururent et gastèrent tout le pays de Champagne, l'evesqué de Vredun, de Toul et de Lengres. Et quant il eurent assés pilliet, il passèrent oultre, mès il vendirent ançois li chastiel de Genville à chiaus dou pays et en eurent vingt mil francs. (3)

Froissart umreisst in dieser Passage treffend die Entstehung der Compagnies aus Leuten, denen der Krieg zum Beruf geworden war, und denen Plünderung und Raub nichts anderes bedeuteten als lebensnotwendiger Broterwerb. Bezeichnend ist die Begründung für die Benennung einer der Gruppen als "Tart Venus": die im Königreich noch wenig geplündert hätten. Froissart entschuldigt zwar die Missetaten der Compagnies nicht (4),

---

(1) SHF VI, pp. 47-50; vgl. Rymer, Foedera, III, 1, pp. 487-493.
(2) SHF VI, pp. 59f.
(3) SHF VI, pp. 60-61. Vgl. a. Contamine, Les compagnies, pp. 371ff.
(4) Am deutlichsten kommt dies in der HS. Rom zum Ausdruck, vgl. zu den Routiers von 1348 Froissarts Urteil, SHF IV, p. 300.

gibt aber in seinen Chroniques immer wieder zu bedenken, dass dieser Kriegerstand eben auch sein Auskommen finden müsse (1). Die zahlreich angeworbenen Söldner waren allein schon für ihren Unterhalt auf den Krieg angewiesen und konnten aus diesen Gründen nicht einfach als Reservearmee untätig die Wiederaufnahme der Kämpfe abwarten. Diese Form des Krieges hatte ihre Wurzeln tief unten in der sozialen Hierarchie. Als eigenständige, sehr wirkungsvolle Kraft zwangen die Compagnies den Staat immer wieder, auf dem Wege der Arbeitsgeschaffung Kriegsaktionen durchzuführen, die im Grunde herzlich wenig mit Politik zu tun hatten.

Froissart behandelt die "Grande Compagnie" in der Folge sehr summarisch und ohne chronologische Ordnung. Unmittelbar nach ihrer Formierung und den Aktivitäten im Osten Frankreichs bis Avignon erfolgt bereits eine recht unwahrscheinlich klingende Darstellung der Schlacht von Brignais 1362, die mit der Niederlage eines königlich-französischen Heeres gegen die Routiers endete (2); danach schildern die Chroniques Ereignisse, die vor Brignais stattfanden. (Froissart war nur lückenhaft orientiert.) (3):

Die Routiers verwüsten und plündern in einzelnen Haufen systematisch Burgund, Nevers, Forés, Mâcon, das Erzbistum Lyon und die Gegenden von Avignon, wo sie "veoir le pape et les cardinaus" und Lösegelder von der Kurie erpressen wollen. Es folgt die Eroberung von Saint Esprit - eine grössere Gruppe findet dort "Vorräte für ein Jahr" und grosse Reichtümer. Ein Kreuzzugsaufruf des Papstes Innozenz IV. gegen die Compagnies fruchtet nichts; für Gottes Lohn und schlechte Bezahlung lassen sich nur wenige anwerben,, und zum Teil laufen sie bald zu den Routiers über, sofern sie nicht heimkehren.

Nach der Schlacht von Brignais beginnt allmählich die Auflösung der "Grande Compagnie" in verschiedene Gefolgschaften einzelner Kapitäne; als Dauererscheinung halten sie sich in Süd- und Zentralfrankreich in kleineren

---

(1) Vgl. S. 89 dieser Arbeit.
(2) Froissart datiert die Schlacht auf 1361, SHF VI, pp. 65-69; vgl. dazu Lot, Art militaire, I, pp. 404-405.
(3) SHF VI, pp. 71-74. Zum wirklichen Ereignisverlauf kurze Angaben bei: Lot, op. cit., p. 403f., Contamine, Les compagnies, pp. 377-379.

Gruppen noch während Jahren (1), um schliesslich in Form einzelner "freier" Garnisonen in Zentralfrankreich und im Süden bis gegen Ende des Jahrhunderts eine dauernde Begleiterscheinung des Krieges zu bleiben.

<u>Die "Routiers"</u>   Die Zusammensetzung der Routiers-Kompagnien kann aus den Chroniques nur andeutungsweise festgestellt werden. Froissart spricht von Leuten, "qui avoient apris à pillier (dies im "legalen" Krieg) et à rober, et qui estoient tout amonté et fet de le guerre, et qui, en devant çou, estoient povre garchon et varlet" (2). Grosse Kontingente stellten die "Ausländer", d. h. "Alemans, Braibençons, Haynuiers, Bretons...". Dazu kamen aber auch Gaskonier, "mauvais François" und Engländer (3). Diese Leute waren zweifellos überwiegend niederer Herkunft, aber sicher nicht durchwegs Gemeine ("garchon et varlet"). Wenig begüterte Ritter und Knappen dürften sich in recht grosser Zahl unter den Compagnies befunden haben, zusammen mit einer grossen Anzahl "natürlicher Söhne", den Bastarden des Adels. Einigermassen erfassbar sind indessen nur die Anführer: Froissart nennt in der "Grande Compagnie" folgende Namen von Unternehmern und ihrem Gefolge: Als "plus grans mestres" erscheint Seguin de Batefol ("uns chevalier de Gascongne"), dann "Talbart Talbardon, Guios dou Pin, Espiote, le Petit Meschin, Batillier, Hanekin François, le Bourch Camus, le Bourc de Lespare, Naudon de Bagherant, le Bourch de Bretueil, Lamit, Hagre l'Escot, Albrest, Ourri l'Alemant, Bourduelle, Bernart de la Sale, Robert Briket, Carsuelle, Ainmenion d'Ortige, Garsiot dou Chastiel, Guionet de Paus, Hortingo de la Salle..." (4).

Unter den hier genannten, zum Teil abenteuerlich klingenden Namen erscheint Seguin de Batefol als legitimer Sohn eines adeligen Hauses in der Dordogne (5). Von den Bastarden ("bourcs") stammt hier zumindest der

---

(1) Vgl. Lot, Art militaire, I, p. 405. Ausführliche Darstellung bei Delachenal, Histoire de Charles V, II und III.
(2) SHF VI, p. 256.
(3) Vgl. das Zitat auf S. 95 dieser Arbeit; SHF VI, pp. 60ff.
(4) SHF VI, p. 62.
(5) Luce, SHF VI, p. xx, Anm. 3. Batefol wurde 1365 von König Karl dem Bösen von Navarra vergiftet! Lot, op. cit., p. 406. Eine zuverlässige Bestimmung der sozialen und geographischen Herkunft der Anführer bedürfte umfangreicher Studien der Archive und Musterungslisten des 14. Jahrhunderts.

Bourc de Lespare aus angesehenem Haus in der Gironde (1). Die übrigen sind schwer einzustufen. S. Luce nennt als ehemaligen "valet" den Petit Meschin, und etwa gleichen Standes Frank Hennequin, "povre garçon d'Allemagne", Ainmenion d'Ortige, Garsiot dou Chastiel und Guionet de Paus, deren Namen eher auf die geographische Herkunft als auf Adel schliessen lassen (2). Die Gruppe der übrigen, deren soziale Stellung gering gewesen sein dürfte, widerspiegelt ihrer geographischen Herkunft nach (soweit erkennbar) die heterogene Zusammensetzung der Compagnies.

Froissart zählt die Bastarde der Noblesse zu (3), besonders zahlreich und im regulären Heeresaufgebot als kompakte Gruppe erfassbar sind sie aber nur im Languedoc, wo sie auch in den Listen unter den "hommes d'armes" erscheinen (4). Die Compagnies waren für die Bastarde ohne Erbanspruch eine Möglichkeit, zu Reichtum und nicht nur unter ihresgleichen auch zu Ehre zu gelangen, wie das Beispiel des Bascot von Mauléon zeigt, der 1388 am Hofe Gastons von Foix als wackerer Kriegsveteran bewundert wurde.

Eine besonders interessante Figur unter den Routier-Chefs war der Gaskonier aus niederem Adel, Arnaud de Cervole, genannt der "Archiprêtre", der in der Schlacht von Brignais in hervorragender Stellung als Anführer des ersten Haufens auf Seiten des staatlich-französischen Aufgebots des Herzogs von Bourbon figurierte. Der "Archiprêtre" erscheint in den Chroniques bereits 1357, ein Jahr nach der Schlacht von Poitiers, als Anführer einer "grant compagnie de gens d'armes assemblé de tous pays, qui veirent que leurs saudées estoient fallies" (5). Wie die spätere "Grande Compagnie" sucht auch er sich den Papst in Avignon als besonders lukratives Ziel aus und - laut den Chroniques - mit Erfolg, denn voller Schrecken lässt sich das Oberhaupt der Christenheit, Innozenz VI., dazu herab, mehrmals mit dem "Archiprêtre" zu speisen, ihm Ablass zu gewähren

---

(1) S. Luce, SHF VI, p. xxii.
(2) Ibid., p. xxiii, Anm. 2-4. Vgl. a. Contamine, Les compagnies, p. 379ff.
(3) SHF IX, p. 259: "Chils qui entendi son langage, respondi: 'Ies tu gentils homs?' Et li bastars dist: 'Oil.'"
(4) Vgl. auch Contamine, Etat, pp. 178-179.
(5) SHF V, p. 93. Lit.: Cherest, A. L'Archiprêtre. Paris 1879. Vgl. auch Jean le Bel, II, pp. 244f.

und schliesslich die päpstlichen Besitzungen gegen Bezahlung einer Wegzehrung von angeblich 40 000 "Ecus d'or" von der Plünderung freizukaufen (1). Die Episode ist in manchem zweifelhaft (2); die Tatsache aber, dass Froissart den gleichen "Archiprêtre" fünf Jahre später bei Brignais als "bons chevaliers" feiert, der "vaillamment" für die Sache des Königs gegen die Kompagnien ficht (3), zeigt, wie dünn die Wand war, die den "unstaatlichen" vom staatlichen Krieg trennte. Der "Archiprêtre" taucht auch später wieder als selbständiger Unternehmer auf, der seine Macht gegen gutes Geld gern - wenn auch unter Beachtung seiner persönlichen Bindungen - den Kriegführenden leiht (4). Arnaud de Cervole war Angehöriger des niederen Klerus, stand im Rang eines "Ecuyer" (5) und war durch die Heirat mit Jeanne de Châteauvillain 1362 zu Ansehen gelangt (6).

Die Figur des "Archiprêtre" verdeutlicht die ambivalente Stellung vieler - auch adeliger - Kapitäne, die je nach politischer Situation als "reguläre" Anführer auftraten, in Zeiten des Friedens aber alsbald auf eigene Faust mit ihren Leuten "aus dem Lande" lebten. In ähnlicher Weise begann die Karriere eines Engländers, Angehöriger des niederen Adels in Cheshire, Sir Robert Knollys (7), der in den Chroniques zunächst wenig ritterliche Figur macht. Mit einem Gefolge von "pilleurs et robeurs" durchstreifte er 1357 die Normandie:

> ... en tel manière conqueroient villes et chastiaus, et ne leur aloit nulz au devant. Et avoit cilz messires Robers Canolles jà de lonch

---

(1) SHF V, pp. 94-95.
(2) Vgl. SHF V, p. xxiv, Anm. 2. - Anderen Routiers-Führern wurden 1361 vom Papst, nach feierlichem und erfolglosem Kreuzzugsaufruf gegen die Compagnies, für Pont-Saint-Esprit die Summe von 14 500 fl. bezahlt. Contamine, Les compagnies, p. 378.
(3) SHF VI, p. 69.
(4) Ibid., pp. 124-125: Der "Archiprêtre" nimmt wegen seiner Bindungen an den Captal de Buch an der Schlacht von Cocherel 1364 nicht teil und verlässt das französische Heer. Er figuriert unter den Hauptanführern der Franzosen. 1366 wurde er von den eigenen Leuten umgebracht, vgl. Fowler, Age, p. 170.
(5) S. Luce, SHF V, p. xxiii, Anm. 1 u. 3.
(6) S. Luce, SHF VI, p. xxviii, Anm. 1.
(7) Für Hinweise vgl. McKisack, Fourteenth Century, p. 469; Postan, M. The Costs, p. 52. - Vgl. SHF IV, p. 186: Im Heer des Schwarzen Prinzen 1356 erscheint Knollys bereits als "moult renommés", vor allem von den Kriegen in der Bretagne her, den die "povres compagnons" besonders geliebt hätten. Vgl. a. Fowler, Age, p. 170.

temps maintenu celle ruse, et finast très donc bien de cent mil escus, et tenoit grant fuison de saudoiiers à ses gages, et les paioit si bien que cescuns le sievoient volentiers. (1)

Es ist bezeichnend, dass Jean le Bel Robert Knollys für einen deutschen "parmentier de draps" hielt, der nur als "brigand et soldoyer à pié" gedient habe (2). Froissart schreibt, dass Knollys, durch Raub und Lösegelder aus den Ländereien von Brie bis in die Champagne zu unermesslichem Reichtum gelangt, sich 1358 gerühmt habe, er führe weder für den König von England noch für jenen von Navarra Krieg, sondern "pour luy meysmez", und stolz habe er die Devise verkündet:

> Qui Robert Canolle prendra,
> Cent mille moutons gagnera. (3)

Knollys wurde 1359 zum Ritter geschlagen (4), und im gleichen Jahr erscheint er in englischen Akten in einem Schiedsgericht aus "chivalers et esquires de valu" neben Thomas Felton und Michael Berkeley (5). Auf dem Höhepunkt seiner Karriere stand der englische Abenteurer 1370: Zusammen mit Thomas Grandison und Thomas Bourchier erhielt der ehemalige Plünderer den Oberbefehl ("lieutenancy") über Frankreich (6) und führte als Kommandant eine englische Chevauchée durch den Norden Frankreichs (7). Deren Misserfolg brachte ihn zwar vorübergehend in Schwierigkeiten, er konnte aber seine Besitzungen in der Bretagne und in England behalten und starb in hohen Ehren mit beträchtlichem Vermögen (8).

Knollys war jedoch eine Ausnahme. Nur wenigen gelang die rechtzeitige Rückkehr in die Legalität oder gar der Aufstieg in der staatlichen Hierarchie wie etwa Duguesclin auf französischer Seite, dessen Herkunft aus dem niederen bretonischen Adel ihn ebenfalls keineswegs für das hohe

---

(1) SHF V, pp. 95 u. 312.
(2) Jean le Bel II, p. 251.
(3) SHF V, p. 351.
(4) S. Luce in: SHF V, p. xxvi, Anm. 5.
(5) Keen, Laws, p. 35.
(6) Fowler, Age, p. 125.
(7) SHF VII, pp. 245ff.; SHF VIII, pp. 1ff.; ibid., pp. 23-24.
(8) Fowler, Age, p. 199. Knollys "gehörte" in der Bretagne die Festung Derval, SHF VIII, pp. 158-160.

Amt des "Connétable de France", sondern eher für eine Routier-Karriere prädestinierte (1). Es waren besonders Edward III. und Karl V., die bezüglich der Herkunft ihrer Heerführer alte Gepflogenheiten und Vorurteile überwanden und Leuten, die sich militärisch bewährt hatten, den sozialen Aufstieg innerhalb ihrer Heere ermöglichten. Viele Routier-Anführer aber endeten vorzeitig schon in den Sechzigerjahren oder wurden später in ihren Stützpunkten belagert, als Verräter festgenommen und zum Tode verurteilt (2).

Die hier vage skizzierten "Lebensläufe" verdeutlichen einen Grundzug des Heerwesens des 14. Jahrhunderts. Die Bezahlung der Heere und die Rekrutierung über eigentliche Unternehmer hatten zur Folge, dass die kriegführenden Mächte froh sein mussten, wenn Leute wie der "Archiprêtre", Knollys und andere sich zu ihrer Verfügung hielten. Bedurfte man ihrer aber nicht mehr, war Plünderung und Raub die unausweichliche Folge der grossen Konzentration von Kriegsvolk auf französischem Boden. Diese Anführer der Compagnies rekrutierten sich zum Teil aus aufgestiegenen Söldnern niederen Standes, teils aus Bastarden adeliger Herkunft und schliesslich aus kleinen Adeligen, denen der Krieg zum bestimmenden Lebensunterhalt geworden war.

Das Ausmass dieser "unstaatlichen" Kompagnien ist schwer abzuschätzen. Wie immer sind Froissarts Angaben auch hierzu mit Vorsicht zu behandeln. Bei Brignais gibt der Chronist auf Seiten der Compagnies eine Stärke von 15 000 Kämpfern an (3). Allein die "route" des Seguin de Batefol habe "bien deux mil combatans" gezählt (4). Diese Angaben sind stark übertrieben. Ferdinand Lot beziffert die Stärke dieser freien Kompanien auf höchstens einige Tausend zur Zeit der "Grande Compagnie" (5), die sich im Verlauf der Sechziger- und Siebzigerjahre, wie aus den Chroniques deutlich wird, auf kleinere Trupps reduzierten, die nach etwa 1380 vor

---

(1) Froissart lässt Duguesclin bei Antritt seines Amtes eine längere Rede halten, in der er sich für seine niedere Herkunft entschuldigt, SHF VII, pp. 254-255. Vgl. a. Perroy, La Guerre, p. 122f..
(2) Vgl. die Schilderung des Bascot de Mauléon, SHF XII, p. 106f; Lavisse, Histoire de France, IV, p. 181; Contamine, Les compagnies, p. 383f.
(3) SHF VI, p. 61.
(4) Ibid., p. 62.
(5) Lot, Art militaire, I, p. 405. Vgl. dazu Contamine, La guerre, p. 53. Der nicht-kombattante Tross der Compagnies wird von Froissart nicht erwähnt.

allem als Garnisonen weiterbestanden (1).

<u>Massnahmen des Staates</u>   Dieser allmähliche Rückgang der Compagnies war zum Teil die Folge staatlicher Massnahmen, vor allem der französischen Krone. Papst und Krone versuchten schon früh, durch organisierte Aktionen ausserhalb des Königreichs sich der Compagnies oder möglichst grosser Teile davon zu entledigen. Diese Unternehmungen, denen oft geringer Erfolg beschieden war, sind hervorragende Beispiele für die Eigengesetzlichkeit, die dem Krieg im Mittelalter anhaftet. Bereits staatliche Unternehmungen im Rahmen des franco-englischen Konflikts haben zuweilen den Charakter von "Arbeitsbeschaffung". So berichtet Froissart, dass auf Edwards III. Aufruf 1359 in Calais so viele Leute zusammengeströmt seien, dass die ursprünglich beabsichtigte Heeresstärke vier bis fünf mal übertroffen worden sei, "par convoitise de gaegnier et pillier sus le bon et plentiveus royaume de France" (2). Der englische König, schreibt Froissart, habe darauf weise gehandelt, indem er den Herzog von Lancaster voraussandte, der die Herren und ihr Gefolge mit einer kurzen Chevauchée nach Artois und in die Picardie bei Laune hielt. Dies war, laut Froissart, eine völlig improvisierte Unternehmung, die in erster Linie bezweckte, den bedrohlich grossen Haufen Kriegsvolk aus dem englischen Brückenkopf zu entfernen (3).
Was bereits im offiziell erklärten Krieg notwendig war, wurde in der Zeit der Waffenruhe zur Regel. Als Beispiel diene uns - wir können beliebig auswählen - der Zug der Compagnie unter Enguerrand von Coucy gegen die österreichischen Besitzungen in der Eidgenossenschaft (1375). Bemerkenswert ist bei Froissarts Darstellung dieses in der Eidgenossenschaft als Guglerzug bezeichneten Unternehmens schon der Auftakt, denn

---

(1) Dies bedeutete allerdings nicht das Ende der Routiers. Im 15. Jahrhundert wurden die "Ecorcheurs" ("Schinder") nach dem Frieden von Arras von 1435-44 wieder zur Landplage. Vgl. Tuetey, A. Les Ecorcheurs sous Charles VII, Episodes de l'Histoire Militaire de la France au XV$^e$ siècle, d'après des documents inédits. 2 Bde, Montbéliard 1874; zum Armagnakenkrieg 1444/45 vgl. W. Schaufelberger in: Handbuch der Schweizergeschichte I, Zürich 1970, pp. 299-301.
(2) SHF V, p. 191.
(3) Ibid., pp. 191-194.

zur Situation der Compagnies 1375/76 schreibt Froissart:

> Ces gens de compagnes qui avoient apris à pillier et à rober et qui ne s'en savoient abstenir, fisent en celle saison trop de mauls ens ou royaume de France, tant que les plaintes en vinrent au roy. Li rois, qui volentiers euist adrechiet son peuple et qui grant compassion en avoit, car trop li touchoit la destruction de son royaume, n'en savoit que faire. (1)

Nach Froissart war es der französische Kronrat, der auf die Idee kam, Enguerrand von Coucy zur Wahrnehmung seines Erbschaftsanspruchs auf die "ducé d'osterice" zu bewegen (2), in der Hoffnung, das französische Königreich von einer Plage zu erleichtern (3). Coucy wurde von den "Marmousets" (Berater König Karls V.) de la Rivière und Mercier förmlich überredet, die Compagnie ausser Landes zu führen, wobei er nach Froissart sogar finanzielle Forderungen an die Krone stellte,"pour paiier leurs menus frès et pour acquerre amis et les passages" (4). Karl V. stieg auf den Handel ein und dies mit guten Gründen: "Li rois de France n'avoit cure quel marchié il fesist, mais que il veist son royaume delivré de ces compagnes" (5). Der Zug kam aber schon in Lothringen in Schwierigkeiten wegen der grossen Räubereien der "males gens". Mit grosser Mühe erreichte Coucy von den Kapitänen seiner Compagnies, dass sie ihre Plünderungen einstellten und "courtoisement" weiterzogen. Als die Truppe endlich im weit entfernten und für Froissart ausserhalb jeder geographischen Vorstellung gelegenen Herzogtum "Osterice" eintraf, fand sie schon am Fuss der Berge - es ist wohl der Jura gemeint - von den "Oesterreichern" alles verbrannt und weggeschafft vor: ein armes Land lag vor ihnen, kein Vergleich mit jenem an Marne und Loire! (6)

---

(1) SHF VIII, pp. 214-215; vgl. auch SHF VII, p. 65: Nach der Rückkehr aus Spanien 1367 lagerten die Söldner des Schwarzen Prinzen "sus son pays": "Si leur fist dire li princes et priier que il volsissent bien issir hors de son pays et aler ailleurs pourcachier et vivre, car il ne les y voloit plus sousteinir."
(2) Coucy war ein Enkel Leopolds I. (ca. 1292-1326) und erhob Erbanspruch auf das Habsburgische Muttergut. Vgl. W. Schaufelberger, in: Handbuch der Schweizergeschichte I, pp. 255f.. Die Kriegshandlungen beschränkten sich vor allem auf Kleinkrieg. Die "Gugler" wichen im Laufe des Winters wieder über den Jura zurück.
(3) SHF VIII, p. 215.
(4) Ibid., p. 216.
(5) Ibid.
(6) Ibid., p. 220.

Angesichts dieser Enttäuschung kam es laut den Chroniques zu einer Meuterei der Truppe, die eine sofortige Rückkehr nach Frankreich verlangte. Die gespannte Lage im Heer veranlasste Coucy inkognito zur Flucht bei Nacht und Nebel nach Frankreich, wo er sich beim französischen König ohne Mühe soweit entschuldigen konnte, dass die Schande auf seine Truppe fiel, die immer noch irgendwo am Rhein "bei den Bergen" lagerte (1). Bald aber kehrten auch die Compagnies nach Frankreich zurück, das sie "leur cambre" nannten (2). So wurde - meint Froissart - das Geld des französischen Königs schlecht angelegt... (3).

Für die Rekonstruktion der tatsächlichen Vorgänge ist diese Darstellung unbrauchbar. Verschwommen und nebelhaft erscheinen die Gebiete am Rhein und "in den Bergen". Die Geschehnisse sind auf eine eingleisige Kolportage reduziert, die lediglich den gesamthaften Misserfolg des Unternehmens illustrieren soll; der eigentliche Kriegsverlauf auf dem Boden der Eidgenossenschaft war Froissart indessen offensichtlich unbekannt. Interessant ist aber Froissarts Darstellung aus einem andern Grund. Von Anbeginn wird der "Guglerzug" als reine Aktion der "Söldnerverwertung" dargestellt. Coucy ist angeblich sehr wenig an seinem Erbe interessiert; die Krone Frankreichs muss ihn mit Geldzuwendungen zu seinem Unternehmen überreden. Der Krieg wird durch mangelhafte Gelegenheit zum Plündern zum völligen Fiasko; die Massnahmen des Feindes ("Taktik der verbrannten Erde") genügen, um den heterogenen Söldnerhaufen zu sprengen. Die Truppe kehrt nach Frankreich, "leur cambre", zurück und Coucy reist alsbald nach England, von einem Interesse am Besitz des österreichischen Erbes erfahren wir weiter nichts mehr. So wenig diese Darstellung den Tatsachen entsprechen mag, so sehr widerspiegelt sie die Stimmung jener Zeit, die ganz im Banne der Landplage der Compagnies stand und von jeder Unternehmung eine Befreiung oder zumindest Linderung des Uebels erhoffte.

Das Beispiel des Guglerzuges steht für die weiteren zahlreichen Unternehmungen, die im Hundertjährigen Krieg der Arbeitsbeschaffung für Söldner dienten. "Nettoyer le royaume de France" war nach Froissart

---

(1) SHF VIII, pp. 222-223.
(2) Ibid., pp. 223-224: "Si se misent au retour et revinrent en France, en ce bon pays qu'il n'appelloient mies Osterice, mais leur cambre."
(3) Ibid., p. 216.

die Devise des Zuges unter dem Grafen von Armagnac 1390/91 in die Lombardei (1), von dem nur ein kleiner Teil des Kriegsvolkes in Armut und Elend wieder nach Frankreich zurückkehrte (2). Schon 1361 versuchte der Papst, einen Haufen der "Grande Compagnie" in die Lombardei zu bringen, was immerhin mit einigen der Hauptanführer und ihren "routes" gelang, so dass - wie Froissart meint - das Königreich "plus à pais que devant" war. Nach etwa einem Jahr aber seien eine grosse Zahl wieder in Frankreich gewesen (3). Noch vor den Expeditionen nach Kastilien wurde 1364 ein anderes Unternehmen zum völligen Fiasko: das Projekt eines Zuges gegen die Türken nach Ungarn. Frankreich, die "cambre" der Compagnies, übte auf die Routiers aber eine derart magnetische Anziehungskraft aus, dass das Vorhaben mangels Interesse gar nicht zustande kam (4). Schliesslich stellte Karl V. 1369 insgeheim eine grosse Zahl Angehöriger ehemals englischer Kompagnien im französischen Heer ein (5) und liess die Berufssöldner unter Duguesclin einen wirksamen Kleinkrieg gegen die von den Engländern seit Brétigny gehaltenen Besitzungen führen (6).

Die Staatsmacht war damit in der Lage, die Kompagnien wieder zu "legalisieren". Nach 1388 - erneut eine Zeit des Waffenstillstandes - begann sich das Problem aber wieder von neuem zu stellen: Der Zug Armagnacs in die Lombardei (7), der "Kreuzzug" Genuas von 1390 nach Nordafrika (8) waren in ihrem Ursprung Unternehmungen, die weit mehr der Söldnerbeschäftigung als irgend einem andern Zweck dienten. Diese Aktionen hatten grosse Verluste unter den Routiers zur Folge und trugen damit zur Milderung des Uebels bei. Ausserdem hatte eine Verlagerung der Tätigkeit auf den Garnisonskrieg stattgefunden, denn seit den Sechzigerjahren war es einzelnen Gruppen gelungen, sich in Zentralfrankreich,

---

(1) Kervyn, XIV, p. 294. Vgl. dazu Lavisse, Histoire de France, IV, 1, p. 302.
(2) Kervyn, XIV, pp. 312-313.
(3) SHF VI, p. 75. Einen beträchtlichen Beitrag zu diesem "Erfolg" scheint die Pest geleistet zu haben, die unter den Compagnies zahlreiche Opfer forderte. Vgl. S. Luce, SHF VI, p. xxxiii, Anm. 3.
(4) SHF VI, p. 184.
(5) SHF VII, p. 106.
(6) Vgl. dazu Perroy, La Guerre, pp. 131-139.
(7) Kervyn, XIV, pp. 291-313.
(8) Ibid., p. 153. Darstellung der Expedition: pp. 151-159; 211-253; 265-280.

vor allem in der Auvergne, fester Plätze zu bemächtigen, die jahrelang von freien Garnisonen, die nun auf eigene Rechnung arbeiteten, als Stützpunkte benützt wurden.

Wenn Froissart auch mit harten Worten die Missetaten der Kompagnien in den Sechzigerjahren kritisiert, so beurteilt er das Wirken dieser Garnisonen weit milder. In den Erzählungen des Bascot von Mauléon in Orthez, die, wie bereits früher erwähnt, in Form eines Dialogs mit dem Autor in den Chroniques erscheinen, schildert Froissart das Routier-Leben aus der Sicht des verdienstvollen Veteranen. Es lohnt sich, abschliessend einen Blick auf die Laufbahn dieses exemplarischen Routiers zu werfen, dessen Erzählungen unmittelbar in die Feder des Chronisten flossen, so dass wir ihnen einen hohen Quellenwert beimessen dürfen (1). Mauléon war nach seinen eigenen Angaben erstmals in Poitiers 1356 unter den Kombattanten. Auf Seiten der Engländer unter dem Captal de Buch gelang ihm auf Anhieb ein gutes Lösegeldgeschäft mit drei Gefangenen, die ihm dreitausend Francs einbrachten (2). 1357 war er in Preussen unter Gaston von Foix; die Rückkehr nach Frankreich gab ihm Gelegenheit zur Teilnahme an der Befreiung einer Gruppe adeliger Damen in Meaux aus der Belagerung durch die Jaques - eine Heldentat, die Froissart in den Chroniques gebührend zu würdigen weiss (3). Bis 1359 fand Mauléon Arbeit in den Diensten Karls von Navarra, der gegen den Regenten Karl (den späteren Karl V.) Krieg führte. 1359/60 schloss sich Mauléon Edward III. auf der letzten vom König persönlich geleiteten Chevauchée nach Frankreich an:

> ... et lors feusmes-nous avecques les aydans que nous avions ou royaume de France et par especcial en Picardie une forte guerre, et presimes moult de villes et de chastiaux en l'eveschié de Biauvais et en l'eveschié d'Amiens, et estions pour lors tous seigneurs des champs et des rivieres, et y conquerismes, nous et les nostres, très grant finance. (4)

Mit dem Frieden von Brétigny begann für Mauléon die Zeit der Compagnies ("si les convenoit-il vivre"), wo er die Stellung eines Kapitäns ein-

---

(1) SHF XII, pp. 96-109.
(2) Ibid., pp. 96-97.
(3) SHF V, pp. 105-106.
(4) SHF XII, p. 97.

nahm. Von nun an verlegte sich Mauléon auf Aktionen in Frankreich; die Versuche, die Routiers ausser Landes zu bringen, mied er; Mauléon suchte sein Auskommen in Frankreich:

> ... nous demorasmes derriere messire Seguin de Batefol, messire Jehan Jevel, messire Jaques Plantin, messire Jehan Aymery, le Bourc de Pierregort, Espiote, Loys Rambaut, Limosin, Jaques Titiel, moy et pluseurs autres. Et teniesmes Anse, Saint Climent, la Becelle, la Terrace, le Mont Saint Denis, l'Ospital de Rochefort et plus de LX. fors que en Masconnois, en Forez, en Vilay, en la basse Bourgoingne et sus la riviere de Loire, et rançonniesmes tout le pays, ne on ne pouvoit estre quictes de nous, ne pour bien paier ne autrement. Et presimes de nuit la Charité sur Loire, et la tenismes bien an et demi, et estoit tout nostre dessus Loire jusques au Puy en Auvergne, car messire Seguin de Batefol avoit laissié Anse, et tenoit là Briode en Auvergne, où il ot de prouffit ens ou pays $C^m$. francs; et desoubz Loire jusques à Orliens, et aussi toute la riviere d'Alier, ne l'Archeprestre qui estoit cappitaine de Nevers et qui estoit lors bon François n'y savoit ne povoit remedier, fors tant que il congnoissoit les chose pour luy. Et fist le dit Archeprestre adont ung trop grant bien en Nivernois, car il fist fremer la cité de Nevers; autrement elle eust esté perdue et courue par trop de fois, car nous tenions bien en la marche que villes que chastiaux plus de XXVII., ne il n'estoit chevalier ne escuier, ne riche homme se il ne s'estoit apatis à nous, qui osast yssir hors de sa maison, et ceste guerre fesions lors au tiltre du roy de Navarre. (1)

Dieser kleine Ausschnitt aus dem Bericht des Bascot von Mauléon ist eine knappe, vorzügliche Zusammenfassung des Vorgehens der Routiers: Haupteinnahmen waren nach den ersten grossen Streifzügen der "Grande Compagnie" nicht mehr die aus Plünderungen gewonnene Beute, wenn auch nächtliche Ueberfälle noch vorkamen; jetzt verlegte man sich vornehmlich auf kollektive Lösegelder, "rançons" oder "pactis" genannt, die von der Bevölkerung des flachen Landes eingezogen wurden (2). Als "Gegenleistung" blieben die Zahlenden von Plünderung und Brand verschont. Eine weitere häufige Form der Lösegeldtribute war der Verkauf von Durchgangsrechten, ein, wie Froissart an anderer Stelle berichtet, sehr einträgliches Geschäft. "Pactis" und "saufconduits" sollen in einem späteren Kapitel noch zur Sprache kommen, da es sich bei diesen Formen der Beuterei um eine Praxis handelt, die auch von den "Regulären" auf

---

(1) SHF XII, pp. 99-100.
(2) Einträglich war auch der "Verkauf" von Burgen und anderen Plätzen an die Staatsmacht oder die umliegende Bevölkerung, vgl. SHF VI, p. 25; vgl. auch ibid., p. x, Anm. 1: Am 19.3.1360 verkaufte z. B. Eustache d'Auberchicourt Attigny (Ardennen) an die Landleute, erhielt aber das Geld nicht, was Froissart bedauert.

ihren Chevauchées zur Anwendung gelangten (1).

Von Interesse ist sodann die Stellung des "Archiprestre" - "lors bon François" (um 1365) -, der als Gegner der "lors au tiltre du roy de Navarre" handelnden Routiers eine geradezu kollegiale Hochachtung geniesst und für die Schliessung der Stadt Nevers von seinem damaligen Gegner gelobt wird. Es bedarf wohl keines besonderen Hinweises auf die "Berufsauffassung" der bezahlten Söldner, die ihre Aufgabe ausschliesslich als Broterwerb betrachteten. Die Betonung der Bindungen ist aus dem "droit d'armes" zu verstehen, das die Rechtmässigkeit des Krieges an der Seite eines kriegsberechtigten Souveräns zur Grundvoraussetzung der Beuterei machte (2).

Was nun im Bericht des Bascot von Mauléon folgt, ist lediglich quantitative Erweiterung der oben beschriebenen Tätigkeiten. 1364 bei Cocherel wurde Mauléon gefangen von einem Cousin (3), der ihn kollegial und milde gegen tausend Francs Lösegeld wieder freilässt (4). Zu dieser Zeit hielt Bascot von Mauléon den Sitz Le Bec d'Allier (Cher), wo er aus der Umgebung grosse Profite zog. Einer der grossen Kapitäne der Routiers riet ihm unter anderem, einen Ueberfall auf Sancerre zu unternehmen. Der Plan misslang, und Mauléon wurde gefangen. Nach dem Freikauf nahm er an der Schlacht von Auray 1364 teil unter Hugh Calverley; dann zog er nach Spanien unter Duguesclin. Darauf ging er wieder in Frankreich seinem "Beruf" nach; mit Glück überlebte er die Aktionen der französischen Krone gegen die Routiers nach 1365, in denen zahlreiche Routier-Anführer ums Leben kamen. Mauléon verlegte seine Tätigkeit in die Umgebung von Toulouse mit Raimonet l'Epée und an die Grenze von Bigorre, wo der Herzog von Anjou sie aber verjagte. Nach Verlust mehrerer Plätze nahm er Thurie (bei Albi) durch List ein - in Frauenkleidern -, ein Meisterstück, auf das er besonders stolz war. Der Platz habe ihm "que par pillaiges que par pattis, que par bonnes for-

---

(1) Vgl. Kapitel IV, 3 dieser Arbeit.
(2) Vgl. Keen, Laws, pp. 137ff.
(3) SHF XII, p. 101: "... ce fu d'un mien cousin de ce pays (...) et le apelloit-on Bernard de Taride." - Der Wortgebrauch "cousin" ist mehrdeutig und braucht nicht eine verwandtschaftliche Beziehung zu bedeuten.
(4) SHF XII, p. 101.

tunes" mehr als hunderttausend Francs eingebracht (1). Nun, im Jahre 1388, befand sich Bascot von Mauléon in Orthez, um mit dem Grafen von Armagnac und dem Dauphin d'Auvergne über den Verkauf der "Besitztümer" der "compaignons" in Zentral- und Südfrankreich an die französische Krone zu verhandeln, wobei er zum Schluss noch einmal betont, die Routiers hätten ihren Krieg "ou tiltre du roy de Engleterre" geführt (2).

Die ausführliche Erwähnung dieser Lebensgeschichte eines etwa fünfzigjährigen Ecuyers sollte zum Schluss die kriegerische Existenz eines gewiss nicht untypischen Vertreters der Chevalerie im 14. Jahrhundert veranschaulichen und in den zitierten längeren Passagen auch das Vergnügen des Chronisten an den einträglichen Waffentaten und Müsterchen des Routier-Kapitäns zum Ausdruck bringen. Die Darstellung Mauléons ist Zeugnis des hohen Selbstbewusstseins und Stolzes auf die eigenen Leistungen, deren Ausdruck die Erträgnisse sind, die sie abwerfen. Aber auch der Chronist teilt die hohe Achtung vor den militärischen Qualitäten seines Gesprächspartners. Er gibt bereitwilligst und gewiss nicht zufällig wiederholt die Hinweise auf die Rechtmässigkeit des Krieges Mauléons als "Navarreser" oder "Engländer" wieder und liefert dem Leser damit die Legitimation der geschilderten Unternehmungen. Bascot von Mauléon wird eingeführt als "appert homme d'armes ... et hardi", der wie ein grosser Baron auftritt, "et estoit servy et estoient toutes ses gens en vaiselle d'argent" - "ung bon homme d'armes pour le present et ung grant cappitaine" (3). Froissart entschuldigt die Routiers nicht nur mit der Notwendigkeit der Sicherung ihrer Existenz; er bringt auch ihren Taten höchste Achtung entgegen. Dies kommt auch an anderer Stelle immer wieder zum Ausdruck, etwa im Kommentar des Chronisten zur Hinrichtung des Routier-Kapitäns Mérigot Marchès einige Jahre nach dem Besuch Froissarts in Orthez. Marchès, der "à morir honteusement" nach Paris gebracht, an den Schandpfahl gestellt, geköpft, geviertelt und an

---

(1) SHF XII, pp. 107f.. Thurie war etwa um 1380 in den Besitz Mauléons gelangt; L. Mirot, SHF XII, p. xxxvi, Anm. 1.
(2) Ibid., p. 109.
(3) Ibid., p. 96.

den "quatre souveraines portes de Paris" ausgestellt wurde, hätte
nach der Meinung Froissarts ein vorbildlicher Chevalier sein können,
wenn er seine Qualitäten zum Guten eingesetzt hätte (1). Das Urteil
Froissarts ist bezeichnend für den Chronisten, der mit dieser Ansicht
in seiner Zeit wohl kaum allein war (2). Ein grosser Teil der Söldner
dürfte gelegentlich an der Grenze oder jenseits einer recht weitläufig
interpretierbaren Legalität gestanden haben. Die Routiers waren nicht
individuelle Einzelerscheinungen, Banditen, ausserhalb und säuberlich
getrennt von den "Legalen" stehend; der Uebergang war vielmehr fliessend, und die existentielle Notwendigkeit zum Ueberleben im Frieden
machte ein Phänomen wie die Compagnies und Routiers unvermeidlich.
Insofern dürfte es auch nicht bloss der Neigung und dem Interesse des
Chronisten entsprechen, wenn die Darstellung dieser Erscheinungen bei
Froissart einen ausserordentlich breiten Raum einnehmen.
In diesem Licht erscheinen auch die zahlreichen Feldzüge zur Arbeitsbeschaffung für die Söldnerhaufen nach Italien, Spanien oder als "Kreuzzüge" nach Ungarn, Nordafrika oder Preussen nicht nur als politische,
von staatlichen, aussenpolitischen Interessen geprägte Aktionen, sondern auch als sozial bedingte Unternehmungen. Der Krieg stand hier nur
teilweise unter der Kontrolle des Staates, der zu eigentlichen Notmassnahmen Zuflucht nahm, um das Uebel wenigstens zu exportieren, oder
dann um jede Gelegenheit zu einem politisch motivierten Auszug ausser
Landes froh sein musste (3).

---

(1) Kervyn, XIV, pp. 205-211. Vgl. auch die Ehrbezeugungen Froissarts
für Geoffroy Tête-Noire, Kervyn, XIII, pp. 286-290.
(2) Vgl. dazu SHF V, pp. 159f. Der Hennegauer Routier Eustache d'Auberchicourt wurde von Isabella von Jülich, Witwe des Grafen von Kent
und Nichte der englischen Königin, mit grosszügigen Geschenken, z. B.
einem Schlachtross, umworben. Die Liebesbriefe hätten den wackeren
Ritter 1359 bei der Ausplünderung von Brie und der Champagne zu grossen Taten beflügelt.
(3) Auch in England erwähnt Froissart immer wieder - wie schon oben dargelegt - gesellschaftlichen Druck "von unten" seitens der "povres chevalliers, escuiers et archers", die auf den Krieg in Frankreich aus materiellen Gründen drängten. Vgl. etwa Kervyn, XIV, p. 314; vgl. auch
SHF XIII, p. 79: "povres chevaliers et escuiers" in Frankreich drängten
1386 zur Invasion Englands; vgl. in diesem Zusammenhang auch die Motive der katalanisch-aragonesischen Söldner für ihre "Ostfahrt" von
1303: Sablonier, Kriegertum, p. 36.

Tousjours va et vient finance.
Kervyn, XII, p. 26.

## III. Verpflegung und Unterhalt

Die Routiers-Kompagnien stellen trotz ihres zeitweise grossen Umfanges nur eine Begleiterscheinung des Krieges dar. Dass sie aus dem Lande von Plünderung und Tributen lebten, versteht sich aus der Halb- oder Illegalität ihres Krieges von selbst. Wie stand es aber mit dem Unterhalt der Heereshaufen in Frankreich im allgemeinen? Dieser Frage soll nun in einer kurzen Uebersicht nachgegangen werden. Froissart ist zwar für das kriegerische Alltagsleben im allgemeinen keine ergiebige Quelle. Besonders technische Belange der Verpflegung oder des Soldsystems kommen nur ganz selten und am Rande zur Sprache, da das Interesse des Chronisten den eigentlichen Kriegshandlungen gilt; dafür fehlt es nicht an Hinweisen auf die Auswirkungen mangelhafter Nahrungsbeschaffung oder Bezahlung, etwa den Hunger und die notorische "Zahlungsschwäche" der Heere im 14. Jahrhundert, und damit verbunden auch auf die Not der Zivilbevölkerung.

Die grosse Bedeutung der Beute und des Lösegeldes für den Krieg im 14. Jahrhundert ist nur im Hinblick auf die von Froissart stark betonten Probleme und Unzulänglichkeiten im Verpflegungs- und Zahlungssystem zu verstehen. Es ist bezeichnend, dass der an Rittertugend und Waffentaten interessierte Froissart diesen Zusammenhang immer wieder erwähnt, zur Befriedigung der elementaren Bedürfnisse der Krieger seien Plündern und Beutemachen eben nötig.

Zunächst sollen uns die Probleme der Verpflegung beschäftigen; Froissart hat sich vor allem an einer Stelle, wo er selbst Augenzeuge war, mit den Auswirkungen der Unterhaltsprobleme eines französischen Heeres im eigenen Land befasst: Den Invasionsvorbereitungen der französischen Krone an der Kanalküste im Jahre 1386. (Es handelte sich um ein Unternehmen, das schliesslich nicht zur Ausführung gelangte.) Anschliessend wollen wir kurz auf die von Froissart allgemein vernachlässigten Soldprobleme eingehen, und schliesslich soll am Beispiel der englischen Heere in Frankreich das "Leben aus dem Feindesland", zu dem Froissart recht

ergiebiges Material liefert, näher behandelt werden.
Am Beispiel der "Expedició" der katalanischen Kompagnien zu Beginn
des 14. Jahrhunderts von Sizilien aus in den griechischen Osten hat Sablonier (1) dargelegt, wie wichtig Beuteaussicht und Soldzahlungen für die
Kampfkraft und den Zusammenhalt mittelalterlicher Heere auch im 14.
Jahrhundert noch waren. Dasselbe gilt für die Untersuchungen Schaufelbergers zum Schweizerkrieg (2). Man könnte einwenden, dass die soziale Wirklichkeit in England und vor allem in Frankreich mit seiner
vergleichsweise stark entwickelten Zentralstaatlichkeit und führenden
Rolle der Hocharistokratie nicht ohne weiteres mit jener der Katalanen
und Schweizer verglichen werden kann. Am Beispiel der Chroniques
Froissarts lässt sich aber zeigen, dass im Bereiche der Verpflegung
und des Unterhaltes die Unterschiede zu andern mittelalterlichen Heeren
nicht grundsätzlicher Art waren.

>... il n'est si dure espée que de fain.
> SHF V, p. 286.

1. Organisierte Verpflegung und Sold

Engländer   Der Hundertjährige Krieg mit seinen langen "saisons" aktiver Kriegführung, die sich oft über mehr als ein halbes
Jahr hinzogen, stellte an die Organisation des Krieges bisher nicht gekannte Anforderungen. Besonders die Engländer standen vor dem Problem,
in weit entferntem Feindesland operieren zu müssen und dies - zumal in
Nordfrankreich bis 1347 - ohne grössere Basis im Rücken. Dazu kam die
Abhängigkeit von einer Seeverbindung, die nur zu leicht durch widrige
Winde oder gegnerische Störmanöver für längere Zeit unterbrochen sein
konnte.
Froissarts Beschreibungen der gewaltigen Trosse englischer Heere in
Frankreich vermitteln einen Eindruck von der grossen Menge an Material, die eine Expeditionsstreitmacht von mehreren Tausend Mann mit-

---

(1) Sablonier, Kriegertum, pp. 72-82.
(2) Schaufelberger, Schweizer, pp. 82, 127-136.

führen musste (1). Allein die Aufrechterhaltung des "Estat" der hochadeligen Anführer und - wenn er dabei war - des Königs erforderten einen bedeutenden Aufwand. So verfügten 1359 die "signeurs d'Engleterre" in Edwards III. Heer über eine ungewöhnlich grosse Anzahl der auf den Chevauchées üblichen Vierspänner, welche neben Zelten und Pavillons auch Getreidemühlen, Oefen zum Kochen für die "riches hommes" und mobile Schmieden nebst Zubehör mitführten. Die besondere Bewunderung des Chronisten erweckten dabei die kleinen Boote für den Fischfang, die "gut drei Mann aufnehmen konnten". Sie dienten nach Froissart der Versorgung der "gens d'estat" in der Fastenzeit (1360) (2). Weiter habe der König in seinem privaten Haushalt dreissig berittene Falkner sowie gut "soixante couples de chiens" unterhalten, mit denen er täglich zu jagen pflegte, aber auch "pluiseurs des signeurs" brauchten nicht auf ihre Hunde und Falken zu verzichten (3).

Die Vielfalt und der Prunk der Ausrüstung des Expeditionsheeres von 1359/60 ging zwar über das Mass der vorangegangenen englischen Heere hinaus, denn Edward III. hoffte, dem französischen Königshaus mit dieser Chevauchée den Gnadenstoss zu versetzen und sich selbst in Reims krönen zu lassen (4); aber auch in den übrigen englischen Feldzügen auf dem Kontinent erforderte allein die Mitnahme der lebensnotwendigen Ausrüstung einen erheblichen Tross, bestehend aus einer Kolonne von zumindest mehreren hundert Wagen (5). Neben den Waffen und Harnischen waren die

---

(1) Als Beispiel dienen uns hier der besonders umfangreiche Tross Edwards III. auf der Chevauchée von 1359/60, SHF V, pp. 199-200; 225. Vgl. auch Hewitt, H.J. The Organization of War. In: The 100 Years' War (Hg. K. Fowler). London 1971, p. 83. - Id. : Expedition, pp. 25, 34, 42.
(2) SHF V, p. 225. Vgl. auch die Vorbereitungen für die Expedition von 1373, SHF VIII, p. 137: "Dont, pour faire et fournir ce voyage, li rois d'Engleterre ordonna à faire toute la saison un ossi grant et ossi estoffé appareil que en grant temps on euist point veu en Engleterre pour passer le mer, tant que de belles et grosses pourveances et de grant fuison de charroi, que porteroient parmi le royaume de France tout ce qu'il lor seroit de necessité, et par especial moulins à le main pour mieurre bled et aultres grains, se il trouvoient les moulins perdus et brisiés, et fours pour cuire, et toute ordenance de guerre pour avoir appareillié sans dangier."
(3) SHF V, p. 225.
(4) Vgl. Fowler, Age, p. 61; Perroy, Guerre, pp. 112-113.
(5) 1359 spricht Froissart, wohl stark übertreibend, beim Heer Edwards III. von über 6000 Wagen! Der Tross sei "gut zwei Meilen" lang gewesen. SHF V, pp. 199-200. Vgl. auch den Wagenpark bei Crécy 1346, SHF III, p. 169.

Werkzeuge für die Zimmerleute, Waldarbeiter, Graber, Mineure und Schmiede mitzuführen; dazu kam die Bekleidung, die man sich nicht aus dem Feindesland beschaffen konnte, und die zahlreichen kleineren Dinge, von den Hufeisen und Nägeln bis zum Pergament für die Sekretäre des Königs (1).

Dennoch führten die Engländer auf ihren Chevauchées in der Regel wenig Proviant aus England und, wie Froissart vermuten lässt, kaum Futter für die Tiere mit (2). Es darf als sicher gelten, dass die Engländer ausreichend Lebensmittel bloss für die Zeit der Anfahrt und des Anmarsches im eigenen Land und in Guyenne bzw. Calais organisierten, dann aber in Frankreich vorwiegend "aus dem Lande" lebten (3).

<u>Franzosen</u>   Anders stellte sich die Verpflegungsfrage für den französischen König. Sein Heer hatte zumindest in der ersten Phase des Krieges bis Brétigny vor allem Verteidigungsaufgaben zu lösen und operierte im eigenen Land. Seit Beginn des Krieges unternahmen die französischen Könige Anstrengungen auf verschiedenen Ebenen, um die Verpflegung des Heeres zu sichern (4). Grundsätzlich war die Truppe verpflichtet, sich durch Kauf von Lebensmitteln individuell zu verpflegen - dazu diente der Sold (5). In gewissen, genau festgelegten Fällen sorgte der König durch seine Beamten für Verpflegung: Dies galt natürlich für sein eigenes "Hôtel", dann aber auch für die Verpflegung der Flotte oder

---

(1) Vgl. Hewitt in: The 100 Years' War, p. 83.
(2) SHF V, p. 202. Froissart erwähnt die Chevauchée von 1359 offenbar als Ausnahme: "... pour le cause de ce que on n'avoit trois ans en devant riens ahané sus le plat pays, que, se blés et avainnes ne leur venissent de Haynau et de Cambresis, les gens morussent de fain en Artois, en Vermendois et en l'evesquiet de Laon et de Rains. Et pour ce que li rois d'Engleterre, ançois que il partesist de son pays, avoit oy parler de le famine et de le povreté de France, estoit il ensi venus bien pourveus, et cescuns sires ossi selonch son estat, exepté de fuerres et d'avainne...", SHF V, pp. 201-202.
(3) Vgl. etwa SHF V, p. 15: Die Not der Truppe des Schwarzen Prinzen vor der Schlacht von Poitiers 1356. Vgl. auch zur gleichen Chevauchée Hewitt, Expedition, pp. 25ff., 31: "a small quantity of food" (1359). Allgemein: Contamine, Etat, p. 125. Zur Verpflegung der Engländer vgl. auch Postan, The Costs, p. 36, mit weiterer Literatur.
(4) Wir folgen hier Contamine, Etat, pp. 121-128, und Timbal, Régistres, pp. 86-103.
(5) Vgl. Contamine, Etat, p. 127, und ibid., Anm. 219.

von Garnisonen, wobei die Verpflegungskosten in der Regel allen, die
nicht zum Gefolge des Königs gehörten, wieder vom Sold abgezogen wurden (1).
Es war für das französische Königshaus von zentraler Bedeutung, bei
grösseren Unternehmungen nach Möglichkeit für den Schutz des nichtkriegführenden Landvolkes zu sorgen. Deshalb nahmen seit Philipp VI.
die Anstrengungen in der Verpflegungsbeschaffung durch den Ankauf von
Lebensmitteln zu (2): 1384 beim Einfall des "Klementinerzuges" in Flandern und 1388 für den Zug gegen Geldern musste sich Karl VI. bei einem
reichen Geldgeber verschulden, der ihm die nötigen Mittel vorschiessen
konnte und dabei offenbar nicht schlecht fuhr (3). Es scheint, dass die
notorischen Mängel des mittelalterlichen Zahlungssystems damit aber
nicht behoben waren. Zwar berichtet der Chronist Juvenel des Ursins über
das Heer von 1388, die "gens du Roy" seien "tres bien payes" gewesen,
und deshalb hätten sie gut bezahlt (4). Froissart aber kommt zu ganz anderen Schlüssen: obschon der König befohlen habe, "que nuls (...) ne devoit
riens prendre sans payer", damit die armen Landleute nicht geschädigt
würden, seien auf dem Weg nach Geldern viele Uebel geschehen und die
königlichen Strafdrohungen ohne Wirkung geblieben, denn die Leute im
Heer seien "mal délivres et payés de leurs gaiges" gewesen, und der
Chronist fügt wie üblich in solchen Fällen an: "si les couvenoit vivre" (5).

Froissarts Kritik trifft - ob sie in diesem Fall nun berechtigt sei oder
nicht - ein Grundübel, das sich, wie noch zu zeigen sein wird, nicht nur
im französischen Heer bemerkbar machte (6). Die Krone verfügte kaum

---

(1) Dies, wenn sie von königlichen Beamten versorgt worden waren, vgl.
Contamine, Etat, pp. 124, 125, bes. 127.
(2) Beispiele bei Contamine, Etat, p. 125.
(3) Contamine, Etat, p. 124: Der Geldgeber war Nicholas Bullard, ein
Händler aus Paris.
(4) Juvenel des Ursins, Histoire de Charles VI, ed Michaud et Poujoulat,
p. 376.
(5) Kervyn, XIII, pp. 192-193.
(6) Vgl. etwa die Nöte von Belagerern, denen die Lebensmittel ausgehen:
SHF IX, p. 16: "Le siège estant devant Chastillon (s. Dordogne), y
eschei une très grant famine, ne à peines, pour or ne pour argent, on
ne pooit recouvrer de vivres. Et convenoit les fourageurs sus le pais
chevaucier douse ou quinze lieuwes pour avitaillier l'ost: et encores
alloient il et retournoient en grant peris, car il y avoit pluisieurs
castiaux et garnisons sus les frontières, qui issoient hors et faisoient
embusches sur iaux."

über die nötige Anzahl von Beamten, die durch systematischen Ankauf von Viktualien die Verpflegung eines grösseren Heeres hätten sicher stellen können (1). In der Regel scheint sie blosse Appelle an den Handel erlassen zu haben, das Heer gegen Bezahlung zu beliefern (2), und da dies im Ernstfall nicht ausreichte, griff man zum unpopulären Mittel der "prise" (3). Diese Requisitionen - im Prinzip gegen Bezahlung - gaben zu zahlreichen Klagen und Rechtsfällen Anlass, denn die Versuchung, das königliche Requisitionsrecht zu missbrauchen und reine Plünderungen damit zu rechtfertigen, lag auf der Hand, und Uebergriffe seitens königlicher Beamter oder Garnisonskapitäne scheinen häufig gewesen zu sein (4).

Ausführlich und detailliert berichtet Froissart nur einmal über die Probleme der Versorgung und des Unterhalts eines grossen Heeres im Lager: in seinem Bericht von französischen Flottenvorbereitungen 1385/86 in der Normandie und in Flandern zu einer Invasion Englands. Der Chronist war nach Sluis gereist, um sich möglichst genau zu informieren (5). Er schildert in aller Breite die Massnahmen des französischen Königs von der Steuererhebung, dem Aufgebot der "seigneurs", der Requisition von Schiffen (6), der Konstruktion einer "ville de bon bois" (7) zum Schutze

(1) Unter Philippe le Bel war im ganzen Königreich erst ein einziger "officier" für die Verpflegung zuständig, unter Philipp VI. waren es deren drei, denen auf regionaler Ebene "receveurs" und im Kriegsgebiet "officiers specialisés" (untergeordnete Beamte) zur Verfügung standen. Vgl. Timbal, Régistres, p. 87.
(2) Vgl. ein Dokument von 1348 bei Timbal, Régistres, pp. 87-88. Dieses Vorgehen erscheint aber schon zu Beginn des 14. Jahrhunderts; vgl. Timbal, Régistres, p. 88, Anm. 54; Contamine, Etat, p. 125.
(3) Vgl. Dokumente bei Timbal, Régistres, pp. 89-103.
(4) Ibid.
(5) SHF XIII, pp. 96-97.
(6) Der sehr ausführliche Bericht in SHF XIII, pp. 2-18, 75-102. Vgl. a. L. Mirot. Une tentative d'invasion en Angleterre pendant la guerre de Cent Ans. In: Revue des Etudes Historiques (1915), Sonderdruck Paris 1915. Zur Besteuerung zeigt sich auch hier Froissarts ablehnende Haltung, vgl. SHF XIII, p. 3 und bes. p. 80: "Si disoient-ilz bien: 'C'est trop sans raison que on nous taille maintenant pour mettre le nostre aux chevaliers et aux escuiers de ce pays; car pour quoy? Il fault que ilz deffendent leurs hiretaiges. Nous sommes leurs varlez, nous leurs labourons les terres et les biens de quoy ilz vivent, nous leurs nourissons les bestes où ilz reprendent les laines."
(7) Ibid., p. 4.

der in England gelandeten Truppen bis zu den Einzelheiten des Speisezettels (1). Der Anblick der Vorbereitungen sei so überwältigend gewesen, dass dem Betrachter "Fieber oder Zahnschmerzen vergangen" seien ob des grossen Vergnügens (2).
Dennoch scheint es, dass Froissart vor allem von der Kehrseite des aufwendigen Heeresaufgebotes beeindruckt war, denn in seinem Bericht überwiegt die Kritik an den Mängeln des Verpflegungs- und Zahlungssystems deutlich gegenüber den Freuden optischen Genusses an der gewaltigen Auslegeordnung. Die adeligen Anführer waren laut Froissart zwar fristgerecht und reichlich bezahlt worden, bei den Leuten geringeren Standes aber blieben die Zahlungen arg im Verzug (3). Wer klug war, meint der Chronist, kehrte nach der ersten Teilzahlung nach Hause zurück, denn jene, die blieben, verbrauchten für ihren Unterhalt nur, was sie noch besassen (4). Schuld daran war nicht zuletzt der bei solchen Gelegenheiten unabwendbare kriegsbedingte Preisauftrieb, der sich bei wochenlangem Lagerleben natürlich besonders stark auswirkte (5). Weil grosse Teile des Heeres in Flandern einquartiert (Brügge, Damme und Aardenbourg) und die Städte überbelegt waren, kam es ausserdem zu ernstlichen Zusammenstössen der Söldner mit der aus Tradition nicht eben franzosenfreundlichen Bevölkerung (6).
Als das Unternehmen schliesslich abgebrochen wurde, waren die Kassen leer. Froissart meint, das spektakuläre Heeresaufgebot habe das Königreich wohl mehr als "dreissig mal hunderttausend Francs" gekostet! (7)

---

(1) SHF XIII, pp. 5-6. Zu den Vorbereitungen vgl. auch ibid., p. iii, Anm. 1.
(2) Ibid., p. 5.
(3) Ibid., p. 84: "... car on leur devoit jà d'un mois...".
(4) Ibid., pp. 84-85: "Si ques, quant ilz orent ung petit d'argent, ilz s'en retournent en leur pays; ceulx firent saiges, car les petis compaignons chevaliers et escuiers qui n'estoient retenus de grant seigneur despendoient tout, car les choses leur estoient si chieres en Flandres...".
(5) Ibid., p. 84: "... car on leur vendoit ce quatre frans qui n'eust valu ... que ung". Zur Teuerung vgl. auch SHF VII, p. 27 (Spanienzug 1367).
(6) SHF XIII, pp. 94-95. Besonders in Brügge, vgl. a. ibid., p. xxviii, Anm. 1.
(7) Ibid., p. 100.

Was von den zu übersetzten Preisen gekauften Vorräten noch übrig war, wurde jetzt verschleudert (1). Die Herren der benachbarten Gebiete Artois, Hennegau und Picardie nahmen ihre Vorräte mit - einige wohl, wie der Sire de Coucy, ohne die geliehenen Waren zurückzugeben oder zu bezahlen (2).
Was aber den Herren recht war, das war den Söldnern billig, die von allen Seiten dem Heer zugelaufen waren:

> ... tout le pays en estoit mengié et perdu, ne ou plat pays riens ne demoroit qui ne fust tout à l'abandon sans paier denier. Les povres laboureurs qui avoient recueillié leurs grains n'en avoient que la paille, et, se ilz en parloient, ilz estoient batus ou tuez; les viviers estoient peschiez, les maisons abatues pour faire du feu, ne les Englois, se ilz feussent arrivez en France, ne peussent point faire plus grant exil que les routes des François y faisoient, et disoient: "Nous n'avons point d'argent maintenant, mais nous en arons assez au retour, si vous paierons tout sec." (3)

Was hier im grossen vielleicht in besonders krasser Weise vor sich ging, wiederholte sich für die kleinen Leute und insbesondere für die nicht am Krieg beteiligten "povres laboureurs", wenn auch in unterschiedlichem Umfang, bei jedem Zusammenzug eines Heeres (4). Ob Freund oder Feind, bezahlt wurde nicht, und der Hinweis auf die künftige Solvenz nach der Rückkehr aus England war ein schwacher Trost für die freiwilligen und wohl auch häufig unfreiwilligen Lieferanten des französischen Heeres. Die Meinung Froissarts, dass selbst die Engländer nicht grösseren Schaden hätten anrichten können, bedarf kaum einer weiteren Kommentierung. Es ist nicht verwunderlich, wenn Froissart bei anderen Gelegenheiten die rechtmässige Bezahlung von Viktualien besonders hervorhebt (5).

---

(1) SHF XIII, p. 101: "Le daulfin d'Auvergne me (=dem Chronisten) dist se Dieu li peuist aidier ses gens avoient en pourveances bien mis VII$^m$. frans, mais oncques ilz n'en peurent refaire VII$^c$. frans...".
(2) Ibid., p. 101: "Le sire de Couchy n'y eut point de dommaige, car toutes ses pourveances il les fist par la riviere de l'Escault retourner à Mortaigne dalez Tournay...".
(3) SHF XIII, p. 77.
(4) Siehe oben, S. 112 Zur ungenügenden Versorgung vgl. a. Contamine, Etat, p. 128.
(5) Vgl. S. 122 dieser Arbeit, Anm. 5. Zum Problem der Kriegskosten vgl. a. M. M. Postan. The Costs of the Hundred Years' War. In: Past & Present no. 27 (April 1964), pp. 34-53; K. B. McFarlane. England and the Hundred Years' War. In: Past & Present, no. 22 (Juli 1962).

> Les signeurs par coustume n'ont mi
> toujours argent à volenté, ne quant il
> leur besoigne.
> Kervyn, XIII, p. 16.

<u>Zahlungsschwäche des Adels</u>   Was mit dem Geld der "grands seigneurs", die laut Froissart "bien payez et delivrez de leurs gaiges et sauldées" waren (1), im einzelnen geschah, ist aus Froissarts Chroniques nicht auszumachen. Sicher ist aber, dass die aufwendige Lebenshaltung, die der hohe Adel seinem Status auch im Felde schuldig war, enorme Geldmittel verschlang (2). Der Unterhalt des persönlichen Gefolges und Dienerstabes, die Kosten für Soupers und Jagdvergnügungen, Beschaffung der Zelte und Pavillons sowie für das heraldische Beiwerk verzehrten Unsummen. Froissart beschreibt eingehend, wie 1386 die Herren sich gegenseitig an Prunk zu überbieten suchten (3), indem sie Schiffe und Boote reich mit ihren Wappen schmücken liessen: "Et vous di que paintres y eurent trop bien leur temps". Fähnchen und Banner aus Seide wurden hergestellt, die Masten der Schiffe bemalt "du fons jusques au comble", einzelne darunter seien sogar, "pour mieulx monstrer richesce et puissance", mit feinen Goldplättchen geschmückt gewesen! Guy de la Trémouille soll allein für den Schmuck seines Schiffes zweitausend Francs ausgelegt haben - alles, was nur erdenklich sei, habe er ausführen lassen; doch abschliessend meint Froissart: "tout paioient povres gens parmi le royaume de France, car les tailles y estoient si grandes pour assouir ce voiage, que les plus riches s'en doloient et les povres s'enfuioient" (4).

Einen nicht unerheblichen Anteil am Verbrauch dieser Steuermittel hatte offensichtlich der Hang des Adels zu Prunk und Verschwendung, dem nur durch Steuern und hemmungslose Kreditwirtschaft nachgelebt werden konnte (5). Dies galt in nicht minderem Masse für den englischen Gegner. So

---

(1) SHF XIII, p. 84.
(2) Für den "estat" erhielten sie von der Krone Sonderzulagen; vgl. Contamine, Etat, pp. 106-107.
(3) SHF XIII, p. 12.
(4) Ibid. Zur Besteuerung für die Bezahlung des Adels vgl. Contamine, Etat, p. 140.
(5) Cuvelier, Chronique, Bd. II, pp. 158-162, behauptet, Duguesclin habe in Spanien sein Silber versetzen müssen, um seine Leute bezahlen zu können.

musste der Schwarze Prinz 1355 seinen Gläubigern, die ihm das Geld für die Chevauchée in Frankreich vorstreckten, für den Fall seines Todes vertraglich alle Einnahmen seiner Besitzungen zusichern, damit sie sich schadlos halten könnten (1). Selbst Staaten, die für ihre Zeit einen verhältnismässig hohen Organisationsgrad aufwiesen, waren der Belastung des Unterhalts grösserer Heere über Wochen und Monate hinweg mehr schlecht als recht gewachsen (2), so dass ein Heer, das untätig im eigenen Lande lag, eine dauernde Gefahr für jene bedeutete, die es eigentlich schützen sollte. Wir werden noch Gelegenheit haben, auf diese für das Mittelalter nicht ungewohnte Erscheinung zurückzukommen.

Dieser geradezu institutionellen Zahlungsschwäche begegnen wir in England (3), und auch für Spanien und Portugal fehlt es in den Chroniques nicht an Belegen: Die Hilfsaktion des Schwarzen Prinzen 1366/67 zugunsten Peters des Grausamen von Kastilien führte zu langwierigen Streitereien mit der kastilischen Krone, denn der mühsam wiedereingesetzte Monarch Kastiliens erwies sich nach getaner Arbeit als zahlungsunfähig (4). Aehnlich erging es den Söldnern im Gefolge des Grafen von Cambridge 1382 in Portugal, die nach einem Winterlager ohne Beschäftigung und ohne Sold auf eigene Faust zu plündern begannen (5).

Es ist nach den angeführten Beispielen nicht erstaunlich, wenn Froissart

---

(1) McKisack, Fourteenth Century, p. 166. Dies war in England üblich. Edward III. musste 1339 seinen Kreditoren Bardi und Peruzzi allein 8 Counties verpfänden und 11 weitere an andere Kreditoren! Vgl. a. SHF VIII, p. iii, Anm. 1, zur Zwangsanleihe Karls V. bei Bürgern 1372.
(2) Zu den Finanzierungsproblemen unter Edward III. in England vgl. A. E. Prince. The Payment of Army Wages in Edward III's Reign. In: Speculum XIX, no. 2 (April 1944), pp. 137-160, bes. 147ff.
(3). Vgl. die Finanzkrise Edwards III. zu Beginn des Krieges, vgl. Mc Kisack, Fourteenth Century, pp. 165ff.; Perroy, Guerre, pp. 84, 89. Zu den Schwierigkeiten des Schwarzen Prinzen 1355 vgl. Hewitt, Expedition, pp. 24-25, und id. in: The 100 Years' War, p. 82: Klagen wegen Nichtbezahlung aufgekaufter Waren in England waren sehr häufig. Gewisse 1355 gemachte Vorräte für die Expedition des Schwarzen Prinzen wurden erst 1357 bezahlt. Vgl. auch Jean le Bel, II, Anhang, p. 326, Dokument Nr. II: englische Kapitäne weigerten sich 1342, die Schiffe zu beladen, weil ihre Seeleute noch nicht bezahlt waren.
(4) SHF VII, pp. 56-59.
(5) SHF X, pp. 178-181.

schreibt, Philipp van Artevelde habe sich in Flandern anno 1382 noch
einer Summe von 200 000 "viés escus" erinnert, die sein Vater Jacques
van Artevelde im Jahre 1340 Edward III. für die Bezahlung der Söldner
vorgestreckt hatte - ohne dass in der Zwischenzeit eine Rückzahlung erfolgt wäre (1). Froissart kommentiert - obwohl er hier andere sprechen
lässt - die Missstände in der Geldversorgung mit unverhohlener Kritik,
und zweifellos ist diese Kritik grundsätzlich berechtigt, doch dürfen wir
nicht übersehen, dass der Chronist von der Funktion des Finanzierungsund Soldsystems im französischen Heer kaum detaillierte Kenntnisse besass. Contamine hat vor kurzem nachgewiesen, dass die Zahlungen zumindest unter Karl V. einigermassen regelmässig erfolgten, zuvor und
unter Karl VI. aber grosse Rückstände aufwiesen.

Das Uebel lag aber auch in der unzureichenden Höhe des Soldes, der oft
unter dem Existenzminimum lag (2). So berichtet Froissart etwa, wie
gering die Trauer der Franzosen 1340 über den Verlust ihrer normannischen Seeleute in der Schlacht von Sluys gewesen sei: An ihrem Tod habe
der französische König 200 000 Gulden verdient, denn ihr Sold sei vier
Monate im Rückstand gewesen (3). Auch nach der Schlacht von Poitiers
1356, als die niederen Stände den Adel heftig kritisierten, taucht deshalb
nicht zufällig der Vorwurf der zu schlechten Bezahlung der Söldner auf (4).
Ein anderes, von Froissart freilich nicht erwähntes Problem waren ausserdem die Geldabwertungen der französischen Krone, was Jean le Bel
zu heftigen Vorwürfen an die Adresse Philipps VI. veranlasste (5).

---

(1) SHF X, p. 262; SHF II, p. 256 (HS. Rom).
(2) Contamine, Etat, pp. 107-121.
(3) SHF II, p. 226 (HS. Rom). Die genuesischen Anführer der französischen Flotte, die überlebten, wurden wegen Räuberei von den Engländern gehängt. Ibid., pp. 222-223.
(4) SHF V, p. 294 (HS. Rom).
(5) Jean le Bel, II, pp. 65-66. Vgl. dazu a. Contamine, Etat, p. 114.

> Qui bien paie au jour d'uy il a les
> hommes. SHF XIII, p. 45.

<u>Die Bezahlung der Heere</u>   Das Prinzip der Bezahlung des Heeres (1)
bis auf die höchsten Stufen der Hierarchie
wurde in England etwa zur Zeit Edwards I. eingeführt, wenn auch Soldzahlungen begrenzt schon sehr viel früher vorkamen. Bis zum Hundertjährigen Krieg wurde es üblich, dass auch hohe Barone und selbst "Könige" wie Edward Balliol oder Edward, der Schwarze Prinz, Geld für ihren Kriegsdienst bezogen (2). Die Bezahlung war auf höchster Ebene geregelt durch das "indenture"-System, basierend auf Verträgen - "indentures" - zwischen dem König oder einem andern Kriegsherrn und einem Unternehmer (3). Die "indenture" regelte neben den Einsatzzielen, der Stärke der Truppe und der Musterung insbesondere die Bezahlung (4). Ferner waren die Bedingungen für die vorzeitige Quittierung des Dienstes im Vertrag festgehalten, und zuweilen wurden dem Unternehmer besondere Bonusse - "regards" - gewährt, als Kompensation für jene Zeiten, in denen kein Krieg geführt wurde. Dazu kam die Regelung der Seetransporte und des Beuteanteils der Vertragspartner sowie Bestimmungen über die Ersetzung verlorener Güter. Die vertragliche Bindung der Unternehmer und Heerführer an den König bot den Vorteil der direkten Kontrolle durch die Krone; denn die "indenture" regelte neben anderen gerade jene Aspekte kriegerischer Betätigung, die dem Krieger von den untersten sozialen Schichten des Heeres bis weit hinauf in die Führung am nächsten lagen: Sold und Beute. Als Mittel zur Disziplinierung wird deshalb den "indentures" heute grosse Bedeutung beigemessen (5).

---

(1) Zur Rekrutierung (unter anderem) in Frankreich liegt erst seit Ph. Contamines umfassender Studie "Guerre, état et société à la fin du moyen âge" (Paris 1972) eine detaillierte Darstellung vor. Der nachfolgende Ueberblick hält sich an Contamine, und für die englischen Verhältnisse hauptsächlich an Fowler, Age, pp. 93-140 und McKisack, Fourteenth Century, pp. 234-238.
(2) McKisack, Fourteenth Century, p. 234; Fowler, Age, p. 93.
(3) Vgl. Fowler, Age, pp. 92-94. Zur Form der "indentures" vgl. Perroy, Guerre, p. 37; McKisack, Fourteenth Century, pp. 235f.. Beispiele in: Rymer, Foedera III, 1, p. 114, p. 37. Allg. Lit.: Prince, A. E. The Indenture System under Edward III. Manchester 1933. - Sherborne, J. W. "Indentured retinues" and English Expeditions in France, 1369-1380. In: English Historical Revue, LXXIX (1964), pp. 718-746.
(4) In der Regel einen Viertel im voraus. Fowler, Age, p. 93.
(5) Etwa von Fowler, Age, p. 94. Edward III. verlieh auch Geldlehen,

Frankreich kannte im 14. Jahrhundert noch das feudale Heeresaufgebot, den "ban de l'ost", allerdings nur noch in Ausnahmesituationen bei besonders umfangreichen Unternehmungen (1), wenn der König persönlich das Kommando innehatte. Für die Praxis bedeutsamer war aber ein Vertragssystem, das dem englischen ähnlich war: die "lettres de retenue" (2). Sie banden einen Unternehmer mit seinen Leuten auf eine vertraglich festgelegte Zeit an den König oder dessen Vertreter. Im Vertrag waren neben den Aufgaben der Vertragsnehmer Soldtarife, Zahlungsdaten und Zahlungsmodus geregelt (3). In der Praxis wurde bei allen Arten des Aufgebotes die Dauer einer "saison" (Frühling bis Herbst) oder eines Feldzuges nie überschritten (4). Wie auch immer er rekrutiert worden war, grundsätzlich leistete der einzelne Baron, Ritter, Knappe oder Fussoldat seinen Dienst gegen Sold, wenn auch die Zahlungssysteme, wie wir wissen, oft beträchtliche Ueberschreitungen der Zahlungsfristen zur Folge hatten.

---

jährliche Pensionen oder Renten, für die das "homagium" geleistet wurde, z. B. zu Beginn des Krieges in den Niederlanden. Es stand den durch die "indenture" an den König gebundenen Unternehmern frei, ihrerseits Unterverträge abzuschliessen; teilweise tat dies der König selber.

(1) Contamine, Azincourt, pp. 21-22: "En France, jusque dans la première moitié du XV$^e$ siècle, la levée des possesseurs de fief a fourni l'essentiel des effectifs réunis pour les grandes expeditions: les armées de Crécy, de Poitiers-Maupertuis et d'Azincourt sont de ce type." Vgl. a. Contamine, Etat, pp. 38-45. Die letzten Feudalaufgebote in England datieren aus den Jahren 1327 und 1385; Fowler, Age, p. 94. Die Bedeutung des "arrière-ban", d. h. das Aufgebot nichtadeliger Wehrfähiger zwischen 18 und 60 geht - wie auch Froissart betont - immer mehr zurück, d. h. die Stellungspflicht wird durch Geld abgelöst. Für Englands Expeditionsheere in Frankreich war diese Form des Aufgebotes ohnehin nicht praktikabel; Fowler, Age, p. 94, Contamine, Etat, pp. 26-38.
(2) Details vgl. Contamine, Etat, pp. 56-57. "Retenue" bedeutet dabei nicht nur militärische Bindung; auch die Mitglieder eines "ostel" werden oft als "retenue" bezeichnet. Stehende Wendung bei Froissart: "retenir de leurs gaiges", SHF IX, p. 81.
(3) Die Form der Verträge scheint sehr uneinheitlich gewesen zu sein. Vgl. Contamine, Etat, p. 59. Grundlage für die Zahlung bildete die Musterung und nicht die im Vertrag festgelegte Zahl der Kämpfer.
(4) Contamine, Etat, p. 60. Es ist offenbar nicht klar, ob vorzeitiges Verlassen eines auf Zeit gemieteten Söldners generell bestraft wurde. Dagegen konnte der König einen Söldner "casser", d. h. vorzeitig entlassen. Vgl. Contamine, Etat, pp. 61-62; vgl. auch SHF XIV, p. 127, Kervyn, XIV, p. 168.

Insbesondere fiel für die untere Ebene der Soldhierarchie die Tatsache
ins Gewicht, dass das Geld an die "chefs de montre", die Gefolgsherren,
und nicht direkt an Empfänger ausgezahlt wurde: ein Hindernis mehr
auf dem Weg des Geldes nach unten. (1)
Es würde im Rahmen dieser Arbeit zu weit führen, die "technischen"
Probleme der Verteilung, die Soldhöhe und die Kaufkraft des Geldes näher zu erörtern. Wir haben bereits in Fussnoten auf die einschlägige,
sehr eingehende Literatur hingewiesen. Im Zusammenhang unserer Fragestellung wollen wir uns nun den Auswirkungen des Soldsystems, wie Froissart sie darstellt, zuwenden. Im Gegensatz zu den Fragen der Heeresorganisation, für die Froissarts Chroniques nur vereinzelt auswertbares Material liefern, fliesst hier die Information reichlicher.
Wie schon am Beispiel der Invasionsvorbereitungen von 1386 dargelegt,
kritisiert Froissart heftig die schlechte Zahlungsmoral des Kriegsvolkes.
Die Ursache lag oft in der ungenügenden Höhe der Tarife. Besonders
krass wirkte sich dieser Mangel jeweils dort aus, wo das Land wenig an
den Unterhalt beisteuern konnte, etwa in Kastilien. Von jenen, die 1387
mit Guillaume de Lignac, Gautier de Passac und Olivier Duguesclin in
Kastilien gewesen waren, schreibt Froissart, seien die Ehrlichen, "qui
n'avoient entendu a nul pillaige, mais singulierement vesqut de leurs
gaiges, tout povre et mal montez" nach Hause zurückgekehrt. Jene aber,
die sich durch Raub verschafften, was ihnen der König von Kastilien vorenthielt, seien dank "pillaige" und "roberie" "bien montez et bien fourni
d'or et d'argent et de grosses malles" gewesen (2).
Zweifellos übertreibt Froissart hier das Ausmass des "Reichtums" jener,
die geplündert hatten. Oft durfte der Söldner froh sein, wenn er durch
Raub die blanke Not etwas mildern und das Gespenst des Hungers für einige Zeit bannen konnte. Jene zum Beispiel, die auf demselben Zug von
1387 vorzeitig entlassen worden waren, seien angesichts ihres elenden
Zustandes gezwungen gewesen, alles und jedes, was gestohlen und geraubt
werden konnte, an sich zu nehmen: "ilz desmontoient tous ceulx que ilz
encontroient, et prendoient guerre à tous marchans et à touttes gens de

---

(1) Vgl. Contamine, Etat, pp. 118-121. Eine genauere Differenzierung
des Unternehmertums lässt sich aus den Materialien der Chroniques
nicht herausarbeiten.
(2) SHF XIV, p. 132. Hunger drohte auch im kargen und deshalb wenig beliebten Schottland, vgl. SHF II, pp. 116-119.

eglise, et à touttes manieres de gens demourans au plat pays, ou il y avoit rens à prendre". Und die Rechtfertigung für ihr Tun blieben sie nicht schuldig: "... et disoient les routiers, que la guerre les avoit gasté et apovris et le roy de Castille mal paiez de leurs gaiges. Si s'en vouloient faire payer" (1).

An Beispielen für Plünderung wegen ungenügenden Soldes fehlt es aber auch andernorts nicht. 1382 wollten aus Flandern heimkehrende Bretonen den Hennegau plündern: "... il y a bon paix et cras en Hainnau, ne nous ne trouverons homme qui nous vée nostre chemin, et là recouverons nous nos damages et nos saudées mal paiies." (2) Die Vorsichtsmassnahmen des Grafen von Foix bei jedem Durchmarsch fremder Truppen bestätigten die durchwegs schlechten Erfahrungen mit der Kaufkraft und der Zahlungsmoral der Söldner. So gab es 1387 für die Franzosen harte Auflagen: Nur gegen vertragliche Zusicherung, dass "vrayement ilz payeront ce que ilz prenderont", erlaubte er schliesslich das Betreten seiner Gebiete. Sein Heer habe darüber gewacht "comme pour tantost entrer en bataille" (3). Dies sei die einzig mögliche Haltung gegenüber Leuten gewesen, "die nicht wissen, was zahlen heisst" (4). Es ist daher verständlich, dass Froissart positive Abweichungen von der Regel besonders hervorhebt (5).

---

(1) SHF XIV, pp. 127-128. Kastilien besass einen miserablen Ruf als "Kriegsland". Vgl. a. SHF V, pp. 184ff. : 1359 sah sich der Dauphin in einer schwierigen Lage, als der Söldnerführer Brocart de Fénétrange wegen ausstehenden Soldgeldes zur Selbsthilfe griff. Er habe daher in der Champagne mehr Schaden angerichtet, "que onques li Englès ne li Navarois euissent fait", SHF V, p. 185. Nach Froissart hatte dies zur Folge, dass sie bezahlt wurden und sich hernach nach Lothringen zurückzogen, ohne bestraft zu werden.
(2) SHF XI, p. 64. In den bei Kervyn, XVIII, pp. 339ff., publizierten Dokumenten ist eine Denkschrift von 1352 an Edward III. enthalten, die sehr eindrücklich die Verwüstungen der Engländer in der Bretagne wegen mangelnder Bezahlung schildert.
(3) SHF XIII, pp. 174-175. Weiter heisst es: "... ilz ne paient chose que ilz prendent, et tout le menu peuple s'enfuit partout où qu'ilz viennent devant eulx." Vgl. a. SHF VII, p. 5: Die Engländer unter dem Schwarzen Prinzen erhalten 1367 vertraglich das Durchmarschrecht durch Navarra: "... et trouveroit le passage et les destrois ouvers, et tous vivres appareilliés parmi le royaume de Navare, voires prendant et paiant". Vgl. a. Delachenal, Histoire de Charles V, III, pp. 365ff.
(4) SHF XIII, p. 179.
(5) SHF I, pp. 158f., 448f. : 1339 in Flandern hätten die Engländer für die Verpflegung bezahlt.

<u>Die Wirkungen des Soldes</u>   Die angeführten Beispiele sind als Zeugnisse glaubwürdig; in Flandern 1386 war Froissart Augenzeuge, die zuletzt zitierten Stellen sind Wiedergabe von Berichten, die der Chronist am Hofe Gastons von Foix in Orthez aufzeichnete, an einem Ort, der seit jeher eng mit dem spanischen Nachbarn verbunden war. Wer unter diesen, von Froissart wohl grundsätzlich richtig wiedergegebenen Umständen imstande war, seine Söldner genügend und regelmässig zu bezahlen und ihnen damit wenigstens für kurze Zeit Sicherheit vor Not und Hunger zu gewährleisten, war ihrer Loyalität sicher. Froissart unterstreicht, dass das Geheimnis der Kampfkraft eines Heeres in guter Bezahlung und, wie noch näher zu zeigen sein wird, in der Aussicht auf Beute liege. Leuchtendes Beispiel ist einmal mehr Gaston von Foix, der sich "par ses dons et par ses largesces" einen guten Ruf bei den Söldnern und bei den Feinden Respekt verschafft habe, so dass niemand ihn anzugreifen wage (1). Vom Grafen von Montfort heisst es während der Kriege in der Bretagne (1341), er bezahle "si bien tous saudoiier à piet et à cheval que cescuns le servoit volentiers" (2). Dasselbe galt, schreibt der Chronist, auch für die "signeurs", die sich 1340 Edward III. angeschlossen hatten. Sie wurden nach dem Waffenstillstand von Esplechin entlassen: "De rechief, il se offrirent à lui et se representèrent pour aler partout ou il les manderoit, car il les avoit bien paiiés" (3). Den Zusammenhang zwischen Bezahlung und Loyalität drückt Cuvelier in seiner Reimchronik über das Leben Duguesclins noch deutlicher aus:

... car saudoiier qui veulent lor saudies tenir
si ne sont bien paié, ilz ne veulent servir.
Et se les fait souvent fors pillars devenir! (4)

Das Kriegsvolk ist immer wieder gezwungen, sich selber mit "pillerie" zu helfen, wo die organisierten Bemühungen um Verpflegung und Besoldung an den noch ungenügenden Institutionen scheitern müssen. Im Alltag des

---

(1) SHF XIII, p. 45.
(2) SHF II, p. 105.
(3) Ibid., p. 262 (HS. Rom). Falls Froissarts Urteil zutrifft, war dies nur mit übermässiger Verschuldung der englischen Krone zu leisten, die den Bankrott der Geldgeber Edwards III. zur Folge hatte. Vgl. Perroy, La Guerre, p. 84; Contamine, La guerre, pp. 24-26.
(4) Cuvelier, J. Chronique de Bertrand du Guesclin. Ed. E. Charrière, 2 vol, D.I. Paris 1839, Bd. II, p. 136, V. 264-266.

Krieges wird die Sorge um die lebensnotwendigen Güter zum zentralen Problem, das die Handlungen der Knechte und Ritter beherrscht. So sind es nicht politische oder patriotische Motive, die den Krieger zum Kampf anspornen, sondern zunächst seine ganz elementaren existentiellen Bedürfnisse. Dies illustriert Froissart auch in seinem Bericht von der Schlacht von Auray 1364, wo er die englischen "chevaliers et escuiers" ihren Anführer Chandos vor der Schlacht innigst bitten lässt, ja nicht kampflos abzuziehen, denn sie seien arm und wollten deshalb alles aufs Spiel setzen (1). Die Gier nach Beute hängt hier kaum mit irgend einer "Bereicherungssucht" zusammen, so sehr der Traum vom Reichtum auch jeden Knecht und Ritter beseelen mochte, sondern ist Ausdruck der Sorge um den Lebensunterhalt. Die Probleme des Soldes und der Versorgung sind zentrale Anliegen für die Führung, die über Kampfkraft und Zusammenhalt der Truppe entscheiden (2).

## 2. Leben "aus dem Land"

Es ist für Froissart eine Selbstverständlichkeit, dass die Beute im Feindesland einen wesentlichen Beitrag an die Versorgung leistet. Er beschreibt eingehend das systematische Vorgehen der englischen Heere in Frankreich, so zum Beispiel die Marschordnung auf Edwards III. erstem Feldzug in Frankreich 1339:

> ... et chevaucièrent en trois batailles moult ordonnement: li mareschal et li Alemant avoient le premiére, li rois englès le moiienne, et li duc de Braibant la tierce. Si chevauçoient ensi ardant et essillant le pays, et n'aloient non plus de trois ou quatre liewes le jour... (3).

Diese Marschordnung in den "batailles" wurde auf allen grossen Chevauchées der Engländer beibehalten (4). Die drei Haufen rückten in der Regel

---

(1) SHF VI, p. 159: "car il avoient tout aleuet et despendu: si estoient povre. Si voloient par bataille ou tout parperdre ou recouvrer."
(2) Vgl. dazu auch Sablonier, Kriegertum, p. 75. Der Einfluss der Ernährungslage auf die Kriegführung ist auch am Beispiel des Waffenstillstandes von Esplechin (25. 9. 1340) zu belegen, der wesentlich eine Folge der Verpflegungsschwierigkeiten war; vgl. Perroy, La Guerre, pp. 84-85.
(3) SHF I, p. 170.
(4) Vgl. SHF III, pp. 133-134 (Edward III. 1346); SHF IV, p. 163 (1355); SHF V, p. 66 (1356); SHF V, pp. 199-200 (1359); SHF VII, p. 192 (Lancaster 1369); SHF VII, p. 233 (Knollys 1370); SHF VIII, p. 149 (Lancaster 1373).

parallel zueinander (1) und, wie die Chroniques betonen, wohlgeordnet vor, um einen weiten Aktionsradius bei der systematischen Plünderung und Verwüstung des flachen Landes zu erreichen. Den flankierenden "batailles" der Marschälle kam beim langsamen Vorrücken (zehn bis zwanzig Kilometer pro Tag) die Aufgabe zu, möglichst breit das Land zu durchsuchen und darauf zu verwüsten. So hatte Godefroy de Harcourt 1346 als Anführer der rechten "bataille" des Königs am Abend jeweils zum Hauptharst zurückzukehren. Gelegentlich aber sei er auch zwei Tage ausgeblieben, "quant il trouvoit gras pays et assés à fourer" (2). 1372 sei es dem Heer Lancasters gelungen, "de courir le pays sis liewes de large à deus eles de leur host pour plus largement trouver vivres et pourveances, car il n'en prendoient nulles des leurs" (3).

Wenn man überhaupt Vorräte mitführte, wurden sie möglichst aufgespart, denn mehrere Tausend Ritter und Knechte, der Tross mit den Pferden, von denen die meisten "hommes d'armes" mehrere mitführten, waren nicht leicht zu ernähren. Dass Froissart nicht übertreibt, wenn er immer wieder auf Not und Hunger hinweist, zeigt der eindringliche Appell des Michel de Northburgh nach der Schlacht von Crécy 1346 an den Grafen von Derby, er solle schleunigst Lebensmittel senden:

> Et pur ceo mounseir le roy ad maundé à vous pur vitailles et à ceo à plus tost que vou poés maunder; quar, puis le temps que nous départismes de Caame (Caen), nous vivames sour le pais à graunt travaille et damage de nos gents. (4)

Froissart weist wiederholt auf das grosse Ausmass der Plünderungen durch die englischen Expeditionsheere hin: Der Languedoc zum Beispiel sei 1355 vor dem Feldzug des Schwarzen Prinzen ein reiches Land gewesen, aber die Engländer und besonders die gierigen englischen Gaskonier hätten alles mitlaufen lassen oder zerstört, was sie vorgefunden hätten: "... riens ne demoroit de bon devant ces pillars: il en portoient tout" (5).

---

(1) 1359 ritten die "batailles" offenbar hintereinander wegen des grossen Trosses zwischen der Hauptmacht und der Nachhut. Besserer Schutz. SHF V, pp. 199f.; eventuell auch 1339, vgl. SHF I, Sommaire, p. ccxxxviii.
(2) SHF III, pp. 136-137; vgl. a. SHF V, p. 211 (1359).
(3) SHF VIII, p. 151; vgl. a. SHF III,
(4) Brief vom 4.9.1346, wiedergegeben in: Kervyn, XVIII, p. 292.
(5) SHF IV, p. 165. Vgl. dazu a. das bei Fowler wiedergegebene Zitat aus der Chronik des Augenzeugen Jean de Venette vom Feldzug 1359/60, der Froissarts Wiedergabe bestätigt, Fowler, Age, p. 156. Die Chronistik neigt allerdings zu Uebertreibungen. Zu Froissarts generalisierendem Urteil und zum Ausmass und Zweck des Vorgehens vgl. Hewitt, Ex-

Die Wagenkolonne des Trosses, der jeweils der Hauptmacht folgte, diente dem Transport der Lebensmittel und der Beute; Engpässe in der Versorgung mit Lebensmitteln sollten so aufgefangen werden (1).
Die Entsendung eines grossen Heeres bedeutete immer ein Riskio, weil der jeweilige Ertrag einer zu plündernden Gegend nur unzureichend im voraus eingeplant werden konnte, aber auch,weil wetterbedingte Rückschläge häufig waren. Zudem brachte die Unkenntnis lokaler Gegebenheiten die Heerführer gelegentlich in die Abhängigkeit einheimischer Führer (2). Mit Bedacht wählte Edward III. auf allen Expeditionen bis 1359 die reichen Gegenden Nordfrankreichs aus: 1339 ging es in die Regionen von Vermandois, Laonnois und Thièrache - flaches, reiches Land mit blühenden Dörfern und Städten; 1346 in die Normandie, Picardie, Ile de France, nach Vimeu und Ponthieu, dann 1359 nach Artois und in die Picardie (Chevauchée Lancasters) sowie in die Champagne, ins Burgund und in die Ile de France (Edward III.). Der Schwarze Prinz suchte 1345 und 1355 die "cras pays" Süd- und Westfrankreichs heim, indem er von Bordeaux aus operierte (wobei nach Froissart auch der niedrige Stand der Flüsse und die trockenen Wege für die Planung von Bedeutung waren.) (3) Trotzdem scheint der Hunger ein treuer und regelmässiger Begleiter der englischen Chevauchées gewesen zu sein. Froissart wird zwar nicht müde, die unermessliche Beute zu rühmen, doch fehlt auch die Erwähnung von Entbehrungen und Hunger bei kaum einer Unternehmung. So heisst es etwa, der Schwarze Prinz habe 1356 auf seinem Feldzug aus dem Vollen schöpfen können, da die überrumpelten Bauern und Bürger des Languedoc und Zentralfrankreichs nichts vorgekehrt hätten, um ihre Habe in Si-

---

pedition, pp. 68ff., bes. 72-74.
(1) SHF V, pp. 199-200; SHF III, p. 137.
(2) SHF III, p. 136. Godefroy de Harcourt amtete als Führer des englischen Heeres von 1346, "pour tant qu'il savoit les entrées et les issues en Normendie". Harcourt war als "grans banerès de Normendie" beim französischen König in Ungnade gefallen und 1345 verbannt worden. Vgl. Vgl. SHF III, pp. 96f. Um 1346 vor Crécy den Uebergang über die Somme zu schaffen, mussten die Engländer einen ortskundigen Gefangenen freilassen, den sie als Führer einsetzten. Vgl. SHF III, pp. 159ff.
(3) SHF IV, pp. 160-161 (1355). Zur grossen wirtschaftlichen Bedeutung dieser Gebiete vgl. Hewitt, Expedition, p. 71.

cherheit zu bringen (1). Auf der schliesslich ebenfalls einträglichen Expedition von 1356 hätten die Engländer aber zeitweise grossen Hunger gelitten (2).
Von den Schwierigkeiten des Lebens aus dem Lande ist aber schon 1340 die Rede, als die Hennegauer vor den Franzosen ihr Hab und Gut rechtzeitig in Sicherheit gebracht hatten (3). Vom Hunger hören wir auf dem Zug nach Spanien 1367 (4) und bei den Franzosen in Flandern vor Bourbourg im September 1383 (5), um nur einige wenige Beispiele anzuführen. Besonders schwierig wurde die Lage der Engländer jeweils im Spätherbst oder im Winter. 1359 waren die Engländer erst im November nach Frankreich gekommen, ein nasser Spätherbst mit viel Regen erschwerte das Fouragieren in den Gegenden Champagne, Ile de France und Burgund, die seit mehreren Jahren an einer Hungersnot litten (6). Edward hatte so gut wie möglich vorgesorgt; aussergewöhnliche Mengen an Lebensmitteln wurden mitgeführt, was aber grosse Entbehrungen dennoch nicht verhindern konnte (7).
Noch schlechter erging es 1373 den Leuten Lancasters, die entgegen ihren ursprünglichen Plänen nach der Durchquerung Nordfrankreichs zwischen Calais und Reims immer weiter nach Osten abgedrängt wurden, so dass sie sich in einem Gewaltmarsch im Spätherbst bei früh hereinbrechendem Winter statt durch die Normandie in die Bretagne (8) durch das unwirtliche Zentralfrankreich nach Bordeaux durchschlagen mussten. Im

---

(1) SHF IV, p. 165 (1355). Vom Ueberraschungseffekt bei der Bevölkerung, die "ne savoient que c'estoit de guerre ne de bataille", spricht Froissart auch in seiner Darstellung der Chevauchée von 1346. Vgl. SHF III, p. 139: "Si fuioient devant les Englès de si lonch qu'il on ooient parler, et laissoient leurs maisons, leurs gragnes toutes plainnes; ne il ne avoient mies art ne manière don sauver ne dou garder."
(2) SHF V, pp. 15, 29.
(3) SHF II, pp. 199 u. 211.
(4) SHF VII, pp. 15, 27.
(5) SHF XI, p. 133. Die Beute der eroberten Stadt Bourbourg lindert anschliessend die Not.
(6) SHF V, p. 202.
(7) SHF V, pp. 202 und 212: Entgegen der allgemeinen Praxis mussten zeitweise Lebensmittel und Futter im Umkreis von "10 bis 12 Meilen" gesucht werden, was gegnerische Störaktionen erleichterte.
(8) SHF VIII, p. 137. Vgl. dazu Lavisse, Histoire de France, IV, 1, pp. 242-244. Lavisse folgt im wesentlichen der Darstellung Froissarts.

letzten Abschnitt dieser Chevauchée, berichtet Froissart, seien selbst
die Hauptleute zuweilen fünf bis sechs Tage ohne Brot gewesen. Der Tross
musste wegen des unwegsamen Geländes und der schweren Verluste an
Pferden in der Auvergne zum grössten Teil zurückgelassen werden, nicht
wenige starben an Kälte und Erschöpfung, und viele erkrankten (1).
Aehnlichen Schwierigkeiten begegnete Buckingham auf seiner Chevauchée
von 1380, obschon er mitten im Sommer ins Feld zog. Die Gründe waren
diesmal anderer Art:

> Che chemin faissant, quoique il fuissent en bon pais et cras et plentiveux de vins et de vivres, il ne trouvoient riens, car les gens avoient tout retrait en es bonnes villes et ens es fors; et avoit li rois de France abandonné as gens d'armes de son pais tout ce que il trouvoient ou plat pais. (2)

Die Bevölkerung hatte schon früh gelernt vorzusorgen; die Habe war jeweils an festen Plätzen in Sicherheit, wenn der Feind auftauchte. Unter
Karl V. hatten auch die taktischen Gegenmassnahmen gegen die sich aus
dem Lande ernährenden feindlichen Haufen Fortschritte gemacht. Lancaster wurde 1373 bis gegen Ende seines Zugs von einem Heer unter dem
Herzog von Burgund verfolgt, das die Engländer zwang, immer dicht beisammen zu bleiben, und so das Fouragieren im weiten Umkreis verhinderte, was die geschilderten verheerenden Folgen wesentlich mitverursachte (3). Unter Karl V. wurde das flache Land zwar vorsätzlich dem
Feinde preisgegeben, die Vorräte aber waren weitgehend vorher weggeschafft oder zerstört worden. Grössere Plätze waren ausserdem so gut bewacht, dass die letzten Chevauchées keine nennenswerten Eroberungen
von Garnisonsplätzen durch die Briten mehr zur Folge hatten.

Die Plünderung des flachen Landes und eroberter Plätze zum Zwecke der
Verpflegung und der Beuterei wurde aber auch von den anderen Heeren
der kriegführenden Mächte des Hundertjährigen Krieges angewandt. Die
Franzosen plünderten auf ihren Zügen gegen Guyenne oder nach Flan-

---

(1) SHF VIII, pp. 170f.
(2) SHF IX, pp. 252-253.
(3) Zum Vorgehen der Franzosen vgl. SHF VIII, pp. 155-157; 160-164;
SHF IX, p. 275 zum Feldzug Buckinghams 1380 lässt Froissart den
französischen König sagen: "Laiiés leur faire leur chemin: il se degasteront et perderont par eulx meismes, et tout sans bataille."

dern (1), und auch die Heere im Thronkonflikt der Bretagne bezogen ihre Nahrung aus dem Lande wie die Leute Montforts, die 1341 immerhin in jenem Gebiet operierten, das ihr Herr als Herzog der Bretagne für sich beanspruchte. Froissart meint, was nicht zu "heiss oder zu schwer war", sei vor ihnen nicht sicher gewesen (2).
Es ist gewiss nicht reine Rhetorik, wenn Froissart die Vorzüge Frankreichs als "doulce, courtois ... pais" rühmt, in dem grosse Heere gut leben könnten. Er liefert auch Gegenbeispiele wie die Iberische Halbinsel, die nichts als Felsen und Berge (!) aufweise, "qui ne sont pas bonnes à menjier au vert jus...". Zudem leide man unter "dur ayr, vins secs, vivre trop divers" (3) und anderen Unannehmlichkeiten wie etwa der Verschlagenheit der Bevölkerung, die nach dem Motto "Vifve le fort! vifve qui vaint" ähnlich verdorben sei wie die Italiener in der Lombardei (4). Auch Schottland sei herzlich unbeliebt gewesen beim Kriegsvolk wegen seines unwirtlichen Klimas und der Armseligkeit der Bevölkerung (5). Nun enthalten aber Froissarts Chroniques auch genügend Belege für die Schwierigkeiten, die den Heeren selbst im gelobten Frankreich begegneten. Die schnelle Bewegung auch der englischen Chevauchées, abgebrochene Belagerungen und selbst der Verzicht auf die Schlacht haben zuweilen unmittelbar oder dann zumindest teilweise ihre Ursache in der Versorgungslage (6).

---

(1) SHF IX, pp. 16-17; Kervyn, XIII, pp. 192-193 (1388), p. 265; SHF XI, pp. 126ff..
(2) SHF II, p. 291. Vgl. a. ibid., pp. 311-312. Weitere Belege zu Schottland: SHF II, pp. 336-337 (Schotten, die vor dem Schloss Salisbury Vieh wegtreiben.).
(3) Kervyn, XIII, pp. 96-97.
(4) Ibid., p. 92.
(5) SHF XI, pp. 214ff., bes. 214. 1385 waren auch die Schotten wenig begeistert über ihre Hilfstruppen, deren Sprache man nicht verstand und die ausserdem "... aront tantos rifflé et mengié tout ce qu'il i a en ce pais...".
(6) Im konkreten Einzelfall kann dies natürlich aus einer vereinzelten erzählenden Quelle kaum abschliessend nachgewiesen werden. Aus diesem Grund sind die folgenden Belege als allgemeine Hinweise zu verstehen. Vgl. etwa Froissarts Begründung für den Abbruch der Belagerung von Haimbon (Bretagne) 1341, SHF II, pp. 177f. u. 409. Zur Chevauchée vgl. das Kap. V, 2. Die Engländer hätten nach Froissart 1356 vor Poitiers nicht zuletzt wegen des grossen Mangels an Lebensmitteln gerne auf die Schlacht verzichtet, vgl. SHF V, p. 29.

Es dürfte aus den angeführten Beispielen von selbst hervorgehen, dass Froissart in Plünderung und Beuterei, solange sie im Heeresverband geordnet oder von oben befohlen und legitimiert sind, keinerlei Verstoss gegen die Normen der Chevalerie sieht. Dies gilt selbst dann, wenn unmittelbare Not - etwa bei entlassenem Kriegsvolk - der Anlass ist. Die Ernährung der Heere durch den Krieg ist für den Chronisten eine Selbstverständlichkeit; Auswüchse werden zwar kritisiert, zum Beispiel als Verschleuderung von Steuergeldern, oder dann mitleidvoll als Plage für das Landvolk registriert. Sie erscheinen aber in den Chroniques als unabwendbare, schicksalhafte Begleiterscheinung des Krieges.

*

> ... ilz sont convoiteux; aussi sont
> toutes gens d'armes. SHF XIII, p. 65.

## IV. Beute und Lösegeld

Wie wir dargelegt haben, leisteten die Beute im Feindesland und die "Requisitionen" im eigenen Gebiet, die zuweilen der Plünderung sehr nahe kamen, einen beträchtlichen Anteil an den Unterhalt der Truppe. Die Sicherung des Lebensunterhalts allein war natürlich - besonders in Anbetracht der Risiken des Hungers und der Entbehrungen - kein ausreichender Anreiz für den Krieger. Es war vielmehr die Verheissung schnell erworbenen Reichtums, die für das Kriegsvolk ein nicht zu unterschätzendes Lockmittel zur Teilnahme an Kriegszügen im "reichen" Frankreich war (1).

In Froissarts Chroniques nimmt dieser materielle Aspekt des Krieges eine zentrale Stellung ein. Hinweise auf immense Beute, "or et argent" und "chiers jeuiaulz", die gleich korbweise in die Hände tüchtiger "chevaliers" und "escuyers" fallen, sind in den Chroniques geradezu Gemeinplatz (2). Es ist aber zu bedenken, dass wohl schon Froissarts Auskunftspersonen zu Uebertreibungen neigten, die dann unter der Feder des literarisch geschulten Chronisten zum Topos wurden, wie wir es bereits im ersten Teil dieser Arbeit am Beispiel der Zahlenangaben nachzuweisen versucht haben. Im "grant avoir", das erbeutet wird, spiegelt sich jeweils die "historische" Bedeutung eines Ereignisses, die der Chronist betonen will. So bleiben Froissarts Angaben oft formelhaft; konkrete Hinweise auf das reale Ausmass oder den Wert erbeuteter Sachen lassen sich aus unserem Quellenmaterial nicht gewinnen. Dafür kommt deutlich die grosse Bedeutung der Beute als treibendes Motiv für das Kriegsvolk aller Stufen zum Ausdruck. Die Beutesucht und der Traum vom Reichtum, die vom Chronisten bei jeder Gelegenheit ausgiebig geschildert werden, haben zweifellos eine sehr reale Basis in der Wirklichkeit der Kriege,

---

(1) Kervyn, VI, p. 187: "... car chacun pensait avoir si grans bienfaits de lui (Edward III.) et tant d'avoir gagné en France que jamais ne serait pauvre...".
(2) SHF III, pp. 134, 146; SHF IV, pp. 163ff.; SHF VII, p. 46.

die Froissart beschreibt.

In der Darstellung der Chroniques sind vor allem die grossen Kriegszüge der Engländer in Frankreich, die "Chevauchées", auf Beute ausgerichtet; von politischen oder strategischen Zielen hören wir so gut wie nichts. Radikales "Schaden-Trachten", verbunden mit der Sucht nach Bereicherung, sind nach Froissarts Darstellung auf diesen Zügen der Hauptantrieb - erst in zweiter Linie kommt die "Ehrsucht", das Streben nach Ruhm, von dem später noch die Rede sein wird. Beuterei und systematische Verwüstung prägen das Kriegsbild bei Froissart in ganz entscheidendem Masse (1).

Eine für Froissart zentrale Rolle im Rahmen der Beute spielt das Geld, das in Form von Lösegeldern den Hauptanteil an der Beute bildet. Mit dem Lösegeldwesen gelangt nach Froissarts Meinung eine Besonderheit der französischen Kriegsszenerie in den Chroniques zu breiter Darstellung. Die Verträge, die mit gefangenen Einzelpersonen abgeschlossen wurden, stellen für den Chronisten eine spezifisch "französische" und damit höfisch-ritterliche Form der Freund-Feindbeziehungen dar, die einen ganz zentralen Teil der Chevalerie als Lebenshaltung ausmachen. Aus diesem Grund werden wir analog zu den Schwerpunkten, welche die Chroniques setzen, im folgenden die Fragen der Beute im engeren Sinn kurz darstellen, um anschliessend ausführlicher die Probleme des Lösegeldes zu erörtern (2).

1. Beutegier

Wir lassen zunächst einige für die Chroniques bezeichnende Textstellen folgen. - Der englische König begann in England 1359 seinen Feldzug nach Frankreich vorzubereiten:

> .... si ques partout chevalier et escuier et gens d'armes se commencièrent à pourveir grossement et chierement de chevaus et de harnas,

---

(1) Auf die Aspekte des "Schaden-Trachtens" werden wir im Kap. V, 2 zurückkommen.
(2) Zur Bedeutung der Beute im mittelalterlichen Krieg vgl. a. Sablonier, Kriegertum, pp. 83-94; Schaufelberger, Schweizer, pp. 168-183; Padrutt, Staat und Krieg, pp. 128, 173-188; Bodmer, Merowinger, pp. 68-72, 78-80. Zur Unterscheidung von Beutetypen, Beuteteilung im Kriegsrecht des Spätmittelalters vgl. bes. Keen, Laws, pp. 137-155.

cescuns (...) selonch son estat. Et se traist cescuns dou plus tost qu'il peut par devers Calais pour attendre la venue dou roy d'Engleterre, car cescuns pensoit à avoir si grans bienfais de lui, et tant d'avoir gaegnier en France, que jamais ne seroit povres..." (1).

Edward III. musste danach eine grosse Zahl von "alemant" zurückweisen, da er sie nicht bezahlen konnte. Jene, die "nie mehr arm sein wollten", taten in der Folge das möglichste, um ihre Vorsätze zu verwirklichen, so zum Beispiel 1346:

Si trouvèrent le pays gras et plentiveux de toutes coses, les gragnes plainnes de blés, les maisons plainnes de rikèces, riches bourgois, chars, charètes, et chevaus, pourciaus, brebis et moutons, et les plus biaus bues dou monde que on nourist ens ou pays. Si en prisent à leur volenté, des quelz qu'il veurent, et amenerent en l'ost le roy. Mais li varlet ne donnoient point, ne rendoient as gens le roy l'or et l'argent qu'il trouvoient; ancois le retenoient pous yaus. (2)

Die Engländer in Galizien 1382:

Ainsi fut la ville de Ribadane gaingnié à force, et y orent ceulx qui y entrerent grant pillaige, et par especial ilz trouverent plus d'or et d'argent en les maisons des Juifz que aultre part. (3)

Oft ergriff die Bevölkerung in den Städten und auf dem Lande die Flucht wie jene von Brügge nach der Schlacht von Roosebeke 1382:

"Vechi, nostre destrucion est venue. Se li Breton viennent jusques à chi et il entrent en nostre ville, nous serons tout pillié et mort, ne il n'aront de nous nulle merchi." Lors prissent bourgois et bougoises à mettre leurs milleurs jeuiaulx en sas, en huges, en coffres, et en tonniaux, et avaller en nefs et en barges, pour mettre à sauveté, et aler ent par mer en Hollande et en Zellandes, et là où aventure pour eux sauver les poroit mener. (4)

Ein beträchtlicher Teil der Beute - Vieh, Korn, Wein und andere Lebensmittel - diente der unmittelbaren Versorgung des Heeres. Daneben hoffte der Krieger natürlich, die Beutegüter, die er nicht selbst benötigte, gut verkaufen zu können. Die Engländer 1346 in Saint-Lô fanden "grant fuison de bons draps (...). Il en eussent donnet grant marciet, s'il les

---

(1) SHF V, p. 181.
(2) SHF III, p. 136. SHF XII, p. 99 (der Zweck des Krieges für Bascot von Mauléon): "Ceste bataille fist trop grant prouffit aux compaignons, car ilz estoient povres; si furent là tous enrichis de bons prisonniers et de villes et de fors que ilz prinrent en l'archevesqié de Lyon et sur la riviere de Rosne."
(3) SHF XIII, p. 155.
(4) SHF XI, pp. 59-60.

seuissent à qui vendre" (1). In Ypern, so der Chronist, seien 1382 anlässlich des französischen Feldzuges nach Flandern mehrere Beutemärkte aufgezogen worden, auf denen die Franzosen ihre geraubten Güter an die Leute von Lille, Douai, Artois und Tournai "und an alle, die kaufen wollten", zu sehr billigem Preis absetzten. Die Bretonen, von Froissart als besonders beutegierig geschildert, und einige andere hätten mehr verdienen wollen: Sie "s'acompaignoient ensamble et cargoient sur cars et sur chevaulx leurs dras bien enballés, nappes, toilles, quieutis, or, argent en plate et en vaisselle, se il le trouvoient, et puis l'envoioient en sauf lieu oultre le Lis ou par leurs varlès en France" (2).

Selten geht Froissart so ausführlich auf die Verwertung der Beute ein; das letzte Beispiel mag den Chronisten wegen des aussergewöhnlichen Umfanges der zusammengerafften Güter im dicht besiedelten Flandern zu besonderer Erwähnung veranlasst haben; zudem dürfte er sich 1382 ganz in der Nähe des flandrischen Schauplatzes aufgehalten haben. Wenn die Hinweise auf Beute und das Beutegeschäft auch meist formelhaft sind, so wird doch die zentrale Bedeutung des Plünderns und Beutemachens aus den zitierten Passagen deutlich sichtbar. Froissart unterstreicht immer wieder, wie sehr es im Interesse der Führung liegen müsse, dem Kriegsvolk Gelegenheit zum Beutemachen zu verschaffen. So wird ausführlich geschildert, wie Edward III. zwar bei der Belagerung von Calais 1346 einen grossen Markt in einer eigens dafür konstruierten Barackenstadt ("ville de bois") vor den Mauern von Calais für die tägliche Versorgung des Heeres einrichtete, die jeden Mittwoch und Samstag von den Händlern versorgt wurde. Daneben seien aber noch regelmässig zusätzliche Beutezüge bis St. Omer und Boulogne durchgeführt worden - gewiss eine willkommene Abwechslung für die Truppe während der fast ein Jahr dauernden eintönigen Belagerung (3).

Froissart lässt auch Edwards III. Sohn, den Schwarzen Prinzen, nach seinem in der Darstellung der Chroniques überaus einträglichen Zug von 1355 seinen Leuten versprechen, er werde sie im nächsten Jahr "auf ei-

---

(1) SHF III, p. 140.
(2) SHF XI, p. 35.
(3) SHF IV, p. 2.

nem anderen Weg nach Frankreich führen", wo noch mehr Profit zu holen sei. Kein Wunder, dass angesichts solcher Verheissungen laut Froissart die Treue der Gaskonier zu ihrem Herrn kaum Grenzen kannte (1).
Die Sicherung des Unterhalts und die Aussicht auf Beute waren die wohl wichtigsten Instrumente zur Disziplinierung und Erhaltung der Schlagkraft der Truppe. Unregelmässigkeiten, wie zum Beispiel unerwünschte Beutezüge "sans conseil et commandement", mögen aber als unvermeidliche Begleiterscheinungen nicht selten gewesen sein, doch schweigt sich Froissart in der Regel zu diesem Thema aus. Nur einmal hören wir ausführlich von einem solchen Vorfall, bezeichnenderweise wieder aus der Nähe der Heimat des Chronisten, als 1340 von den Engländern verpflichtete Flamen einen unerlaubten Plünderungszug in der Gegend von St. Omer unternahmen und den Ort samt der Umgebung gründlich ausraubten. Auf dem Rückweg aber wurden sie von den Franzosen aufgerieben, so dass ihre im englischen Heer zurückgebliebenen Genossen in Panik die Flucht nach Hause ergriffen, um ihre eigene, bis dahin zusammengetragene Beute zu retten. Nur ein kleiner Rest sei übrig geblieben; das anfänglich von den Engländern getrennte, selbständige flämische Heer war damit teils aufgerieben, teils nach Hause desertiert (2). Von Sanktionen gegen die Fehlbaren erfahren wir indessen aus den Chroniques nichts.
Scharfes Durchgreifen der Führung scheint in solchen Fällen selten gewesen zu sein. Nur bei Kirchenschändung erwähnt Froissart gelegentlich die Hinrichtung von Räubern, so zum Beispiel auf der Chevauchée Edwards III. von 1346, als zwanzig Knechte für die Schändung einer Abtei gehängt wurden (3). Dies bedeutet aber beileibe nicht, dass Kirchenschändungen etwa selten vorgekommen wären. Meist scheinen sie vielmehr von der Führung geduldet worden zu sein, oder dann wurden sie wenigstens nicht geahndet. Recht illustrativ ist in diesem Zusammenhang eine Beschreibung der Stadt Caen im Bericht zur englischen Che-

---

(1) SHF IV, p. 174: "Li Gascon estoient tout conforté de faire le commandement dou prince et d'aler tout partout là où il les vorroit mener."
(2) SHF II, pp. 77-79.
(3) SHF III, p. 151. Die gleiche Strafe habe in einem Fall auch der Herzog der Normandie, der spätere Johann II., 1340 verhängt: SHF II, p. 18.

vauchée von 1346:

> La ville de Kem est plainne de très grant rikèce, de draperie, et
> de toutes marcheandises, de riches bourgois, de nobles dames et de
> moult belles eglises. Et par especial il y a deux grosses abbeyes
> durement riches, seans l'une à l'un des corons de le ville, et la
> autre à l'autre; et appell'on l'une de Saint Estievene, et l'autre de
> le Trinité. (1)

Mit dieser Schilderung bereitet Froissart seinen Bericht von der Plünderung Caens durch die Engländer vor; der Blickwinkel des Kriegsvolks ist in dieser Passage treffend wiedergegeben. Man beachte die Hervorhebung der reichen Abteien, die wohl keines besonderen Kommentars bedarf.

Kirchenschändung und Beutezüge ohne Einwilligung der Führung sind nicht Taten, die das Ansehen der Chevalerie mehren. Dies mag der Grund sein für die offenkundige Zurückhaltung Froissarts bei der Darstellung oder schon bei der Berücksichtigung solcher Vorfälle in den Chroniques (2).

## 2. Beutegüter und ihre Verteilung

Weit positiver erscheint dem Chronisten dagegen der summarische Hinweis auf die gewaltigen Gewinne, die bei einigen Unternehmungen erzielt wurden. Viel Konkretes ist aber auch zu dieser Frage aus Froissarts Chroniques nicht herauszuholen. Sicher dienten zunächst die erbeuteten Viktualien und ein Teil des Viehs der unmittelbaren Verpflegung des Heeres. Was übrig blieb, wurde verkauft oder, falls der Feind daraus hätte

---

(1) SHF III, p. 140. Vgl. dazu ibid., p. 70. Denifle kommt in seinen Untersuchungen zum Problem des Kirchenraubs im 14. Jahrhundert zu folgendem Schluss: "Je ne crois pas qu'il y eût en France au XIV$^e$ siècle, une église, un monastère, un hôpital qui ne fût, sinon détruit, du moins éprouvé par la misère générale, et qui n'eût à déplorer ou la dévastation de ses biens, ou le vol de son mobilier ou l'amoindrissement de ses revenues ou la diminuition des aumônes, ou le désordre." Denifle, H. La Désolation des Eglises, Monastères et Hôpitaux en France pendant la Guerre de Cent Ans. Paris 1897-99. Bd. II, p. 592.

(2) Disziplinlosigkeiten wie Desertionen und Ueberlaufen zum Feind, die ohne Zweifel häufig vorkamen, finden kaum Beachtung in den Chroniques. Nur ganz beiläufig hören wir etwa, dass Philipp van Artevelde 1382 sechzig englische Bogenschützen unterhalten habe, die von Calais desertiert waren, um "grösseren Profit zu machen", SHF XI, p. 43.

Nutzen ziehen können, geschlachtet (1). Im Zusammenhang mit der Belagerung von Angoulême 1346 durch die Franzosen schildert Froissart ausmalend-genussvoll einen erfolgreichen Anschlag einer Gruppe von Franzosen auf die benachbarte englische Garnison von Ancenis. Mit List erbeuteteten die Angreifer im Morgengrauen die gesamte von den Engländern zusammengetriebene Viehherde, angeblich achthundert Stück Grossvieh, und trieben sie von der Wiese vor der "Stadt" weg. Die Garnison war darüber so erregt, dass sie ohne jede Ordnung dem Feind nachjagte, dabei selbst in Gefangenschaft geriet und zur Beute auch den von ihr gehaltenen Platz verlor (2).

Neben dem Vieh, das zu den beliebtesten Beutegütern gehört haben muss, hebt Froissart den Wein - eine persönliche Vorliebe des Chronisten - wiederholt besonders hervor. So hätten die Engländer 1359 in Attigny (Ardennen) mehr als Tausend Fässer Wein erbeutet und anschliessend fünf Tage Ruhe benötigt! (3) Vorübergehende Schwächungen der Kampfkraft musste auch Lancaster 1387 in Galizien wegen der schweren Weine Spaniens in Kauf nehmen; denn es kam vor, "que ilz ne s'en povoient aidier au matin" (4). Der Alkohol mochte zuweilen den harten Alltag vergessen machen; eine gewinnträchtige Beute war er nicht.

Einträglich dagegen waren die Schätze des städtischen Bürgertums aus Gold, Silber und Juwelen, kostbaren Tüchern sowie der sagenhafte Reichtum von Kirchen und Abteien, die gelegentlich mitsamt der Glocken ausgeplündert wurden (5). Besonders reiche Beute wurde nach den Schlachten, besonders nach der Niederlage der Franzosen bei Poitiers gemacht. Die siegreichen Engländer verschmähten in ihrer Euphorie über die (zweifellos) aussergewöhnlichen Schätze, die sie im Lager des fran-

---

(1) SHF XI, p. 35; SHF II, pp. 336. Vgl. auch Jean le Bel, I, p. 161, beschreibt einen Beutemarkt, auf dem Vieh zu Schleuderpreisen verkauft wird (1339). Vgl. oben, S. 137.
(2) SHF III, pp. 113-116.
(3) SHF V, pp. 213 u. 224; vgl. a. ibid., p. 184. Ein ähnliches Beispiel von 1370: SHF VII, p. 238.
(4) SHF XIII, p. 258. Uebel erging es 1340 einer Gruppe von französischen Fussoldaten, die infolge ihres Rausches vom Vorabend noch nicht marschfähig waren, als ihr Heer sich aus dem Hennegau zurückzog. Sie wurden von den verfolgenden Hennegauern kurzerhand mitsamt ihren Zelten verbrannt. Vgl. SHF II, pp. 18f.
(5) SHF II, p. 249.

zösischen Kronheeres vorfanden, sogar Harnische und Waffen (1), Dinge, die auf dem Crécy-Feldzug zehn Jahre zuvor beliebt gewesen waren (2).

Froissart hat nie die Absicht, Listen von Beutegütern aufzuführen und Mengenangaben "genau" wiederzugeben. Wie wir einleitend dargelegt haben, ist die Beute in den Augen des Chronisten Erfolgsausweis; Zahlen, die gelegentlich angeführt werden, sind mit Vorsicht zu geniessen, denn die Formeln dürften kaum mehr sein als Synonyme für "reich" und "unermesslich", Chiffren, die das Pathos der Berichte steigern und den Leser beeindrucken sollen. Dennoch, oder vielleicht gerade dadurch, hat Froissarts Erwähnung einer immensen Beute der Engländer in Poitiers ihre Wirkung auf die Nachwelt offenbar nicht verfehlt, denn in späteren Jahrhunderten ist das Schlachtfeld gelegentlich von Schatzgräbern, die den "Trésor du roi Jean" aufspüren wollten, durchsucht worden (3).

Auch wenn die Chroniques keine genau quantifizierten Hinweise enthalten, sind die Angaben Froissarts natürlich nicht einfach Leerformeln. Beute wurde in der Tat gemacht und zweifellos recht oft in beträchtlicher Menge. Was aber geschah mit dem erbeuteten Gut? Wer hatte Anspruch auf die Beute? Es gibt in den Chroniques nur einige wenige allgemeine Aeusserungen, die sich auf Fragen der Beuteteilung beziehen: "... et puis retraisent en Auberton en Tierasse et là departirent il leur pillaige et leurs butin" (4). In der Theorie waren die Prinzipien klar. Bonet schreibt dazu: "... selon droit escript tout ce que ung homme peut gaingnier sur son ennemy en juste guere; il peut retenir de bon droit". Bonet weist jedoch fast im gleichen Atemzug darauf hin, dass diese "droits" der Beuteteilung in der Praxis aber "troubles et non mie clers" seien (5). Die einen Rechtsgelehrten postulierten, die mobilen Güter gehörten demjenigen, der sie erbeutet habe, andere aber lehrten, das Beutegut sei dem "duc de bataille" zu übergeben, der sie dann nach dem "Leistungsprinzip" an seine Leute verteile (6). Ausführlich schildert Froissart in diesem Zusammenhang nur

---

(1) SHF V, p. 61.
(2) SHF III, p. 151.
(3) Audinet, Coutumes, p. LXXX.
(4) SHF I, p. 190.
(5) Bonet, Arbre, p. 139.
(6) SHF I, pp. 134f. Zur rechtstheoretischen Situation vgl. die Zusammenstellung der gängigen Doktrinen des Spätmittelalters mit den sich daraus ergebenden Problemen bei Keen, Laws, pp. 137-155.

einen einzigen Rechtsfall: Eine Gruppe von Engländern aus Calais trieb
1356 in der Gegend von St. Omer eine grosse Menge Vieh von den Feldern
weg, wurde aber auf dem Rückzug von französischen Truppen überrascht
und besiegt. Die Franzosen hätten nun aber die Beute nicht an ihre Besitzer zurückgegeben, sondern als "rechtmässig" erworbene Beute behalten.
Eine gerichtliche Klage der Besitzer - Bürger von St. Omer - habe nichts
gefruchtet, denn "par droit d'armes" sei die Beute schliesslich den Leuten
der französischen Garnison zugesprochen worden, die das Vieh bereits
"sus les camps" unter sich aufgeteilt hatten (1).
Ritter und Knechte hielten aus leicht verständlichen Gründen den Grundsatz hoch, dass ihre Beute als rechtmässig erworben betrachtet werden
sollte. Dies mag auch gegenüber den Ansprüchen der Krone gegolten haben. 1346 hätten die Engländer ihre fabelhaft reiche Beute, die sie auf
dem Lande zusammengeraubt hatten, "en l'ost le roy" gebracht. Die
Knechte aber "ne donnoient point, ne rendoient as gens le roy l'or et le
argent qu'il trouvoient;ançois le retenoient pour yaus" (2). So seien viele Güter gewonnen und der Führung verheimlicht worden (3). Vermutlich
steckt in Froissarts Bemerkungen über das Verhalten der "valets" der
Vorwurf, sie hätten sich ihrer Pflicht zur Abgabe der Schätze an die Krone entzogen. Tiefere Einsichten in die Praxis der Bestimmung von Beuteanteilen lassen sich aus den Chroniques aber nicht gewinnen (4).
Zu den organisierten Massnahmen der Engländer auf der Chevauchée von
1346 - und wohl auch bei den anderen Aktionen, bei denen die Möglichkeit
bestand - gehörte der systematische Abtransport der Beute mit Schiffen

---

(1) SHF IV, pp. 121-122. "Onques cil de Sain Omer n'en eurent nulle
restitution. Si en fisent il bien depuis question, mès on trouva par
droit d'armes qu'il n'i avoient riens; ançois estoit à chiaus que l'avoient gaegniet. Si leur couvint porter et passer ce damage au plus qu'il
peurent." Ibid., p. 122.
(2) SHF III, p. 136.
(3) Ibid., p. 140.
(4) Keen hat denn auch festgestellt, dass grundsätzlich ein Anspruch auf
einen Teil der Beute durch die Obrigkeit bestand. Der "prince" erhielt
in England in der Regel einen Drittel, in Kastilien einen Fünftel und in
Frankreich jenen Teil der Beute, der 10 000 Francs überstieg, was aber
offenbar selten gehandhabt wurde und nur Lösegelder betraf. Keen, Laws,
p. 147. Vgl. a. Contamine, Etat, pp. 197-198 und Hewitt, Organization, p. 108.

nach England während des Feldzuges (1). Vermutlich handelte es sich um die Anteile einzelner Leute aus dem englischen Heer; Froissart weist auch auf den Ankauf von Gefangenen aus der französischen Aristokratie durch den englischen König hin, die wohl ebenfalls mit der Beute nach England gesandt wurden.

Auf festeren Boden gelangen wir durch die zahlreichen Hinweise der Chroniques, die sich auf eine andere, sehr einträgliche Form der Beute beziehen: die Lösegelder zum Erkaufen der Schonung durch den Feind.

### 3. Lösegelder aus dem Land: "Pactis"

Von den mobilen Gütern gehörte zumindest ein Teil dessen, was erbeutet worden war und nicht der Verpflegung der Heere diente, dem einzelnen. Feste Plätze und Ländereien dagegen gingen der Theorie nach grundsätzlich an den König (2). In der Praxis aber gelang es den Anführern der Compagnies, die zwar meist offiziell im Namen des Königs von England, Navarra oder anderer Herren Krieg führten, zahlreiche Plätze zu halten wie ihr rechtmässiges Eigentum (3), und häufig erzielten sie aus dem Verkauf ihrer Plätze an die französische Staatsgewalt grosse Gewinne:

---

(1) SHF III, p. 147: "En ce sejour il entendirent à ordonner leurs besongnes, et envoiièrent par barges et par batiaus tout leur avoir et leur gaaing, draps, jeuiaus, vaisselemence d'or et d'argent, et toutes aultres rikèces dont il avoient grant fuison, sus la rivière, jusques à Austrehem, à deux liewes ensus de là, où leur grosse navie estoit. Et eurent avis et conseil, par grant deliberation, que leur navie à tout leur conquès et leurs prisonniers il envoieroient arrière en Engleterre." Vgl. a. SHF IV, p. 169 (1355 Chevauchée des Schwarzen Prinzen.).

(2) Keen, Laws, p. 139; Contamine, Etat, p. 272.

(3) Einer der bekanntesten war Geoffroy Tête-Noire, der die Burg Ventador (Auvergne) "comme son bon héritage" hielt, vgl. Kervyn, XIII, pp. 45-46. Vgl. a. SHF VI, p. lxxii, Anm. 1: Vor der Schlacht von Auray fordern die englischen Kapitäne, für 5 Jahre das Recht behalten zu dürfen, in der Bretagne "pactis" zu erheben, was Karl von Blois ablehnte: "...die confluctus praedicte de Aurroyo, dum ipse (Carolus de Blesiis) cum suis gentibus armorum paratus fuisset ad bellum in campo contra adversarios suos etiam ex adverso paratos contra ipsum perlocutum fuit de tractatu habendo cum ipso ex parte dictorum adversariorum suorum, dummundo ipsi haberent redemptiones a popularibus sui ducatus usque ad quinquennium, prout antea de facto habuerant."

Et vendoient li un à l'autre ces chapitainnes des garnisons, leurs
fors et leurs pourveances, et excangoient et donnoient sotes d'argent
ensamble ossi bien comme de leur hyretage; et quant il en estoient
tanet, ou que il leur sambloit qu'il ne les pooient plus tenir, il les
vendoient as François, pour avoir plus grant somme de florins. (1)

Obschon wir damit den Bereich der Beute im engeren Sinn verlassen, ist diese Art der Besitzergreifung im Zusammenhang dieses Kapitels von Bedeutung; denn von den Stützpunkten der Routiers aus wurde eine besonders einträgliche Art von kriegerischem Erwerb gehandhabt, der wir bereits bei der Laufbahn des Bascot von Mauléon begegneten: Es handelt sich um die Kontributionen, die Froissart "rançons" oder "pactis" nennt. Die Bevölkerung eines ländlichen Gebietes oder einer Stadt erkaufte sich in Form von Tributen in Geld oder Naturalien die Schonung vor Plünderung und Zerstörung (2). Die "pactis" - zur Unterscheidung vom Lösegeld der Gefangenen verwenden wir hier diesen Begriff - waren indessen nicht etwa eine Besonderheit von Routiers-Kompagnien, sie gelangten auch auf den Chevauchées der Engländer und ebenso durch die Franzosen, zum Beispiel 1382 in Flandern, ausgiebig zur Anwendung (3).

Diese Praxis der Brandschatzung ist in Froissarts Chroniques schon seit den ersten Jahren des Hundertjährigen Krieges nachweisbar. Einen der gewichtigsten Verträge schloss Edward III. 1360 mit dem Herzog von Burgund ab. Der englische König "verpflichtete" sich damit gegen "deux cens mil frans", das Herzogtum für drei Jahre zu schonen, was vermutlich mehr Erträge versprach als die mehr oder weniger geregelte Plünderung (4). Jene, die sich weigerten, auf einen Vertrag einzugehen,

---

(1) SHF V, pp. 176f. Vgl. dazu auch den "Kauf" einer befestigten Abtei durch Duguesclin (1370) von den englischen Routiers Creswell und Calverley, SHF VIII, p. vii, Anm. 1. In den Chroniques ist der Vorfall nicht erwähnt.

(2) SHF V, p. 164; SHF XII, p. 100 (hier "appatis" genannt); SHF IX, p. 254. (die Chevauchée Buckinghams vor Reims): "Avoec tout che il mandèrent à chiaulx de Rains, se il ne les racatoient de vivres, de pains et de vins. Chil de Rains doubtèrent celle manace et pestillence d'ardoir leurs biens as camps: si envoilèrent en l'oost six carées de pains et otant de vins. Parmi che, li blés et les avaines firent respitées d'ardoir."

(3) SHF XI, pp. 33f. Vgl. a. Contamine, La Guerre, p. 27.

(4) SHF V, pp. 227 u. 418. Der Vertrag findet sich bei Rymer, Foedera, III, 1, pp. 473-474: Vertrag vom 10. 3. 1360. Froissart gibt den Betrag richtig an. Weitere Beispiele: SHF IV, pp. 168-169, 171 (Der Schwarze Prinz 1355); SHF VIII, p. 155 (Lancaster in der Gegend von Laon 1373); SHF IX, p. 254 (Buckingham 1380); SHF XII, p. 233 (Knollys 1370); SHF V, pp. 118-122.

wurden durch Raub und Brand umso gründlicher geschädigt, wie die Bewohner von Verdun in der Champagne, die der Graf von Buckingham 1380 durch vollständiges Niederbrennen ihrer Stadt für ihren Ungehorsam bestrafte (1). Besonders schlau glaubten nach Froissarts Darstellung 1346 die Bewohner des Ortes Poix bei Amiens zu sein, als sie zunächst Edward III. die Bezahlung eines Lösegeldes versprachen. Nach dem Abzug des englischen Heeres aber fühlten sie sich in Sicherheit, verweigerten die Vertragserfüllung und überfielen die englischen Einzüger, die aber sofort Verstärkung aus der Nachhut des englischen Heeres herbeiriefen:

> Si les retournèrent et estourmirent durement l'ost, en escriant: "Trahi! Trahi!" Si retournèrent vers Pois cil qui les nouvelles entendirent, et trouvèrent leurs compagnons qui encores se combatoient à chiaus de le ville. Si furent cil de le ville de Pois fierement envay et priés. que tout mort et la ville arse... (2).

Oft versuchten die Betroffenen, sich durch Flucht dem Tributzwang zu entziehen. Besonders in der Umgebung von Grenzgarnisonen mag diese Fluchtbewegung zum Teil grossen Umfang angenommen haben, ihr Ausmass kann aus den Chroniques jedoch nicht genügend belegt werden, obwohl Hinweise häufig sind (3). Besonders beliebt war die Anwendung der "rançons" oder "pactis" bei den Garnisonen der freien Kompagnien. Dort bildeten die Tributzahlungen eine der Haupteinnahmequellen besonders jener Routiers, die nach den Siebzigerjahren noch im Languedoc ihre Plätze verhältnismässig lange zu halten vermochten. Aber auch die regulären königlichen Garnisonen beider Seiten in den Grenzgebieten, etwa zwischen Guyenne und dem französischen Königreich, betrachteten die "pactis" als völlig reguläre Ergänzungen zu den oft mangelhaften Soldzahlungen (4), doch liefert Froissart hierzu kaum Material.

Die "pactis"-Verträge waren in den Augen der Kriegführenden nicht blosse

---

(1) SHF XI, p. 255.
(2) SHF III, p. 154.
(3) Die tributpflichtigen Ortschaften und Abteien in der Gegend von Noyon mussten 1358/59 zur Zeit der Herrschaft der Routiers im Namen Karls von Navarra wöchentlich ihre Tribute entrichten, SHF V, p. 122. Das Land sei verlassen gewesen und niemand habe es mehr bearbeitet. In Flandern 1382 garantierten die Franzosen den sich unterwerfenden Bürgern verschiedener Städte das Leben und die Verschonung vor Brand, nicht aber die Güter "sus les camps" wie Vieh, Lebensmittel usw., SHF XI, p. 34. Zur Höhe und Art solcher Tribute vgl. a. SHF V, p. xlvii, Anm. 2; p. xliii, Anm. 2. Vgl. a. Fowler, Age, p. 169.
(4) Vgl. Keen, Laws, pp. 137-138 u. 251-253, bes. p. 252, Anm. 4. In manchen "pactis"-Verträgen wurde ausdrücklich auf die Notwendigkeit hingewiesen, den Sold zu ergänzen.

Kampfmittel zur wirtschaftlichen Schädigung des Gegners. Wie wir gleich
noch eingehender darzulegen versuchen, handelt es sich bei den Tribut-
verträgen um Rechtshandlungen im Namen eines Herrn. Das mag auch der
Grund sein, dass Froissart die Bürger von Poix in den Augen der Engländer als wortbrüchige Verräter ("Trahi! Trahi!") darstellt, die anschliessend auch wie Verräter behandelt werden. Wie ein autonomer
Seigneur handelte auch der Navarresen-Anführer Fotheringay, der 1358
in Creil-sur-Oise einen schwunghaften Handel mit Geleitbriefen aufzog,
die er an die Reisenden von Creil nach Paris, von Paris nach Compiègne
von Compiègne nach Soissons oder Laon "und selbst für die benachbarten
Gebiete" verkaufte. Dies habe ausserordentlich gut rentiert (1). Es ist in
diesem Zusammenhang aufschlussreich, dass Froissart "rançons"
im Sinne von "pactis" der Besteuerung gleichsetzt; eine Differenzierung
zwischen "rechtmässigen" Abgaben an eine Staatsmacht und Tribute an
Söldner scheint der Chronist nicht zu kennen.(2).
Die "pactis" im Frankreich des 14. Jahrhunderts sind nichts anderes als
die "Huldigungen" (holdae), von denen O. Brunner im spätmittelalterlichen
Fehdewesen Oesterreichs spricht (3). Der Angreifer tritt rechtlich vorübergehend in die Rolle des Schutzherrn, indem er dessen Funktionen
übernimmt, so wie das auf den Chevauchées der Engländer auf französischem Boden der Fall war. Das Hauptanliegen bestand jedoch nicht in der
tatsächlichen Ausübung herrschaftlicher Rechte im Sinne einer Schutzfunk-
tion über Plätze und Gebiete, sondern im Ertrag aus den "pactis"-Verträ-
gen, denn der Bewegungskrieg der Chevauchées des 14. Jahrhunderts ziel-
te nicht auf territorialen Gewinn ab, sondern auf Zerstörung und wirtschaft-

---

(1) SHF V, p. 121: "et li vallirent bien li sauf conduit, li terme que il se
tint à Cray, cent mil frans". Vgl. a. ibid., pp. 125-126: Gewisse Güter wurden sogar vom Geleit ausgeschlossen, z. B. Lanzen ("fiers de
glave"). Einen ähnlichen Fall finden wir bei Fowler, Age, p. 172: Im
gleichen Jahr sollen jene, die von Valognes nach Coutances wollten,
gleich drei Geleitbriefe von Garnisonsführern benötigt haben: einen von
den Englischen in St. Sauveur, einen von den Navarresen in Valognes
und einen von den Franzosen in Saint-Lô.
(2) SHF XI, p. 204: "Messires Bernabo avoit un usage que toute la terre de
Lombardie, dont il estoit sires, il rançonnoit trop durement, et tailloit
les hommes desouls lui deus ou trois fois l'an...".
(3) Brunner, Land und Herrschaft, pp. 86ff., bes. 88f.

liche Schädigung des Feindes im Sinne einer Machtdemonstration. Damit waren die "pactis", zumindest wenn sie im "gerechten", durch einen kriegführenden Herrn legitimierten Krieg (1) erhoben wurden, nicht einfach Akte der Erpressung, sondern legal begründete Kampfmittel. Raub und Brandschatzung - auch dies sind Synonyme aus dem deutschen Sprachbereich für "pillaige" und "pactis" - gehören im fehdemässigen Krieg eng zusammen. Damit tritt am Beispiel des Raubes oder der Brandschatzung mittels "pactis"-Verträgen ein Grundzug des englisch-französischen Krieges im 14. Jahrhundert zutage, den wir in einem späteren Kapitel noch eingehender erörtern werden (2).
Wir wollen nun zu jener Form des "Lösegeldgeschäftes" übergehen, die besonders dem einzelnen die grössten Möglichkeiten bot, zu ansehnlichen Profiten zu kommen: der Lösegeldnahme von Personen. In diesem Bereich erweisen sich Froissarts Chroniques als reichhaltige Quelle sowohl für die Form der Lösegeldnahme im Kampfgeschehen wie auch für die rechtlichen Implikationen des Lösegeldwesens.

> Nulz ne muert volentiers puis qu'il
> poet finer par aultres gages...
> SHF III, p. 88.

### 4. Menschen als Beute: Gefangenschaft und Lösegeld

Wenn wir im folgenden der menschlichen Beute einen gesonderten, längeren Abschnitt einräumen, so hat dies seinen Grund: Menschen waren das weitaus begehrteste und einträglichste Beutegut. Auch in den ärmsten Gebieten fehlten Menschen nie, die man gefangen nehmen und gegen Geld, Naturalien oder Dienstleistungen wieder freisetzen konnte, und - was weiter ins Gewicht fällt - Gefangene liessen sich unter Umständen durch die Führung wirkungsvoll für politische Zwecke einsetzen.
Der Lösegeldhandel gehört zu den alten Gepflogenheiten im mittelalter-

---

(1) Zur Theorie des "gerechten" Krieges vgl. Keen, Laws, pp. 63-81. Vgl. a. Bonet, Arbre (ed. Nys), pp. 105-107. Kriegsberechtigt sind nach Bonet Könige und Prinzen mit eigener Herrschaft, z. B. Gaston von Foix "en la terre de Bears en la quelle il est empereur."
(2) Zu den beuterechtlichen Aspekten vgl. Keen, Laws, pp. 138-139 u. 251-253. Vgl. Kap. V, 2 dieser Arbeit. - Stehende Wendung in den Chroniques für "brennend und raubend": "ardant et exillant".

lichen Krieg (1). Die Juristen betonen denn auch die Rechtmässigkeit des Lösegeldes, sofern es "en juste guerre" erhoben wird. Bonet hält fest: "entre les Chrestiens grans et petis l'on a coustume de prendre finance les ungs des aultres communement" (2). Seine Begründung findet dieser Brauch in der Doktrin, dass unter Christen die römische Usanz, Gefangene als Sklaven in dinglichen Besitz zu nehmen, aus christlicher Barmherzigkeit verboten sei (3). Christliche Barmherzigkeit, so betont Bonet aber, verpflichtet jenen, der einen Gefangenen in seiner Gewalt hat, diesen gut zu behandeln und angemessen ('raisonnablement') zu ernähren, und vor allem: ein Lösegeld zu erheben, das sein Opfer nicht ruiniert und dessen Angehörige nicht enterbt (4). Dann fährt Bonet aber fort mit der Anklage, dass diesem Grundsatz der christlichen Ethik reichlich ungenügend nachgelebt werde. Er verurteilt besonders scharf die Erpressung von Lösegeldern aus armen Landleuten, von denen nach dem Willen Gottes "Päpste, Könige und alle Herren der Welt Essen, Trinken und Kleidung erhalten" (5). Damit ist eine der Kehrseiten des Problems des Lösegeldgeschäftes (als solches darf man es im Frankreich des 14. Jahrhunderts bezeichnen) bereits genannt. Lösegelder von Personen konnten unter sozial Gleichgestellten eine durchaus "humanitäre" Funktion haben, als Besteuerung des Landvolkes aber hatten sie in der Realität vor allem den Charakter von Erpressungen.

Rechtlich gültig war nur eine "prise en fès d'armes" im Kampf. Froissart verdeutlicht dieses Problem am Beispiel des 1341 gefangenen Garnisonskapitäns von Rennes, Henri de Pennefort, der gefangen wurde und nach dem Willen des Grafen von Montfort gehängt werden sollte, "par quoy il y prenderont example". Froissart lässt Pennefort sich mit folgenden Argumenten verteidigen:

---

(1) Vgl. Bodmer, Merowinger, pp. 87-88 als frühmittelalterlicher Beleg; vgl. auch Schaufelberger, Schweizer, pp. 178-183; Padrutt, Krieg, pp. 184-188; Delbrück, Kriegskunst, III, pp. 305f.. Zur Rechtmässigkeit der privaten Beute im "gerechten Krieg" allgemein gemäss der Doktrin der Kirche vgl. O. Schilling. Das Völkerrecht nach Thomas von Aquin. Freiburg i. B. 1919 (= Das Völkerrecht, Heft 7), pp. 43ff.
(2) Bonet, Arbre (ed. Nys), p. 139. Allg.: Timbal, Régistres, pp. 306f.
(3) Bonet, Arbre (ed. Nys), pp. 138f.
(4) Ibid., p. 140.
(5) Ibid.

Mès, s'il plest à Dieu, vous arés bon advis, car ce seroit grant
cruaulté, se moy, qui sui pris en fès d'armes, moroie villainement et sans deserte, et à trop grant blamme vous seroit reprochiet. (1)
Menschen, die einerseits Beutegut, nicht aber Sklaven waren, stellten natürlich den Gefangennehmer, den "maître", vor weit grössere Probleme
als Beute in Form von Waren oder Geld. Der Gefangene musste nicht nur
ernährt sein und bei Gesundheit bleiben - das letztere konnte für die
Schlussabrechnung von grosser Bedeutung sein -, er unterlag wohl auch
schärferen Vorschriften bezüglich der "Beuteteilung", denn je nach Sozial-
status musste er "nach oben" weitergegeben werden, wobei die gesellschaftliche und politische Stellung auch weitgehend seine Behandlung als
Gefangener bestimmte.

Es soll nun versucht werden, einige Grundsätze des Lösegeldwesens, wie
es in den Chroniques in unzähligen Fällen dargestellt ist, herauszuarbeiten.
Im Vordergrund steht dabei die Frage nach dem Stellenwert des Lösegeldes
innerhalb der Beute, aber auch im Rahmen der "ritterlichen Kriegskunst"
überhaupt. Zunächst wollen wir uns dem Vorgang der Gefangennahme zuwenden, um anschliessend das Verhältnis des Gefangenen zu seinem Herrn
etwas näher zu prüfen. Schliesslich wird die gesellschaftliche und wirtschaftliche Seite der Lösegeldpraxis zu beleuchten sein.

> En bataille, quant on voit que on a du
> pieur on se rent; si est-on gardé par
> estre prisonnier car pas n'est mort
> qui est en prison. SHF XII, p. 160.

Der Gefangene und sein "maître"   Der unterlegene Kämpfer - wie

Froissart hier grundsätzlich anmerkt -
trachtet danach, sich dem Sieger zu ergeben, um wenigstens das Leben
zu retten. Der Gefangene wie sein "maître" ziehen daraus beide Nutzen,
denn der eine erhält sein Leben und der andere das Lösegeld. Diese elementare pragmatisch-kommerzielle Ueberlegung ist für die Darstellung
der Kriege des 14. Jahrhunderts bei Froissart von grosser Bedeutung.
Eine wesentliche Voraussetzung für die Herausbildung des Lösegeldrech-

---

(1) SHF II, p. 277. Vgl. dazu auch SHF II, pp. 171-173: Louis d'Espagne
will 1343 zwei Chevaliers töten. Karl von Blois widersetzt sich ent-
rüstet, denn sie waren "en fais d'armes" gefangengesetzt worden.

tes im Mittelalter bildete der immer noch weitgehend "privatrechtliche" Charakter der Bindungen des Kriegers: Ein Kämpfer, in welchem Heer auch immer er stand, war nicht in erster Linie "Franzose" oder "Engländer", "Kastilier" oder "Schotte"; er war der Gefolgsmann seines Herrn, sei es durch die vasallitische oder dann durch die Bindung mittels seines Soldvertrags. Diese personale Bindung hatte auch im 14. Jahrhundert gegenüber der staatlichen immer noch den Vorrag (1). Der Staat versuchte zwar, diese entscheidende Vorbedingung für den individuellen Lösegeldhandel zu unterbinden, denn Philipp VI. und Jean II. schlossen den Lösegeldhandel in das allgemeine Verbot der Handelsrechte mit dem Feind ein (2). Diesen Versuchen blieb der Erfolg jedoch völlig versagt, weil das Lösegeld viel zu eng mit den kommerziellen Aspekten - den lockendsten Verheissungen für den Krieger - verknüpft war. Die Ironie des Schicksals wollte es, dass König Johann II. 1356 selbst zum Objekt einer Lösegeldaffäre allergrössten Ausmasses wurde, die seine letzten Lebensjahre bestimmen sollte.

Gefangen wurden im Krieg Leute aller Schichten, von den "povres laboureurs" auf dem Lande über die "reichen Bürger" der Städte bis zur Hocharistokratie (3). Die Gefangennahme von Leuten aus der ländlichen Unterschicht und der Bürgerschaft wird in den Chroniques aber nur summarisch erwähnt und dies aus recht naheliegenden Gründen: Bürger und Bauern genossen nicht dieselbe rechtliche Stellung wie die Angehörigen der Aristokratie und waren somit im Sinne des "droit d'armes" keine gleichberechtigten Vertragspartner (4). Ausserdem waren grosse Teile der Gemeinen schon aus wirtschaftlichen Gründen keine interessanten Beuteobjekte.

Auf Chevauchées oder bei Belagerungen begnügte man sich mit der gründlichen Plünderung und Besteuerung der Zivilbevölkerung in Form von

---

(1) Vgl. Keen, Laws, pp. 158, 185.
(2) Contamine, Etat, pp. 4f.
(3) SHF II, p. 189; SHF IV, p. 164: "... et quant il tenoient un homme, un bourgois où un paysant, il le retenoient à prisonnier et le rançonnoient, ou il li faisoient meschief dou corps...". Solche Passagen sind in den Chroniques - besonders in den Berichten über die Chevauchées der Engländer - Gemeinplatz. Vgl. auch Audinet, Coutumes, pp. XCff.
(4) Vgl. Keen, Laws, p. 19.

"pactis"; oder wenn es zum Kampf kam, wird häufig berichtet, die Adeligen seien gefangengesetzt, die Gemeinen aber umgebracht worden. Auch Michel de Northburgh schreibt in seinem oben erwähnten Brief von 1346 von einem Gefecht vor der Schlacht bei Crécy, man habe dort "LX prisonniers de gentilshommes" gemacht, aber zweihundert Gemeine getötet (1).

Eine Sonderstellung unter den Gemeinen nahmen aus leicht verständlichen Gründen die "reichen Bürger" ein. Sie, die oft besser bei Kasse waren als gefangene Adelige, erfreuten sich grosser Beliebtheit als Beutegüter (2). Wer in den "Besitz" eines "bon prisonnier" kam - wobei Froissart mit "bon" vorwiegend die Zahlungskraft im Auge hat (3) -, konnte sich für einige Zeit wenigstens als gemachter Mann betrachten, vorausgesetzt, dass es ihm gelang, die Lösegeldsumme auch tatsächlich einzutreiben.

<u>Die Gefangennahme</u>  Ausführlich wird Froissart bei den Lösegeldaffären unter den "hommes d'armes". Zum Lösegeldhandel von der Gefangennahme bis zur Auslösung liegt in den Chroniques ein reichhaltiges Material vor, anhand dessen wir im folgenden die Grundzüge dieses einträglichen Beutegeschäftes bestimmen wollen.

Das berühmteste und auch spektakulärste Beispiel der Gefangennahme eines einträglichen hohen Herrn ist jenes des französischen Königs Johann II. durch Angehörige des englischen Heeres bei Poitiers 1356: Im Zeitpunkt der vollständigen Auflösung des französischen Heeres stiess nach der Darstellung Froissarts ein Ritter aus Artois namens Denis de Morbeke bis zum französischen König vor, der sich zuvor als ehrenhafter Chevalier geweigert hatte zu flüchten, und erhielt zum Zeichen der Kapitulation des Opfers dessen rechten Handschuh (4). Nun aber, schreibt Froissart, ent-

---

(1) Kervyn, XVIII, pp. 290-293.
(2) SHF III, p. 136; SHF IV, pp. 164ff.
(3) Vgl. Kervyn, XIV, p. 173: die kleinen Compagnons des Routier-Führers Mérigot Marchès äusserten vor dessen Gefangennahme: "Se par d'aventure advenoit que vous estiés prins, vous fineriés trop bien par raenchon, car vous avés grant finance, et nous n'avons riens. Se nous sommes prins, d'est sur la teste ou la hart: il n'y aura autre rémission."
(4) SHF V, p. 55: "Adonc respondi li rois de France, si com je fui depuis enfourmés, ou doubt respondre: 'Et je me rench à vous,' et li bailla son destre gant."

stand ein heftiger Tumult unter den "Engländern". Gierige Gaskonier eilten herbei, der König entschwand bald in einem Haufen streitender Krieger, die,"je l'ai pris" schreiend, versuchten, einander das Opfer zu entreissen. Die Herren von Warwick und Cobham mussten schliesslich "à force de chevaux" den Knäuel durchbrechen und den König aus den Fängen jenes beutelüsternen Haufens befreien (1). Die Angelegenheit fand ein gerichtliches Nachspiel, da nun entschieden werden musste, wer den König "rechtmässig" gefangengesetzt hatte. Die Prozedur wurde offenbar gründlich durchgeführt, denn die beiden Kontrahenten, die sich den guten Fang streitig machten, erlebten das Ende der Verhandlungen nicht mehr (2).

Auch die Gefangennahme des Captal de Buch bei Soubise 1371, dem "plus renommé chevalier de toute Gascogne", gab zu Streitereien Anlass, diesmal zwischen Spaniern und Franzosen (3). Wir dürfen annehmen, dass derartige Querelen bei der Gefangennahme hoher und zahlungskräftiger Herren häufiger vorkamen, als es die Chroniques festhalten. Der Akt der Uebergabe musste aus diesem Grund rechtlich geregelt werden. Von Johann II. heisst es in den Chroniques, er habe Denis de Morbeke zum Zeichen der Kapitulation seinen rechten Handschuh dargereicht. Morbeke beanspruchte den König deshalb nach der Schlacht "par droit d'armes et vraies ensegnes" als Gefangenen für sich (4). Da solche Beweisstücke oft nicht zur gewünschten Klärung im Zweifelsfalle führen konnten (5), war im Hinblick auf spätere Anfechtungen durch Dritte die Pflicht des "maître" zur Rettung seines Gefangenen von entscheidender Bedeutung, wie Froiss-

---

(1) SHF V, pp. 56ff.
(2) Vgl. die Dokumente bei Kervyn, V, p. 545 (notes) und Kervyn, XVIII, pp. 392ff.
(3) SHF VIII, p. 68 (ohne Erwähnung des Streites). Vgl. dazu aber S. Luce in: SHF VIII, p. xxxix, Anm. 2: "Une querelle très vive ayant surgi entre les Français et les Espagnols à l'occasion de la capture de Jean de Grailly, les frères de Montmor firent embarquer le captal de Buch et les autres prisonniers sur une galiote montée par un équipage de 80 mariniers et défendue par 20 arbalétriers et les transportèrent, dès le 23 août, en pleine mer, dans les eaux de l'île d'Oléron, dont les dits frères venaient d'être nommés gouverneurs."
(4) SHF V, pp. 68f.
(5) In anderen Fällen dienten auch das Schwert (SHF IV, p. 81; SHF IX, p. 259), Wappen der Rüstung, der Helm oder der Schwertgurt als Beweismittel. Vgl. dazu Keen, Laws, p. 166.

art in vielen Fällen deutlich macht. Der englische Söldnerführer Eustache d'Auberchicourt zum Beispiel fiel 1359 bei Nogent-sur-Seine in die Hand eines Ritters aus dem Gefolge des Bischofs von Troyes namens Henris de Kenillars: "Cils fianca le dit monsigneur Estace et eut moult de painne et de soing pour lui sauver; car li communaultés de le cité de Troie le voloient tuer..." (1). Rauher war mit Auberchicourt 1356 in der Schlacht von Poitiers verfahren worden, als eine Gruppe von "Deutschen" ihn "rettete", indem sie die Beute auf einen Karren des rückwärtigen Trosses banden, damit er ihnen nicht entkomme (2).

Häufig waren die Gefangenen verwundet und bedurften der Pflege wie Lord Berkeley, der bei Poitiers Gefangener eines französischen "Ecuyers" geworden war. Froissart rühmt die grosse "Courtoisie" des Knappen, der seinen Gefangenen zuerst zwei Wochen lang soweit wiederherstellte, bis er transportfähig war, und den Lord anschliessend auf seinen Sitz in der Picardie brachte, wo er ihn angeblich mehr als ein Jahr lang die schweren Verletzungen des Zweikampfs bei der Gefangennahme ausheilen liess. Berkeley löste sich danach mit einer grossen Summe aus, und der Knappe wurde "pour l'onneur et le prouffit (sic!)" zum Ritter befördert (3). Wie das Beispiel lehrt, bedurfte es nicht übermässiger Menschenliebe, um einen Gefangenen sorgfältig zu betreuen, wenn er verwundet war. Wir verstehen deshalb umso besser, warum Bascot von Mauléon Froissart mit Entrüstung schildert, wie sein "Vorgesetzter", der Routier-Kapitän Jean Aimeri, bei Sancerre schwer verletzt Gefangener eines nachlässigen "maître" wurde, der sein Opfer mangels Pflege verbluten liess. Dabei wäre der Mann - so etwas fehlt bei Froissart nie - zwanzigtausend Francs wert gewesen! (4)

Mit der Rettung und der Pflege eines Gefangenen erwarb man sich gewissermassen die moralische Legitimation für das Lösegeld. Die Chroniques verdeutlichen aber noch eine weitere Form der rechtlichen Absicherung eines "Beuteanspruchs" bei Gefangenen. Froissart betont in vielen

---

(1) SHF V, pp. 172f.
(2) Ibid., p. 35.
(3) Ibid., pp. 277f. Berkeley hatte dies Froissart in England selber erzählt.
(4) SHF XII, pp. 104-105. Weitere Bspp.: SHF IV, pp. 239-243; SHF V, p. 74; SHF VII, pp. 206-207; Kervyn, XIII, p. 223. Vgl. auch Jean le Bel, I, p. 116.

seiner Szenen der Gefangennahme, dass die Uebergabe zu den "vrayes ensegnes" auch mit einer Formel erfolgte: "Sire de Bercler, dist li escuiers, vous serés mon prisonnier (...) et je vous metterai à sauveté et entenderai à vous garir..." - "Voirement sui je vostre prisonnier; car vous m'avés loyaument conquis" (d. h. gemäss dem "droit d'armes"), antwortet ihm der Lord und schwört ihm, dass er, "rescous ou non rescous", sein Gefangener bleiben werde (1). Mit dem Ehreneid besiegelt der Gefangene ein Treueverhältnis, das ihn in jedem Fall verpflichtet, die Gefangenschaft bis zur vertraglichen Auflösung anzunehmen (2).

<u>Die Wahl des "maître"</u>   Wenn möglich, ergab sich die Chevalerie nicht dem ersten besten. Besonders fürchtete der Ritter eine Gefangennahme durch Gemeine, "qui point ne les cogneuissent" (3). So sanken häufig die Ueberlebenschancen, wenn Bogenschützen oder gar die "piétaille" sich eines "gentilhomme" bemächtigten. Ein Neffe des Papstes Benedikt XII. sei 1340 von "communs" in Flandern gefangen genommen und "par envie et mauvaiseté" getötet worden - dabei, meint Froissart, hätte der Mann gut und gerne vierzigtausend Gulden (!) für ein Lösegeld bezahlt (4). Dies ist allerdings die einzige ausführliche Erwähnung eines derartigen Falles, die wir finden konnten. Es galt als wenig ehrenhaft, sich einem sozial inferioren Gegner ergeben zu müssen. So

---

(1) SHF V, pp. 51f. Weitere Bspp. ibid., p. 49; SHF XII, pp. 52f.
(2) Zum Ehreneid vgl. Rymer, Foedera, III, 1, p. 385, die Argumentation der Partei des Denis de Morbeke um die Gefangennahme Johanns II.: "Savoir vous faisons, que nostre adversaire de France (...) se rendy à nostre bien amee bachiler, Denys de Morbeke, & luy donna sa foy, & fiat a lui tout cc que loial prisonnicr doit faire a son maistre en tieu cas." Ebenso ibid., p. 336, die Eidesformel Karls von Blois im Freilassungsvertrag (gegen Lösegeld) vom 10. 9. 1356 (London): "Et vour ce promis le dit Charles en bon foy & sour soun honeur de chivalerie & par serement, par lui fait as Seintes Evangeles par lui corporalment touchez, que...". Vgl. auch Keen, Laws, p. 164f.
(3) SHF III, p. 143.
(4) SHF II, pp. 190f. Schrecklich erscheint der französischen Chevalerie die Kriegführung der barbarischen Friesen, die keine Gefangenen machen. Kervyn, XV, p. 295.

lesen wir, wie nach der Schlacht von Poitiers englische Bogenschützen auf der Jagd nach flüchtenden Franzosen bis zu sechs adelige Gefangene machen konnten: noch nie habe man von einem solchen Unglück reden hören (1).

Gegen die unstandesgemässe Gefangenschaft suchte sich die Chevalerie aber schon im Kampfgeschehen abzusichern. Froissart unterstreicht, wie notwendig es sei, den richtigen "Gefangennehmer" auszusuchen. Ein besonders illustrativer Fall steht im Bericht über Edwards III. Chevauchée von 1346, als die Engländer, vor allem Bogenschützen, bei Caen ein Heer der städtischen Milizen überwältigten, das von französischen Rittern unter dem französischen Connétable angeführt wurde. Die Bogenschützen richteten unter den Flüchtenden ein Blutbad an, und die französischen Anführer hielten in dieser unangenehmen Lage verzweifelt Ausschau nach Standesgenossen; bis sich schliesslich in der Person des Thomas Holland, den einige Franzosen von "Kreuzzügen in Granada und Preussen" her kannten, ein Adeliger fand, von dem die französischen Anführer Courtoisie und ehrenvolle Behandlung erwarten durften. Holland hatte sich in der Folge über den Mangel an "bons prisonniers", die ihm freiwillig zuliefen, nicht zu beklagen (2).

Der Fall, dass der "maître" und sein Gefangener sich von früher her kannten, muss häufig gewesen sein, denn der Kreis der Hochadeligen in der militärischen Führungsschicht auf beiden Seiten war eng begrenzt (3). Aber auch weniger hochgestelltes Kriegsvolk, einfache Chevaliers und Ecuyers, dürften den Chroniques zufolge recht oft auf alte Bekannte gestossen sein, so zum Beispiel, wenn es einem Glückspilz gelang, innert kurzem gleich zweimal den gleichen Gefangenen zu machen, wie dem Engländer Barthelemy of Burgersh, der den französischen "maître des arbalétriers" Baudoin d'Annequin 1356 und 1359 gleich zweimal gefangensetzte (4).

---

(1) SHF V, p. 53: "... se rendoient li François de si lonch que il pooient choisir un Englès; et y eut là pluiseur Englès, arciers et aultres, qui avoient quatre, cinq ou six prisonniers, ne on n'oy onques de tel mescheance parler, comme il avint là sus yaus."
(2) SHF III, p. 144. Vgl. dazu auch Sandberger, Studien, pp. 155-160.
(3) Vgl. dazu Contamine, Ph. The French Nobility and the War. In: The Hundred Years War (Hg. Fowler), pp. 135-163, bes. 137-139; und M. Powicke. The English Aristocracy and the War. Ibid., pp. 122-134.
(4) SHF V, p. 211. Weitere Bspp.: SHF I, pp. 176f.; SHF XII, p. 101.

Dann aber konnten die Rollen beim zweiten Mal vertauscht sein und zwar, wie Froissart in einem Fall berichtet, recht unvermittelt. Der Chronist beschreibt, wie 1370 nach der Schlacht von Lussac, als Bretonen und Franzosen die Engländer unter Chandos besiegt und dabei den berühmten englischen Anführer getötet hatten, die "garçons" beider Seiten mit den Pferden vorzeitig die Flucht ergriffen. Sieger und Besiegte mussten zu Fuss abziehen, was einem Haufen Engländer, die nicht am Kampf teilgenommen hatten, Gelegenheit gab, dem Sieger seinen Profit wieder abzujagen. Indes, die Franzosen reagierten rasch: sie wurden die Gefangenen ihrer Gefangenen, indem sie jene formell von den Verpflichtungen des Eides befreiten (1).

Auf einen alten Bekannten, Nicolas de Louvain, den er - nach Froissart - erst wenige Monate zuvor gegen zehntausend Francs Lösegeld freigelassen hatte, stiess 1369 auch der Franzose Hue de Châtillon, "maître des arbalétriers", als er von "Engländern" bei Abbéville in einen Hinterhalt gelockt wurde. Diesmal lag es am früheren Opfer, "qui avoit grant entente dou regaegnier", das Lösegeld festzusetzen (2).

Die Tatsache, dass beide Seiten sich gegenseitig kannten, muss eine starke Wirkung auf die Kriegführung gehabt haben. Es bestand ein Band der Solidarität unter den Angehörigen der gegnerischen Heere, ein echtes Standesbewusstsein eines relativ kleinen Kreises der kriegerischen Elite (3), die ein vitales Interesse an der gegenseitigen Schonung haben musste. Dies gilt für die hohe Aristokratie, aber auch für viele "hommes d'armes" der mittleren Stufen in der sozialen Hierarchie der Heere. Vor diesem Hintergrund wird die Furcht vor unstandesgemässer Gefangenschaft bei Leuten, die ihre Gegner nicht persönlich kannten, wie Froissart in der eingangs zitierten Passage betont, verständlich. Froissart deutet die ständische Exklusivität des Lösegeldrechtes in Uebergabeszenen wie der folgenden an:

---

(1) SHF VII, pp. 205f. Ein ähnliches Beispiel in SHF II, p. 286: "... si furent esbahy et ne tinrent point de conroy, mès entendirent chacun a yaux sauver; et laissa chacun aller son prisonnier (...) ou il se rendoit prison à lui pour sauver sa vie." (Bei Jugon, Bretagne, 1341).
(2) SHF VII, pp. 193-195. Zu den Schwierigkeiten, die Châtillon mit seinem "maître" hatte: SHF VIII, p. 182.
(3) Vgl. a. Kervyn, XVIII, p. 392: Im englischen Prozess um die Gefangennahme Kg. Johanns II. trat als Zeuge der Franzose Olivier de Clisson auf, dies ein Beleg für die "Internationalität" des "droit d'armes".

... si descendi de son coursier, et vint à l'escuier et dist: "Ren toi!"
Chils qui entendi son langage, respondi: "Ies tu gentils homs?" - Et
li bastars dist: "Oil." - "Donc me rench je à toi." (1)

oder in Formulierungen wie dieser: "li uns de nostre se mettera en vostre
prison pour rançonner ensi que on rançonne un gentil homme" (2). Das Lösegeldrecht unter "gentilhoms" beruhte auf Gegenseitigkeit; "maître" und "prisonnier" erwarben "Rechte" als Partner wie das
"Recht" auf Auslösung und, wie noch zu zeigen sein wird, auf standesgemässe Gefangenenbehandlung, sowie das "Recht" auf Lösegeld andererseits. Darin liegt der Unterschied zu jenen Lösegeldern, die den Bürgern
oder dem Landvolk auferlegt wurden. Was dort nach Froissart eine reine
Form der Beuterei war, wurde unter Adeligen zu einem Akt standesgemässer Courtoisie, bei der nicht nur dem Geld, sondern auch der Ehre
eine zentrale Rolle zukam (3).

Die bisher angeführten Beispiele verdeutlichen auch einige formale Grundzüge des Lösegeldwesens: der Gefangene ergibt sich durch einen "Uebergabeakt", der, wenn er nicht den Usanzen des Lösegeldrechts entspricht,
angefochten werden kann. Die Gefangennahme erhält dadurch Vertragscharakter, das Verhältnis des "Meisters" zum Gefangenen ist demjenigen des Lehensverhältnisses insofern ähnlich, als es Rechte und Pflichten
beider Vertragspartner umschliesst (4). Wer jedoch geltend machen kann,
dass er nicht formal kapituliert hat oder dass sein "maître" ihn "sans
tiltre de nulle raison" (ohne Rechtstitel) gefangen hat, wird seine Verpflichtungen gegenüber dem "maître", wenn nötig gerichtlich, bestreiten (5). Ein Beispiel dazu werden wir im nächsten Abschnitt behandeln.

---

(1) SHF IX, p. 259.
(2) SHF III, p. 66.
(3) Vgl. z. B. SHF V, p. 125.
(4) Vgl. dazu Keen, Laws, pp. 157f. Der Instanzenweg führte von der Rechtssprechungsbefugnis der Heerführer bis zu den Gerichten der Marschälle und des Konnetabel. Vgl. dazu Contamine, Etat, pp. 198-202; Keen, Laws, pp. 23-44, bes. 27f.
(5) Zahlreiche Gerichtsakten von Anfechtungen sind erhalten. Vgl. Timbal, Régistres, pp. 306-322; Keen, Laws, pp. 165ff.

> Et prendés tous les chevaliers qui
> laiens sont et les metés en prison, ou
> faites leur jurer et fiancier prison...
> SHF IV, p. 63.

## Die Bedingungen der Gefangenschaft

Bei weitem nicht jeder Gefangene wanderte ins Gefängnis - wobei der Begriff "prison" sehr weit zu fassen ist. Nach einem grossen Treffen konnte die Anzahl der Gefangenen so gross sein, dass ihr Abtransport wie auch ihr späterer Lebensunterhalt in der Gefangenschaft für den "maître" ein nicht zu bewältigendes Problem gewesen wäre.

Liberté sur parole  In diesem Fall wurde die Gefangenschaft "sur parole" - Freilassung auf Ehrenwort - angewandt. Der Gefangene wurde sofort auf freien Fuss gesetzt, verpflichtete sich aber eidlich, innerhalb einer festgesetzten Frist die Lösegeldsumme zu bezahlen oder sich an vereinbartem Ort zur Verfügung des Gefangennehmers zu halten. Beispiele finden sich in den Chroniques auf Schritt und Tritt: "si se rendi à venir dedens XV. jours tenir son corps prison a Lourdes, rescous ou non rescous" (1), oder: "Et leur donnoient jour de rapporter la somme de florins qu'il avoient ditte et nommee (...) sour leur foy creantée, ou de revenir dedens le dit jour tenir prison... " (2). Edward III., dem Froissart die eingangs zitierten Worte in den Mund legt, soll zur Freilassung französischer Gefangener auf Ehrenwort bei Calais 1347 geäussert haben:

> ... ils (les chevaliers) sont gentil homme: je les recreai bien sus leurs fois. Et tous aultres saudoiiers, qui sont là venu pour gaegnier leur argent, faites les partir simplement. (3)

Froissart unterstreicht immer wieder, die "liberté sur parole" sei eine höfische Form ritterlicher Ehrbezeugung und vorab eine Tugend der Franzosen und Engländer, "ensi que tout gentil homme françois et englès ont tousjours fait onniement l'un à l'autre" (4). Freilassungen auf Ehrenwort waren - den Chroniques zufolge - sehr häufig. Der wichtigste Grund dafür

---

(1) SHF XII, p. 53.
(2) SHF V, p. 289.
(3) SHF IV, p. 63.
(4) SHF XI, p. 110.

war kommerzieller Art, denn der Gefangene musste in der Regel die Lösegeldsumme erst mühsam, etwa durch Anleihen, zusammenbringen, was oft viel Zeit in Anspruch nahm. So war die Freilassung des Gefangenen zur Regelung seiner Verpflichtungen in vielen Fällen unerlässlich. 1356 musste nach der Schlacht von Poitiers nur ein Teil der französischen Gefangenen nach England gehen, weil man viele schon kurz nach der Schlacht, nachdem sie vertraglich gebunden waren, freigelassen hatte; manche konnten später aus England auf den Kontinent zurückkehren zur Regelung ihrer Finanzen (1). Dieselbe Praxis scheint nach grossen und kleinen Treffen üblich gewesen zu sein. Franzosen, die im Winter 1359 von Engländern vor Paris überrumpelt und festgenommen worden waren, durften am selben Abend "dahin gehen, wo sie wollten", denn die Engländer "les recrurent legierement sus leurs fois" (2). Diese Gefangenen waren an ihren Eid gebunden, und es scheint - aus Froissarts Chroniques zu schliessen -, dass sie ihr Versprechen auch häufig einhielten (3).
Die Freilassung auf Zeit entsprach wesentlich einer praktischen Notwendigkeit; sie wurde deshalb auch dem Bedarf an Zeit für das Auftreiben der Lösegeldsumme oder für die Regelung der privaten Lebensumstände eines Gefangenen angepasst und konnte eine Dauer von wenigen Tagen bis zu mehreren Monaten umfassen (4). Ein Gefangener, für eine befristete

---

(1) Vgl. Hewitt, Expedition, pp. 153f. Vgl. auch den Lösegeldvertrag Edwards III. mit Karl von Blois, Herzog der Bretagne, vom 10. 8. 1356, Rymer, Foedera III, 1, p. 336: "nous avons aynz consideracion & regard, grantons, par cestes lettres, au dit monsieur Charles, qu'il peusse aler partout la au il voudra pourchacer sa ranceon...".
(2) SHF V, p. 234. Boucicaut, der berühmte französische Ritter, der 1355 zur Regelung seiner Auslösung für einige Monate hätte nach Frankreich zurückkehren dürfen, fand sich sogleich bei Edward III. ein, als dieser von Calais aus in Artois eingefallen war, SHF IV, pp. 143-145.
(3) Vgl. SHF II, p. 200. Vgl. auch die Freilassung des französischen Königs aus der Gefangenschaft zur Regelung seiner Lösegeldprobleme 1360, SHF VI, pp. 21-24, und seine Rückkehr in die Gefangenschaft nach der Flucht seines Sohnes, des Herzogs von Anjou, aus der Geiselhaft 1364, ibid., pp. 87-89; 92-94.
(4) Vgl. SHF II, p. 11: In diesem Bsp. sind es drei Tage - die Distanz zum Wohnort der Gefangenen war gering. Oder das Beispiel Boucicauts, dem Edward III. 8 Monate "Freiheit" gewährte, SHF IV, pp. 143-146. Froissart verwendet für die Freilassung auf Ehrenwort den Begriff "fiancier prison", vgl. SHF II, p.11. Zur Geldbeschaffung bei den alten Eidgenossen vgl. Schaufelberger, Schweizer, pp. 180-183.

Zeitspanne auf freien Fuss gesetzt, war nicht im Zustand der "Ehre" und durfte somit keinen Krieg führen. So seien vor der Schlacht von Cocherel einige Gefangene aus der Normandie "sus leur fois" von den Leuten Karls des Bösen freigelassen worden und hätten hierauf zwar die Franzosen über die Kampfkraft des Feindes informiert, aber ohne selbst an der Schlacht teilzunehmen (1). Das Kampfverbot umfasste auch Ehrenhändel wie etwa Zweikämpfe. Owain of Wales, der in Spanien seinen gefangenen Feind, den Earl of Pembroke, beleidigt hatte, lehnte es ab, gegen einen Mann Pembrokes zum Zweikampf anzutreten, weil dieser in der Macht Dritter stehe, die ihn gefangen hätten. Froissart lässt ihn ausrufen: "Vous estes prisonnier, je ne puis avoir nulle honneur de vous appeller. Vous n'i estes point à vous ançois estes à ceulx qui vous ont pris, et quant vous serés quittes de vo prison, je parlerai plus avant, car la cose ne demorra pas ensi" (2).

Weil Gefangene mitsamt ihrem Eigentum (3) vom Kriege ausgeschlossen waren, eigneten sie sich besonders für diplomatische Aufgaben. Der seit 1356 gefangene Maréchal de France, Arnoul d'Audrehem, überbrachte 1359 den Ständen in Frankreich jenen Entwurf eines Friedensvertrags, der in England zwischen Edward III. und seinem Gefangenen Johann II. ausgehandelt worden war. Die Stände lehnten ab, und Audrehem kehrte nach England zurück, "car il n'estoit pas quittes de sa foy de la prise de Poitiers" (4). Damit erscheinen Gefangene in Funktionen, die sonst von Herolden übernommen wurden: Boucicaut trug 1355 vor Amiens als Gefangener Edwards III. dem französischen König die Schlacht an und wurde als Belohnung für diesen Dienst vom englischen König ohne Lösegeld freigelassen (5). Ein gefangener Normanne wurde 1346 frei, indem er seinem

---

(1) SHF VI, p. 120: "... et les laissoient paisieulement lor mestre aler et chevauchier; pour tant qu'il ne se pooint armer...".
(2) SHF VIII, p. 49.
(3) Vgl. unten, S. 190 u. 191.
(4) SHF V, p. 179.
(5) SHF IV, p. 146. Edward III. etwa hätte von Boucicaut "zwei oder dreitausend Gulden" erzielen können. Weitere Bspp.: SHF III, pp. 38-41; SHF XIII, p. 38; Jean le Bel, II, pp. 213-214. Zum Tod Chandos bei Pont de Lussac 1370 schreibt Froissart: "... et mieuls vausist qu'il euist esté pris que mors; car, se il euist esté pris, il estoit bien si sages et si imaginatis, que il euist trouvé aucun moiien, par quoi pais euist esté entre France et Engleterre...", SHF VII, p. 207.

"Herrn", Gautier de Mauny, einen Geleitbrief durch Frankreich bei
Johann II. besorgte (1); und vor der Schlacht von Auray versuchte der
Sire de Beaumanoir, Gefangener der Anglo-Bretonen, die Heere zum
Verzicht auf das Blutvergiessen zu bewegen (2).

Die relativen Freiheiten, die unter den geschilderten Umständen einem
Gefangenen eingeräumt wurden, dürfen aber nicht darüber hinwegtäuschen, dass dieser dennoch in der Macht eines anderen, seines "maître",
stand, der an seinem Gefangenen weitgehende Rechte geltend machen konnte (3). Zudem waren Freilassungen in politischen oder diplomatischen
Missionen ausserordentlich seltene Ausnahmen, für die nur Leute gehobenen Standes und mit guten Beziehungen von Nutzen sein konnten und somit
in Frage kamen.

<u>Die Gefangenschaft</u>   Jene, die sich nicht sofort auslösen konnten und deren Freilassung zum Auftreiben der Lösegeldsumme
nicht erforderlich oder bereits erfolgt war, durften grundsätzlich - so betont zum Beispiel Bonet - im Kerker gehalten werden (4). Die Grundsätze
der Gefangenenhaltung "unter Edelleuten" sind Froissart ein zentrales
Anliegen. Programmatisch schreibt er in seinem Bericht über die Schlacht
von Poitiers:

> Celle nuit y eut grant fuison de prisons, chevaliers et escuiers, qui
> se ranchounnèrent enviers chiaux qui pris les avoient, car il les
> laissoient plus courtoisement ranchounner c'oncques gens feissent,
> ne les constreindoient autrement que leur demandoient, sour leur foy,
> de combien il poroient paiier, sans yaux grever, et les creoient legierement de cou qu'il en disoient: (...) Et disoient communement qu'il ne
> volloient mies chevalier ne escuier rançonner si entirement, qu'il ne
> se pewist bien chevir et gouvrenner del sien et servir ses seigneurs
> seloncq son estat, et aller aval le pays avancier son corps et son honneur.
> Telle n'a mies estet li coustumme ne li courtoisie dez Alemans jusquez
> à ores; je ne say coumment il en feront d'orez en avant, car il n'ont
> pité ne merchy de crestiiens gens d'armes, tant soient noble ne gentil

---

(1) SHF IV, pp. 6f.
(2) SHF VI, p. 158.
(3) Zum Rechtsstatus der Gefangenen vgl. Keen, Laws, pp. 156ff. und
Timbal, Régistres, pp. 329-331, mit Dokumenten, die ein Zessionsrecht des "maître" an Dritte belegen.
(4) Bonet, Arbre, (ed. Nys), pp. 151-153. Vgl. a. SHF VII, p. 396: Jeder
Gefangene hat Anrecht auf gute Behandlung, schreibt Froissart: "ne
oncques il ne vient bien de traittier nul prisonnier autrement que
droit d'armes ne requiert."

homme, quant il lez tiennent, mès lez mettent en chés, en gresillons, en polies et en destroites prisons, comme larrons et mourdreours, et tout pour mieux ranchonner. (1)

Es sind zwei grundlegende Unterschiede in der Gefangenenbehandlung, die Froissart bei Engländern und Franzosen - und an anderer Stelle auch bei den Schotten (2) - in Gegensatz bringt zu "Alemans" und Spaniern (3): Die Art des Gefangenhaltens und die Höhe des Lösegeldes. Wo diese sich mässigen und den Gesetzen der Courtoisie folgen, handeln jene grausam, barbarisch und erpresserisch. Die hohen Prinzipien, die Froissart hier verkündet, könnten von den Rechtsgelehrten der Zeit, etwa von Bonet, stammen:

- Der Gefangene hat Anrecht auf eine Freilassung auf Ehrenwort.
- Die Lösegelder dürfen den Gefangenen nicht ruinieren, sie sollen auch die Lebenshaltung und die Einhaltung von Treuepflichten nicht beeinträchtigen. Der Gefangene kann (zuweilen) sogar die Höhe des Lösegeldes selbst festlegen.
- "Crestiiens gens d'armes" haben zudem Anspruch auf "höfische" Gefangenschaft im Unterschied zum Gefängnis für Verbrecher.

Froissart bemüht sich denn auch konsequent, das Leben in Gefangenschaft in den rosigsten Farben höfischer Courtoisie zu malen, soweit Herr und Gefangener dem englischen, schottischen oder französischen Adel angehören. Eindringlich - und wohl auch am glaubwürdigsten - schildert der Chronist die "prison courtoise" in der friedlichen Eintracht auf Jagden und Festen zwischen dem englischen und dem französischen König, "qui s'appelloient frère" (4). Als Johann II. 1360 zur Regelung seines Lösegeldes nach Frankreich zurückkehren durfte, musste Frankreich als Sicherheit für den Gefangenen von unschätzbarem politischem und finanziellem Wert Geiseln stellen, in deren Kontingent vom Hochadel bis zu den Bürgern alle Stände vertreten waren. Edward III. so Froissart, habe sich persönlich um das Wohl der Geiseln gekümmert und dem Lord Mayor befohlen, sie "courtois" zu behandeln und "im Frieden zu halten:

---

(1) SHF V, p. 289.
(2) Kervyn, XIII, pp. 229, 241.
(3) Vgl. SHF VIII, p. 5.
(4) SHF VI, p. 26.

> Li comandemens dou roy fu tenus et bien gardés en toutes manières.
> Et aloient cil hostagier jeuer sans peril et sans rihote aval le cité de
> Londres et environ. Et li signeur aloient cachier et voler à leur volenté
> et yaus esbatre et deduire sus le pays et veoir les dames et les sign-
> eurs ensi comme il leur plaisoit; ne onques ne furent constraint, mais
> trouvèrent le roy d'Engleterre moult amiable et moult courtois. (1)

Dieses Beispiel steht für zahlreiche ähnliche Passagen der Chroniques:
Die gesamte französische Aristokratie, betont Froissart, sei in England "en courtoise prison" gehalten worden wie etwa der galante "friches
et si joli chevaliers" Raoul, Graf von Eu und Guines, dem die "dames et
damoiselles d'Engleterre" mitsamt der Königin besonders zugetan waren (2). Die Zuneigung zu einer Damoiselle ging 1379 beim jungen Grafen
von St. Pol, Waleran de Luxembourg, noch weiter: Er heiratete Mahaut,
Tochter des Thomas of Holland und der Jeanne of Kent, der früheren Ge-
mahlin des Schwarzen Prinzen und Mutter Richards II.. St. Pol hielt sich
auf dem Schloss Windsor auf "et avoit si courtoise prison que il pooit
partout aler jeuer et esbatre et voller des oisseaulx environ Windesore:
de ce estoit recreus sus sa foi" (3). An anderer Stelle hören wir von
glanzvollen Soupers der Herren für ihre Gefangenen wie etwa jenem nach
der Schlacht von Poitiers, wo in der berühmten Szene Froissarts der
Schwarze Prinz ergebenst und demütig seinem hohen Gefangenen beim
Mahle die Speisen aufträgt und sich weigert, an der Tafel eines so hohen
Herrn Platz zu nehmen. Die Demutspose des Schwarzen Prinzen, wie sie
Froissart ausgemalt hat, ist in der Literatur zum Sinnbild anglo-franzö-
sischer Courtoisie geworden (4).

Aus den übrigen, sehr zahlreichen summarischen Hinweisen in den Chroniques entsteht der Eindruck, dass die Gefangenschaft in Adelskreisen häufig durch vielseitige Erleichterungen gekennzeichnet war. Dennoch ist,
da Einzelheiten in den Chroniques fast vollständig fehlen, kaum ein Einblick in das wirkliche Leben der Gefangenen zu gewinnen. Wir müssen uns
im folgenden deshalb mit Hinweisen begnügen, von denen manche aller-

---

(1) SHF VI, p. 56.
(2) SHF IV, p. 67.
(3) SHF IX, p. 136. Enguerrand von Coucy heiratete 1365 die älteste
Tochter Edwards III..
(4) SHF V, pp. 63ff. Vgl. Audinet, Coutumes, p. XCVII; Shears, Froissart, p. 143. Auf die Quellenproblematik der Souper-Szene der Chroniques werden wir im Kapitel VI zurückkommen.

dings deutlich sind. Wenn Johann II. seine Londoner Gefangenschaft
meist im Savoy-Palast oder im Schloss Windsor zubringen konnte, oft
besucht von der englischen Königin, und wenn die adeligen Geiseln jagen
und Feste feiern konnten, so besagt dies wenig über die allgemeine
Praxis der Gefangenenbehandlung. Könige und der Hochadel sind aufgrund
ihrer sozialen Stellung als Ausnahmefälle zu betrachten, wobei selbst
für diese Kreise Hinweise auf zumindest zeitweilige Kerkerhaft in den
Chroniques nicht fehlen. Gefangene wie Karl von Blois, der schottische
König David Bruce und der Graf von Moret wurden 1347/48 im Tower
festgehalten, man habe sie jedoch gut behandelt. Karl von Blois habe sich
zum Beispiel tagsüber frei in London bewegen können, aber jeweils nur
eine Nacht ausserhalb des Tower zubringen dürfen, ausgenommen in Gesellschaft der Königin und des Königs von England (1). Froissart legt
ganz offenkundig Gewicht auf diese Erleichterungen auf Ehrenwort für
die Gefangenen. Er verschweigt aber manche Dinge, die ihm zu Beginn
der Sechzigerjahre am Hof von England nicht entgangen sein dürften.
Vom Leibarzt Karls von Blois und dessen Kammerdiener hören wir zum
Beispiel, dass ihr Herr in einer sehr harten Gefangenschaft gehalten wurde (2) und dies, obschon er ein Vetter der englischen Königin Philippa
war. Die Haftbedingungen für die französische Aristokratie in England
verschlechterten sich - wie auch Froissart anmerkt - jeweils dann, wenn
die Kriegshandlungen wieder aufgenommen wurden, so etwa 1359, als
auch König Johann mit seinem Sohn Philipp in den Tower gesperrt wurden (3). Dasselbe gilt 1369 für die immer noch in London weilenden Löse-

---

(1) SHF IV, pp. 66f. : "En ce temps fu amenés en Engleterre messires
Charles de Blois, qui s'appelloit dus de Bretagne, qui avoit esté pris
devant le Roce Deurient, ensi que chi dessus est contenu; si fur mis
en courtoise prison ens ou chastiel de Londres, avoecques le roy
David d'Escoce et le conte de Mouret. Mès il n'i eut point esté longement quant, à la prière madame la royne d'Engleterre, qui estoit sa
cousine germainne, il fu recreus sus sa foy, Et chevauçoit à sa volenté au tour de Londres; mès il ne pooit jesir que une nuit dehors, se
il n'estoit en la compagnie dou roy d'Engleterre et de la royne."
Zur Ueberführung von David Bruce in den Tower vgl. Rymer, Foedera,
III, 1, p. 109 (1.3.1347).
(2) SHF IV, p. xxix, Anm. 1.
(3) SHF V, pp. 197f. : "... et les restraindi (Edward III.) et leur tolli
moult de leurs deduis et les fist garder plus estroitement que devant."
Vgl. auch die Einkerkerung des Grafen von Tancarville, Rymer,

geldgeiseln des schon längst (1364) verstorbenen Königs (1).
Die härteste Strafe für die französischen Gefangenen aber war zweifellos die lange Dauer ihrer Haft. Als Angehörigen der gegnerischen Führungsschicht wurden ihnen astronomische Lösegeldsummen aufgezwungen, die wegen ihrer Höhe den Engländern die Möglichkeit verschafften, führende Gegner jahrelang vom Kampfgeschehen fernzuhalten. Als 1357 die Verhandlungen mit den französischen Gefangenen in England über ihre Lösegelder begannen, hatte David Bruce, König von Schottland, der 1346 bei Nevill's Cross in Gefangenschaft geraten war, bereits elf Jahre in englischer Haft verbracht. Bei Karl von Blois, Herzog der Bretagne, waren es zu diesem Zeitpunkt zehn Jahre (2). Der französische König blieb von 1356 bis 1360 am englischen Hof und kehrte, wie schon erwähnt, 1364 kurz vor seinem Tod dorthin zurück. Unter diesem Umständen erscheint die Haft Jeans le Maingre (Boucicaut), der schon anfangs 1358 ausgelöst wurde, geradezu als kurz (3). Der Graf von Dammartin, dessen Gefangennahme bei Poitiers Froissart ebenfalls festhält (4), kehrte im Februar 1361 nach Frankreich zurück (5), der Erzbischof von Sens 1362 (6). Unter den Geiseln für die Freilassung Johanns II. nennt der Vertrag von Brétigny 1360 in Artikel XIV immer noch sechzehn französische Gefangene der Schlacht von Poitiers, darunter zwölf Grafen und den Maréchal Arnoul d'Audrehem (7). Der Vertrag von Brügge 1375, der zwischen England und Frankreich einen Waffenstillstand von einem Jahr festsetzte,

---

Foedera, III, 1, p. 116: "Mandamus (...) dominum de Tankervill, qui nuper in partibus Franciae de guerra captus fuit et in custodia vestra (...) sub secura et arta custodia, in aliquo loco forti et bene murato poni et teneri facitatis..." (Reading, 10.4.1347). Ebenso Jean le Bel, II, pp. 348f. (Anhang): Brief Edwards III. vom 2.9.1347 (kurz vor dem Fall von Calais), in dem Edward die Verlegung der Gefangenen vom Tower in andere Gefängnisse verlangt.
(1) SHF VII, pp. 112-113.
(2) Hewitt, Expedition, p. 154.
(3) Ibid., pp. 157f.
(4) SHF V, p. 54.
(5) Hewitt, Expedition, p. 154.
(6) Ibid.
(7) Rymer, Foedera, III, 1, p. 515.

enthält unter anderem die Bestimmung, dass Jean de Grailly, Captal de Buch, der seit dem 23. August 1372 Gefangener der Franzosen war, gegen zwei Franzosen, die seit 1370 in englischer Gefangenschaft sassen, ausgetauscht und freigelassen werde (1).

Auch wenn unter diesen Umständen Erleichterungen in der Gefangenschaft die Regel waren, was wir dem Autor der Chroniques durchaus glauben dürfen, bedeutete die Gefangenschaft für die Betroffenen jahrelange Untätigkeit und gewaltige finanzielle Belastung. Es leuchtet ein, wenn Froissart vom grossen Unwillen der "hault barons de France" berichtet, als Geiseln nach England gehen zu müssen; sie wussten wohl, dass sie sich angesichts der unerschwinglich hohen Lösegeldsumme für den französischen König auf einen längeren Aufenthalt einzurichten hatten. (2).

Ein schwieriges Problem stellt die Gefangenenbehandlung in den Kreisen der "grossen Masse" des Kriegsvolks dar. Die Chroniques liefern zwar zahlreiche Hinweise auf Gefangennahme und Lösegeldverträge; die Haftbedingungen werden aber nie eingehend geschildert. In der Regel wurden die Gefangenen offenbar rasch zur Beschaffung des Lösegeldes auf freien Fuss gesetzt (3); anschliessend konnten sie sich innert Monaten oder eines Jahres auslösen. Dies sei beispielsweise bei zahlreichen Gefangenen nach der Schlacht von Poitiers (September 1356) der Fall gewesen, die verpflichtet wurden, bis Weihnachten 1356 ihr Lösegeld nach Bordeaux zu bringen oder die Gefangenschaft im Kerker auf sich zu nehmen (4). Auch mag die zeitweilige Einkerkerung von Gefangenen recht häufig gewesen sein, doch lassen uns die Chroniques darüber vollständig im Stich, da Froissart grundsätzlich derartige Praktiken verurteilt mit der Behauptung, sie kämen nur bei Deutschen und Spaniern vor (5).

---

(1) Rymer, Foedera, III, 2, pp. 1032-1034. Zusammengefasst in: SHF VIII, p. cxxvi.
(2) SHF VI, p. 25. Die Summe betrug 3 Mio. "Ecus d'or" oder 500 000 £. Ausbezahlt wurden im Laufe der Jahre nur etwa 215 000 £. Vgl. Perroy, E. Gras profits et rançons pendant la Guerre de Cent Ans. In: Mélanges d'Histoire du Moyen Age Louis Halphen, Paris 1951, p. 574.
(3) Vgl. SHF XII, p. 160 (Aljubarrota): schon während der Schlacht wurden offenbar rasch mündliche Verträge abgeschlossen, die auf dem Ehreneid beruhten.
(4) SHF V, p. 289; vgl. a. SHF II, pp. 10f.; SHF V, p. 234.
(5) Vgl. dazu einen Fall in SHF I, pp. 176f.

Die Bedingungen der Auslösung   Auch wenn die Gefangenschaft in der "prison courtoise" zuweilen angenehm sein mochte, bei der Festsetzung der Summe verstand man keinen Spass. In diesem Punkt widerspricht Froissart in vielen von ihm erwähnten Fällen seinen von ihm verkündeten Prinzipien. Angefangen bei den Königen und der Hocharistokratie bis hinunter zu den "Ecuyers simples" ergibt sich immer wieder das gleiche Bild: Die Lösegelder entsprechen selten dem Ideal einer höfisch mässigen Taxierung, wie sie angeblich unter Franzosen und Engländern üblich gewesen sei. Wir wollen uns auf einige wenige Beispiele beschränken. David Bruce, König von Schottland, wurde auf 500 000 "nobles d'or" eingestuft (1), und Karl von Blois in seinem Lösegeldvertrag vom 10. August 1356 (2) auf "centz mill florins des escut d'or fin", Summen, deren Geldwert natürlich Schwankungen unterworfen war, weshalb zum Beispiel im Vertrag für den Herzog der Bretagne gleich auch der Wechselkurs in Stirling und Londoner Feinsilber angegeben wurde (3). Karl von Blois musste ausserdem seine zwei Söhne als Geiseln nach London bringen, wo sie sich - ihr Vater fiel 1364 - im Jahre 1382, nach Froissart "enclos en un castiel", immer noch aufhielten (4).
Hinter solchen Verträgen stand natürlich massiver politischer Druck, und Edward III. benützte die Gelegenheit, aus seinen in langer Gefangenschaft mürbe gewordenen Gegnern möglichst viel herauszuholen. Dem bereits erwähnten Grafen von St. Pol, Waleran de Luxembourg, der immerhin in den Hofadel Londons einheiratete, erliess man grosszügigerweise die Hälfte seines Lösegeldes - laut Froissart blieben aber immer noch 60 000 Francs zu bezahlen, zu deren Beschaffung er ein Jahr Freiheit auf Ehrenwort zugestanden erhielt (5). Mit der Bindung an den englischen Hof zog sich der Graf den Unmut des französischen Königs zu, weil man ihn verdächtigte, er wolle das Château de Bohain als Unterpfand

---

(1) Audinet, Coutumes, p. CIII.
(2) Rymer, Foedera, III, 1, p. 336.
(3) Ibid.
(4) SHF X, p. 169. Im Vertrag von 1356 waren sie zur Ehe mit Kindern Edwards III. versprochen worden, vgl. Rymer, a. a. O.; sie lehnten später ab.
(5) SHF IX, p. 136. Zudem musste er noch seinen Bruder als Geisel stellen! Ibid., p. lxv, Anm. 2.

für sein Lösegeld an England verpfänden (1); die französische Krone beschlagnahmte darauf sogleich das gefährdete Objekt (2). Von hohen Einsätzen im Lösegeldgeschäft ist aber auch an anderer Stelle die Rede. Dazu ein letztes Beispiel: Nach der Schlacht von Launac 1363, in der Gaston von Foix seinen Erzrivalen, den Grafen Jean von Armagnac, gefangengesetzt hatte, wurde das Opfer mit angeblich 250 000 Francs taxiert. Erst auf eindringliche Bitten der Johanna von Kent, Gattin des Schwarzen Prinzen, habe Foix den Betrag um 50 000 Francs reduziert (3).

Froissarts Zahlen mögen ungenau sein; in der Grössenordnung decken sie sich durchaus mit der Realität. Einen Vergleich zum Beispiel ermöglicht der geradezu spekulative Handel Duguesclins mit John of Hastings, dem Grafen von Pembroke (1375). Duguesclin "kaufte" den 1372 gefangenen Grafen durch Rückgabe seiner Grafschaft Soria der kastilischen Krone ab und schloss mit Pembroke einen Heimschaffungsvertrag (11. Januar 1375) gegen ein angemessenes Lösegeld von 130 000 französischen Goldfranken. Die lukrative Transaktion aber missriet, da Pembroke schon im April 1375 starb, bevor er in der Lage gewesen war, die erste Rate von 50 000 Francs zu bezahlen (4). Froissart kannte die Einzelheiten des Vertrages nicht, gibt aber die Höhe des Lösegeldes mit 120 000 Francs sogar etwas zu tief an (5).

---

(1) SHF IX, p. 136.
(2) Froissart irrt sich hier zwar in der Höhe des Lösegeldes - es war auf 100 000 festgesetzt. Laut Rymer, zit. von G. Raynaud, SHF IX, p. lxv, Anm. 2, war er verpflichtet, die gesamte Summe zu zahlen: 50 000 Francs bei der Abreise in Calais und den Rest in zwei Raten zwischen Juli 1379 und Juni 1380. In der Tat leistete er England für seine Besitzungen in Frankreich das Homagium, weshalb sie von der französischen Krone beschlagnahmt wurden, ibid., Anm. 3.
(3) SHF XII, pp. 15-17, eine Information, die Froissart auf der Reise nach Orthez erhalten hatte. Vgl. auch L. Mirot, ibid., p. viii, Anm. 1. Der Beleg im Vertrag vom 14. 4. 1363 lautete auf 300 000 Gulden. Vgl. auch Darmesteter, Froissart, p. 47. Der Graf von Blois musste Soissons verkaufen, um nach Poitiers sein Lösegeld aufzubringen.
(4) SHF VIII, p. xcvi.
(5) SHF VIII, p. 164. Richtig gibt Froissart die Summe des "pactis"-Vertrags Edwards III. mit Burgund wieder: 200 000 "moutons d'or"; zuwenig gibt er an bei der Summe des Grafen von St. Pol: 60 000 statt 100 000 Francs (vgl. oben, S. 167).

Natürlich stösst man heute beim Versuch, die Kaufkraft dieser Summen zu ermitteln, auf erhebliche Schwierigkeiten. Da eine geldgeschichtliche Analyse nicht Gegenstand dieser Arbeit sein kann, beschränken wir uns auf ein paar Vergleiche. Nach Perroy (1) entsprachen die Summen, die Edward III. für Johann II. von Frankreich, David Bruce, den König von Schottland, und für den "pactis"-Vertrag mit Burgund erhielt, etwa dreimal dem jährlichen Budget des englischen Hofes, und dies, obschon für David Bruce nur etwa ein Viertel und für Johann II. weniger als die Hälfte der ursprünglich festgesetzten Beträge ausgezahlt wurden (2). Das Lösegeld für den Grafen von Denia (Aragon), Gefangener zweier Engländer bei Najera 1367, wurde vom Schwarzen Prinzen, der den grössten Teil der Summe beanspruchte, auf 150 000 Golddukaten angesetzt, was nach den Berechnungen Perroys etwa dem Dreifachen der jährlichen Einkünfte des Schwarzen Prinzen aus seiner englischen Apanage entsprach (3). Die Bestätigung der Höhe dieser Summen liefert aber vor allem die Tatsache, dass die wirklich hoch taxierten Gefangenen Jahre, ja ganze Abschnitte ihres Lebens in Gefangenschaft zubringen mussten, weil sie sich nicht auslösen konnten.

Die Zahlungen der Summen erfolgten, wie mehrere erhaltene Lösegeldverträge zeigen, meist in Raten, deren Frist sich über Jahre hin erstreckte. Dazu waren Bürgschaften, Anleihen, Garantien der Krone usw. notwendig (4). Diese Einzelheiten sind indessen in den Chroniques nie enthal-

---

(1) E. Perroy, Gras profits et rançons pendant la Guerre de Cent Ans: La affaire du Comte de Denia. In: Mélanges d'Histoire du Moyen Age, dédies à la mémoire de Louis Halphen. Paris 1951, pp. 573-580. Interessante Vergleiche ermöglichen die Soldtariftabellen und Lebenskostenberechnungen bei Contamine, Etat, pp. 619ff.; 641-643; Preise für die Ausrüstung, pp. 655ff.

(2) Perroy, a.a.O., p. 574:

| | Lösegeld: | | Erhaltener Betrag: |
|---|---|---|---|
| Johann II. | 3 000 000 Ecus | = £ 500 000 | £ 215 000 |
| David Bruce | 100 000 Marcs | = £ 66 666 | £ 13 333 |
| Burgund | 200 000 Moutons | = £ 40 000 | £ 40 000 |

(3) Perroy, a.a.O., p. 575, Anm. 1.
(4) Vgl. dazu Perroy, a.a.O.; ebenso die interessanten Vertragsbedingungen, die Duguesclin dem Grafen von Pembroke aufzwang: SHF VIII, pp. xcviff., sowie den Lösegeldvertrag Edwards III. mit Karl von Blois in: Rymer, Foedera, III, 1, pp. 336f.

ten, weshalb wir uns hier mit diesen Hinweisen begnügen wollen. Wenn politische und wirtschaftliche Interessen im Spiel standen, beanspruchte die Krone sowohl in England wie in Frankreich den grössten Teil des Lösegeldes (1). Die Gefangenen wurden von ihrem "maître" jeweils gegen Entschädigung in Geld oder Land und gelegentlich auch zusätzlich gegen Beförderung in den Ritterstand nach "oben" weitergegeben, wie es Froissart 1356 nach der Schlacht von Poitiers erwähnt (2).
Die grössten Lösegeldverträge mit ihren Zahlungsmodalitäten unterscheiden sich nicht von kommerziellen Abmachungen irgendwelcher Art. Der Gefangene wurde gehandelt wie ein dingliches Gut. Auch Froissart macht daraus kein Hehl, wenn er eine "Geschäftsallianz" zwischen John of Arundel, 1378 Kapitän von Cherbourg, und dem Navarresen-Routier Jean Coq zur Ergreifung Olivier Duguesclins, des Bruders des Konnetabels, erwähnt, dessen Lösegeldertrag geteilt werden sollte. Dies habe man nach der Gefangennahme Duguesclins auch eingehalten, indem das Lösegeld zu gleichen Teilen an die Vertragspartner gegangen sei (3).

---

(1) Hewitt, Expedition, pp. 154-155; Hay, Denis. The Division of the Spoils of War, pp. 94ff.; Timbal, Régistres, p. 306: "Le roi de France intervient lorsqu'un intérêt politique le pousse à s'assurer la maîtrise d'un prisonnier déterminé." Dieses Gebiet ist noch wenig erforscht, doch scheint die Quellenlage in Frankreich und England dürftig zu sein. Ausserdem ist die Frage der tatsächlich realisierten Gewinne Englands in der Literatur umstritten. Vgl. McFarlane, K. B. England and the 100 Years' War. In: Past & Present, No. 22 (Juli 1962), pp. 3-13.; Postan, M. M. The Costs of the 100 Years' War, ibid., No. 27 (April 1964), pp. 34-53. Eine Zusammenfassung der aufgeworfenen Probleme und Kontroversen in: AESC, 20e année, No. 4 (Juli/August 1965), pp. 788-791.
(2) SHF V, p. 68: "Si achata li dis princes as barons et as chevaliers et as escuiers d'Engleterre et de Gascongne le plus grant partie des contes dou royaume de France qui estoient pris, si com vous avés oy, et en paia deniers tous apparilliés." Es scheint, dass in England alle Hochadeligen und Prälaten an die Krone gingen. Vgl. den Vertrag Edwards III. mit dem Bischof von Noyon 1360, Rymer, Foedera, III, 1, p. 512 (9000 F. Lösegeld). Ein illustratives Beispiel dafür ist der "Verkauf" des Herzogs von Bourbon durch Jean de Grailly und Genossen an den englischen König; Rymer, Foedera, III, 1, p. 346: "Si avoms nous eu & achate de eux, & auxi eux nous ont vendu & transporte tout droit & toute action, qe eux, ou aucun de eux, conjunctement, ou diviseement, eussent, ou peussent, & deussent avoir, par droit d'armes, en le dit monsire Jaques de Bourbon, lour prison, e ce pour le luer & pris de vint & cinq mille escutz d'or vieux, lez quieux avoms promis de paier a eux, ou a lours certains produreours & attournez, ou a leurs hoirs & exequtours, ou au porteours d'icestes, en la cite de Bourdeaux...". Zur Frage der Anteile der Krone vgl. a. Contamine, Etat, pp. 197f.
(3) SHF IX, pp. 97-98. Duguesclins Lösegeld soll "quarante mil frans" be-

Damit bewegen wir uns bereits in den "unteren Regionen" des Lösegeldgeschäftes. Froissart nennt unter einfachen Chevaliers und Ecuyers Summen in der Grössenordnung von einigen Tausend Francs (1), Angaben, die natürlich im Einzelfall unrichtig sein können, doch dürfte die Grössenordnung der Summen etwa zutreffen, wie dies zuweilen mit verblüffender Genauigkeit bei den grossen Lösegeldaffären der Fall ist.

Freilich lassen sich dazu keine generellen Aussagen machen, ob es sich um "höfische" Lösegelder handelt oder nicht. Die Chroniques liefern uns lediglich einige indirekte Hinweise. So heisst es etwa von Eustache d'Auberchicourt, der 1372 Gefangener eines französischen Bretonen geworden war, er habe bei einer Lösegeldsumme von 12 000 Francs nur 4000 bezahlen können, sei darauf aber freigelassen worden, nachdem er seinen Sohn als Geisel gestellt hatte (2). In Schwierigkeiten müssen nach der Schlacht von Auberoche 1345 auch französische Gaskonier gewesen sein, die am Hof in Paris vergeblich versuchten, Beiträge von der Krone an ihre Lösegelder zu erhalten (3).

Von "povres gentil hommes" erfahren wir in einigen wenigen Fällen, sie hätten ihr Lösegeld auf befristeten Dienstleistungen für ihren Herrn abgeleistet:

> ... et rançonnoient ces bourgois de Tournay et d'autres villes, à selles estoffées bien et frichement, as fers de glaves, as haches et à espées, à jakes, à jupons ou à housiaus, et à tous hostieus qu'il leur besongnoit. Les chevaliers et les escuiers rançonnoient il assés courtoisement, à mise d'argent, ou à coursiers ou à roncins; ou d'un povre gentil homme, qui ne avoit de quoi riens paiier, il prendoient bien le service un quartier d'an ou deux ou trois, ensi qu'il estoient d'acord. (4)

Dies sei 1358 nach einem Gefecht bei Noyon von den Anglo-Navarresen so gehandhabt worden. Vom Sire de Retz, einem Bretonen, hören wir, er habe

---

tragen haben (p. 98). Aehnliche Geschäfte mit Lösegeld sind auch in Akten belegt, vgl. Timbal, Régistres, pp. 330f.

(1) Vgl. SHF XII, pp. 25f.; SHF IV, p. 6; es liessen sich natürlich zahllose - unüberprüfbare - Beispiele anführen. Vgl. a. Timbal, Régistres, pp. 338f. zu den Zahlungsmodalitäten.

(2) SHF VIII, pp. 6 u. 257-259.

(3) SHF III, p. 295. Froissart benützt diese Gelegenheit zu ungewöhnlich scharfer Kritik - allerdings aus dem Munde der Gaskonier - am "orgoel de France" (gemeint ist der Hof zu Paris.).

(4) SHF V, p. 125.

1367 dem Schwarzen Prinzen nach Spanien folgen müssen: Er diente "monsigneur Jehan Chandos à trente lances, en ce voiage, et à ses frès, pour le prise de le bataille d'Auroy" (1). Dies sind allerdings nur spärliche Hinweise in den Chroniques auf die Möglichkeit, ein Lösegeld mit Dienstleistungen abzugelten. Fälle dieser Art waren für die Lösegeldopfer zweifellos heikel, weil eine aktive Teilnahme am Kampf vom früheren Herrn als Verrat ausgelegt werden konnte, wie Gerichtsakten zeigen (2).

<u>Wirkungen des Lösegeldwesens</u>  Die angeführten Beispiele aus den Chroniques ergeben ein zwar realitätsbezogenes, aber zum Teil lückenhaftes Bild des Lösegeldwesens. Hinweise auf Rechtsfälle, Nichteinhalten des Ehreneids (3) oder auch auf Einzelheiten des Lebens in der Gefangenschaft fehlen fast vollständig. Es kann aufgrund der Besonderheiten unserer Quelle nicht die Absicht sein, ein derart komplexes Gebiet wie das Lösegeldrecht kasuistisch nachzuzeichnen. Im Zusammenhang unserer Fragestellung ist ein anderes Resultat von Bedeutung: Froissart beschreibt den Lösegeldhandel als einen festen und zentralen Bestandteil ritterlicher Courtoisie, soweit es zwischen "hommes d'armes" gehandhabt wird. "Rançon" und "prison courtoise" sind Schlüsselwörter für den Chronisten; sie kennzeichnen für ihn die Beziehungen zwischen Franzosen und Engländern. Wie die Vergleiche mit Lösegeldverträgen innerhalb der Hocharistokratie verdeutlichen, sind Froissarts pauschale Feststellungen - insbesondere zur "rançon courtoise" - nicht allzu wörtlich zu nehmen.

Das Lösegeldwesen wurde indes nicht nur von den Chronisten, sondern auch in den Verträgen als Ehrenhandel betrachtet, was aus den dort enthaltenen Eidesformeln hervorgeht. Ausserdem treten aber auch deutlich die wirtschaftlichen und politischen Seiten des Lösegeldhandels zutage:

---

(1) SHF VII, p. 7. Ein weiteres Bsp. in SHF V, pp. 9-11. Vgl. Timbal, Régistres, p. 338, Anm. 147 mit Hinweisen auf mehrere Dokumente aus Maine, die den Dienst als "valets" zur Abgeltung des Lösegeldes belegen.
(2) Vgl. dazu Keen, Laws, pp. 161f.
(3) Vgl. Timbal, Régistres, pp. 322-329: Flucht des Simon Burley aus der Gefangenschaft (Akten von 1371).

Lösegelder waren der attraktivste Teil der Beute; zumindest in der Theorie liessen sich damit Vermögen verdienen, vorausgesetzt, der "maître" kam wirklich in den Besitz der Summe; dabei war aber das Risiko, selber gefangen zu werden, beträchtlich. Dem Lösegeldwesen haftet damit ein Hauch von Abenteuer und Glücksspiel an. Genussvoll und ausführlich beschreibt Froissart, wie ein englischer Ritter, der in der Schlacht von La Rochelle Gefangener der Franco-Kastilier geworden war, es verstand, die feuchtfröhliche Hochstimmung des Abends auszunützen, um für dreihundert Ecus freizukommen; an Land verbreitete er dann die Nachricht vom gloriosen Sieg seiner Gegner (1). Solche "Taten" erfreuen den Chronisten kaum weniger als eine schöne Waffentat.

Wie wirkte sich aber das Lösegeldwesen mit seiner Verpflichtung zur Rettung der Gefangenen aus dem Schlachtgeschehen aus? Wer Gefangene in den rückwärtigen Tross führte, sie pflegte, über die Rechtmässigkeit einer "prise" verhandelte oder bereits während eines Kampfes um die zu bezahlende Summe feilschte, war zumindest zeitweise nicht am Kampf beteiligt. "Derartige humane Empfindungen sind für den wahrhaft kriegerischen Geist höchst gefährlich", meint dazu Delbrück (2), und es scheint, nach einigen weiteren Hinweisen in den Chroniques zu schliessen, dass auch Froissart im Zusammenhang mit der Lösegeldpraxis gewisse Führungsprobleme nicht entgangen sind. So rühmt er das grosse Vorbild an Rittertugend, John Chandos, der in der Schlacht von Poitiers "loyaument" beim Schwarzen Prinzen blieb, weil er an diesem Tage "niemals die Absicht hatte, Gefangene zu machen" (3). Chandos wird auch in der Schlacht von Najera die gleiche tugendhafte Standfestigkeit gegenüber den Verlockungen fetter Lösegelder attestiert (4). Diese Hinweise finden sich zwar fast zwischen den Zeilen, sie sind aber deutlich:

---

(1) SHF VIII, p. 43.
(2) Delbrück, Kriegskunst, Bd. III, p. 305. Vgl. auch p. 306 mit Hinweisen auf die Lösegeldpraxis im 12. und 13. Jahrhundert.
(3) SHF V, p. 47.
(4) SHF VII, p. 43: "Et par especial, messires Jehan Chandos y fu très bons chevaliers (...). Et n'entendi ce jour onquès à prendre prisonnier de sa main, fors au combatre et toutdis aler avant."
Zum Problem vgl. auch Erben, Kriegsgeschichte, pp. 102-103.

... mès ce fu d'autres gens que de monsigneur Jame d'Audelée, ne des quatre escuiers qui dalés lui estoient; car onques li dis chevaliers ne prist prisonnier le journée, ne n'entendi au prendre, mès toujours au combatre et à aler avant sus ses ennemis. (1)

Auf diese Weise lobt Froissart James Audley, einen der grossen Helden seiner Darstellung der Schlacht von Poitiers, für seine Loyalität und Widerstandskraft. Bei Crécy ist von einem Befehl Edwards III. die Rede, dass bei Todesstrafe "nuls ne se meuvist ne desroutast de son renck pour cose qu'il veist, ne alast au gaaing, ne despouillast mort ne vif, sans son (des Königs) congiet, coumment que li besoingne tournaist; car, se li fortune estoit pour yaux, chacuns veuroit assés à tamps et à point au gaaing; et, se li fortune estoit contre yaux, il n'avoient que faire de gaegnier" (2). Froissarts Hervorhebung dieses Befehls in den Chroniques erfolgt zweifellos nicht zufällig. Beute und Lösegeld haben ihren Platz als der Preis des Siegers, wie der letzte Satz es ausdrückt, während der Schlacht aber soll man kämpfen. Im Bericht über die Schlacht von Otterburn verkündet Froissart: "en combatant et faisant armes l'un sur l'autre, il n'y a point de jeu ne d'espargne" (3).

Dies war das Ideal - die Wirklichkeit allerdings dürfte davon erheblich abgewichen sein, denn sonst wären die mit handfesten Drohungen untermauerten Befehle der englischen Führung bei Crécy kaum nötig gewesen. Bascot von Mauléon erzählt Froissart in Orthez, wie in einem Gefecht bei Sancerre seine Feinde erkennen liessen, "que (...) ilz nous auroient plus cher à prendre vifz que mors" (4). Diese Passage bezieht sich zwar nicht auf eine der grossen Schlachten, sondern nur auf ein Gefecht zwischen Franzosen und Routiers (1364), doch zeigen die zahlreichen Gefangenen, die - vor allem bei Poitiers - schon während der Schlacht ihren "maître" fanden (5), dass man unter den "hommes d'armes" auch dort

---

(1) SHF V, p. 37.
(2) SHF III, p. 406.
(3) Kervyn, XIII, p. 220.
(4) SHF XII, p. 105.
(5) SHF V, pp. 32-58. Vgl. a. SHF XII, p. 160 (Aljubarrota): Schon nach dem Treffen der Vorhut waren eine stattliche Anzahl Spanier in Gefangenschaft geraten. Ein aufschlussreiches Beispiel ist die Gefangennahme des Grafen von Dammartin in der Schlacht bei Poitiers, der drei "maîtres" den Ehreneid schwören musste, Timbal, Régistres, p. 307, Anm. 75.

einen solventen Gegner durchaus lebend zu schätzen wusste und sich dementsprechend verhielt.

<u>Grenzen des Lösegeldwesens</u>   Die ausserordentlichen hohen Summen, die von Angehörigen der Aristokratie, insbesondere von Inhabern eigener Herrschaften wie etwa David Bruce oder Karl von Blois verlangt wurden, deuten bereits die Grenzen des Lösegeldanspruchs an: Der Lösegeldvertrag wird zur politischen Waffe; erst sehr spät, nach jahrelanger Haft, legt der "maître" Beträge fest, die kaum aufzubringen sind und die damit den Gegnern die persönliche Fortsetzung des Kampfes verunmöglichen. Ein weiteres aufschlussreiches Beispiel dafür ist die Gefangenschaft des Captal de Buch, der 1372 bei Soubise (1) Gefangener eines französischen Knappen namens Pierre de Auvillier geworden war. Die Krone nahm den berühmten und gefürchteten Feldherrn aus der Gascogne in der "Tour du Temple" zu Paris in sicheren Gewahrsam, und der pragmatisch handelnde Karl V. dachte in der Folge nicht im entferntesten daran, dem Captal einen Lösegeldvertrag zu gewähren. Karl V. habe gewusst, schreibt Froissart, dass "un tel chevalier comme le captal estoit bien tailliés (...) d'entrer un pays et de courir et de porter cent mil ou deus cens mil frans de damage" (2). Dennoch missbilligt der Chronist die berechnende Haltung der französischen Krone, die den Gefangenen durch ein grosszügiges Angebot für die französische Seite zu gewinnen trachtete. Der Captal habe sich bitter beklagt, schreiben die Chroniques, dass man ihn entgegen dem "droit d' armes" behandle, obschon er "par bataille et en servant loyaument son signeur, ensi que tout chevalier doient faire" - also rechtmässig - in Gefangenschaft geraten sei; und nun lasse man ihn im Gefängnis "perdre son temps villainement" (3). Zuletzt verurteilt der Chronist den Geiz der französischen Krone, die dem rechtmässigen "maître" des Captal, Auvillier, für seinen Gefangenen schäbige zwölfhundert Francs bezahlt habe, weshalb er ihn lieber nie gefangen hätte (4). Der Captal de Buch starb

---

(1) Vgl. S. 163 dieser Arbeit. Der Captal de Buch war bis dahin nicht auf freien Fuss gesetzt worden, wie es der Vertrag von Brügge vorsah.
(2) SHF VIII, p. 239.
(3) Ibid., p. 240.
(4) Ibid.

im September 1376 in Gefangenschaft und erhielt vom französischen König ein fürstliches Begräbnis (1). Er ist ein Beispiel für jene Heerführer, denen aus militärischen und politischen Gründen kein Lösegeldvertrag gewährt wurde. Auch dem Admiral des Burgunderherzogs, Jean Bucq, verweigerten die Engländer 1387 einen Lösegeldvertrag und wollten ihn auch gegen einen "natürlichen Bruder" des Königs von Portugal, der in Burgunder Gewahrsam sass, nicht austauschen (2). Der Grund dafür war nach Froissart wirtschaftlicher Art:

> Et furent les Londriens et pluiseurs autres Anglois qui hantoient la frontiere de Flandres, de Hollande, de Zeelande trop grandement liez de la prise messire Jehan Bucq, car il leur avoit porté par pluiseurs fois trop de contraires sur mer en allant à Dourdrech, à Zereciel, à Meldebourch et à la Brielle en Hollande. (3)

Froissart verurteilt solches Vorgehen als Verstoss gegen das "droit d'armes", das als Standesrecht in solchen Fällen in Widerspruch zu den politischen, wirtschaftlichen und militärischen Erfordernissen geraten musste.

Kein Lösegeld wurde auch im Falle von Verrat gewährt. So legte Edward III. grossen Wert auf die Auslieferung des Raymond de Mareuil, eines Ritters aus dem Limousin, der zu den Franzosen übergelaufen, aber von Engländern gefangen und eingesperrt worden war. Der englische König bot dem "maître" sechstausend Francs für den Gefangenen, den er in England exemplarisch bestrafen wollte. Mit Hilfe eines englischen Knappen, dem Mareuil angeblich die Hälfte seines Besitzes versprochen hatte, gelang dem Gefangenen aber die Flucht (4). Jenen, die als Ueberläufer gefangen wurden oder als freie Routiers in die Hände der Staatsgewalt geraten waren, drohte die Todesstrafe. Dies gilt für die meisten grossen Routier-Anführer, die in den drei letzten Jahrzehn-

---

(1) SHF VIII, pp. 240-241. Vgl. S. Luce, ibid., p. cxlix, Anm. 1.
(2) SHF XIII, pp. 145-146: "Si fut messire Jehan Bucq mis en prison courtoise à Londres; il povoit aler et venir parmy la ville, mais dedens le soleil couchant il convenoit qu'il fust à l'ostel, ne onques depuis on ne le voult mettre à finance." Nach etwa drei Jahren sei Jean Bucq in London gestorben. Diese Bemerkung war für uns nicht überprüfbar.
(3) SHF XIII, p. 145.
(4) SHF VIII, pp. 6-9, 259f.

ten des 14. Jahrhunderts in die Hand der Franzosen gerieten (1). Es ist eine Selbstverständlichkeit, dass umgekehrt Leute, die von Routiers ohne den Rechtstitel eines "gerechten Krieges" gefangengenommen worden waren, nach ihrer Freilassung "sur parole" von ihrem Eid gegenüber dem "maître" befreit werden konnten (2). Nicht geschont wurden auch eine Anzahl Engländer, die 1370 auf dem Raubzug des Robert Knollys Pont l'Evêque niedergebrannt hatten und danach von der Garnison von Noyon gefangen worden waren: "et ramenèrent en Noion plus de dix prisonniers englès asquelz on copa les tiestes" (3). In solchen Fällen mag der Zorn über erlittenen Schaden der Grund für die harte Strafe gewesen sein. Grundsätzlich muss dies aber eine Abweichung vom Anspruch auf Lösegeld bedeutet haben.

Bei privaten Todfeindschaften bestand natürlich kein Anspruch auf Lösegeld. Froissart berichtet von einem Blutrachefall zwischen der Adelssippe der Mirepoix aus Périgord und der Familie der Mauny aus dem Hennegau, dem der Vater seines grossen Helden der Chroniques Gautier de Mauny zum Opfer fiel. Mauny verwüstete deshalb Jahre nach dem Vorfall die Besitzungen der Mirepoix und gewährte keinem ihrer Leute einen Lösegeldvertrag (4). Jean IV., Herzog der Bretagne und Todfeind des Konnetabel Olivier de Clisson, habe nach Froissart kein anderes Ziel gehabt als den Konnetabel zu töten (5), nach dem Grundsatz: "Qui est mort il

---

(1) Vgl. etwa das Ende Mérigot Marchès, Kervyn, XIV, pp. 205-211. Ebenso ibid., pp. 87-105: Exekution der Bretonen Alain und Pierre Roux. Auch im Kampf wurden die Routiers dementsprechend nicht geschont, vgl. Bascot von Mauléons Aeusserungen in SHF XII, p. 106: "... oncques n'y ot pris homme à raençon."
(2) Vgl. einen Fall in SHF VI, pp. 226f. Vgl. unten, S. 178 dieser Arbeit.
(3) SHF VII, p. 238.
(4) SHF III, pp. 85-87; pp. 305-306. "De quoy, quant il fu venus en Gascoingne avoecq le comte Derby, bien li souvint de chiaus de Mirepoix qui avoient ochis son père, dont il le contrevenga assés bien; car il leur ardi touttez leurs terrez et en mist pluisseurs à fin, ne oncques n'en veult nul prendre à raenchon, ne à le bataille de Bregerach, ne d'Auberoche, ne d'ailleurs." (p. 306).
(5) SHF XIII, pp. 229ff. Durch einen Wortbruch kam Clisson anschliessend nach der Darstellung der Chroniques in Gefangenschaft des Herzogs, der ihn dann aber auf dem Schloss Hermine bei Vannes im Kerker festhielt (nur dank der Fürbitte des Sire de Laval wurde er laut Froissart nicht umgebracht). Die Bedingungen der Freilassung waren äusserst hart: 100 000 Francs Lösegeld und die Besitzungen Broons, Josselin und weitere Gebiete mussten an den Herzog abgegeben werden. Zum

est mort"! Und vom schottischen Grafen Douglas hören wir, er habe bei Poitiers vorzeitig die Flucht ergriffen, "car nullement il ne volsist estre pris ne escheus ens ès mains des Englès: il euist eu plus chier à estre occis sus le place" (1). Im Schlachtgeschehen, wenn die Leidenschaften und der Hass auf den Erzfeind aufgestachelt waren (2), mochte mancher Chevalier die edlen Tugenden der Lösegeld-Gefangenschaft vergessen, denn sonst wären die enormen Verluste in den grossen Treffen der Zeit - auch innerhalb der Führungsschicht - kaum zu erklären.

Der Traum vom Reichtum   Im Bericht über den Feldzug des Schwarzen Prinzen von 1356 ist von einem englischen Ecuyer die Rede, der wegen des "grossen Profites" aus einem Lösegeld zum Ritter geschlagen wurde (3). Es bedarf wohl keines deutlicheren Hinweises auf den Zusammenhang zwischen Ehre und rasch erlangtem Reichtum. Froissart weist immer wieder auf die grossen Schätze der Routier-Anführer hin, die sie durch Lösegelder, Raub und "pactis" zu äufnen wussten. Die durch die Chroniques berühmt gewordenen Figur des Geoffroy Tête-Noire sei in der Lage gewesen, einen "estat de grant seigneur" zu führen, so dass der Routier-Kapitän vor seinem Tod zu Beginn der Neunzigerjahre die Verwaltung der angehäuften Reichtümer sorgfältig zu regeln trachtete (4).
Unternehmer wie etwa der Lothringer Brocard de Fénétrange, der "bien cinq cens compagnons" auf eigene Kosten unterhielt, als er 1359 für den französischen Regenten kämpfte, verfügten zumindest zeitweise über beträchtliche Mittel. Froissart betont, dass Fénétrange seine Dienste gegen

---

Inhalt des Vertrages vom 27.6.1387, der noch härtere Bedingungen postulierte, als Froissart sie darstellt, vgl. L. u. A. Mirot, in: SHF XIII, p. lxxvii.
(1) SHF V, p. 45.
(2) Vgl. Schaufelberger, Schweizer, p. 13: "Die psychische Konstellation im Kampf ist derart einmalig, dass die dadurch bedingten Ausdrucksformen nicht zu Schlüssen über Krieger und Krieg im allgemeinen führen dürften. Nur schon auf den Märschen oder im Feldlager ist die Physiognomie unseres Kriegers eine andere als im Streit." Dies gilt zweifellos auch für Frankreich, doch ist Froissart, der aus der Distanz schrieb, für diese "psychologischen" Aspekte keine ergiebige Quelle.
(3) SHF V, pp. 52f.
(4) Kervyn, XIII, pp. 45f., 48, 286-290.

eine "grande somme de florins" dem Franzosen zur Verfügung stellte (1).
Diese zu angeblich leichtem Gewinn gelangten Glücksritter werden in den
Chroniques zum personifizierten Wunschtraum des Kriegsvolks. Nach dem
Waffenstillstand von 1347, berichtet Froissart, hätten arbeitslose "povre
brigans" mit grossem Erfolg versucht, Städte und Burgen zu plündern:
"Et en devenoient li aucuns si riche, que se faisoient maistre et chapitain des aultres brigans, que il en y avoit de telz qui avoient bien de finance de quarante mil escus" (2). Anschliessend kolportiert Froissart ein
Müsterchen, dessen Wahrheitsgehalt nicht auf der Goldwaage gemessen
werden sollte. Es kennzeichnet aber zutreffend das Wunschdenken des mittelalterlichen Kriegers - hier des einfachen Kriegsknechts -, rasch und endgültig der Armut zu entrinnen und sozial aufzusteigen:

> Entre les aultres, eut un brigant en le marce de le langue d'ok, qui en
> tel manière avisa et espia le fort chastiel de Combourne, qui siet en
> Limozin, en très fort pays durement. Si chevauça de nuit avoecques
> trent de ses compagnons, et vinrent à ce fort chastiel, et l'eschiellèrent et le gaegnieèrent, et prisent ens le signeur que on appelloit le
> visconte de Combourne. Et occirent toutes les mesnies de laiens, et
> misent en prison le signeur en son chastiel meismes; et le tinrent
> si longement qu'il se rançonna à vingt quatre mil escus tous appareilliés. Et encores detint li dis brigans le dit chastiel et le garni bien, et
> en guerria le pays. Et depuis, pour ses proèces (!), li rois de France
> le volt avoir dalés lui, et achata son chastiel vingt mil escus; et fu
> huissiers d'armes au roy de France, et en grant honneur dalés le roy.
> Et estoit appellés cilz brigans Bacons, et estoit toutdis bien montés de
> biaux courssiers, de doubles roncins et de gros palefrois, et ossi
> armés ensi c'uns contes et vestis très ricement, et demora en cel bon
> estat tant qu'il vesqui. (3)

Das Lösegeld - auch wenn es auf rechtlich fragwürdige Weise erpresst
wurde - ist hier der Grundstock des Aufstiegs. Ritterliche "proèce" wächst
mit dem in "escus" messbaren Erfolg, und der "grant honneur dalés le
roy" bleibt nicht aus! Es wäre zwar zu sehr vereinfacht, Froissarts
"Ritterbegriff" auf diese eingleisige und nicht verifizierbare Anekdote zu
reduzieren. Sie enthält aber in ihrer Direktheit einen wichtigen Aspekt
des ritterlichen Realtypus, wie er in den Chroniques erscheint. So ist die

---

(1) SHF V, p. 164. Vorgestellt wird Brocard de Fénétrange als "chevalier"; SHF V, p. 159: Eustache d'Auberchicourt, der 1359 siebenhundert bis tausend Mann unterhält.
(2) SHF IV, p. 68. Zum Begriff "brigant" vgl. S. 82 dieser Arbeit.
(3) SHF IV, pp. 68f. Es folgt gleich ein weiteres Müsterchen eines "povregarçon", der es zu Reichtum brachte, dann aber durch Unfall vorzeitig aus dem Leben schied (pp. 69f.). Zur Beute als Siegestopos in der Chronistik des Frühmittelalters vgl. Bodmer, Krieger, pp. 78f.

Rolle des Geldes als Nährboden des ritterlichen "estat" unmissverständlich festgehalten; die Höhe des Lösegeldes und der Beute überhaupt steht in unmittelbarer Beziehung zum Wert, zur "proèce" eines Kriegers. Beute ist der zählbare Ausdruck seines Erfolges, und nach einer moralisch-ethischen Motivation des Kriegers suchen wir hier vergebens (1). Bezeichnend für Froissarts Mentalität ist weiter, dass dieser materielle Erfolg auch ritterliche Ehre nach sich zieht. Aus dem idealen Ritter ist ein sehr realer Karrierist geworden, der zu rechnen weiss und dessen kriegerisch-kommerzielle Tüchtigkeit ihn schliesslich "wie ein Graf sehr reich gekleidet" einherschreiten lässt. Geldgier und Beutesucht stehen somit keineswegs im Gegensatz zu ritterlicher "proèce"; im Gegenteil: sie erscheinen geradezu als eine Voraussetzung für die Ehre. Der Wert des Gefangenen bemisst sich nach dem Lösegeld und der Wert des Kriegers nach seinen Gefangenen, obschon diese Kriterien, wie auch Froissart wusste, nicht Ausdruck kriegerischer Tüchtigkeit zu sein brauchten. Entscheidend ist, dass diese Passagen der Chroniques weniger die realen Möglichkeiten als die Erwartungen oder zumindest Hoffnungen des Kriegsvolkes wiederzugeben vermögen. Wenn aber einmal grosse Gewinne gemacht wurden, waren sie meist leicht wieder verprasst und verspielt - wie es Froissart an einzelnen Stellen, etwa von der Chevauchée des Schwarzen Prinzen 1356 auch andeutet (2) - , so dass die Hoffnungen aller wieder auf den Krieg gestellt waren mit seinen Aussichten auf leichte Beute und rasch erzielte Lösegelder (3).

Selbstverständlich mussten all diese Profite der Theorie nach im gerechten Krieg im Namen eines kriegführenden Herrschers gemacht werden. Bascot von Mauléon bekräftigt im Gespräch mit Froissart, er habe "toujours tenu frontiere et fait guerre pour le roy d'Angleterre", da seine

---

(1) Vgl. dazu die ablehnende Kommentierung Huizingas, Herbst, pp. 142f.
(2) SHF V, p. 70: "Ensi se tenoient et tinrent toute le saison ensievant jusques au quaresme, li princes de Galles, li Gascon et li Englès en le cité de Bourdiaus, en grant solas et en grant revel; et despendoient follement et largement cel or et cel argent que il avoient gaegniet et que leurs raençons leur valoient." Vgl. a. SHF I, pp. 175-177.
(3) Vgl. dazu die Rede Marchès an seine Leute, Kervyn, XIV, p. 165.

ererbten Besitzungen in Bordelais lägen (1), und auch der auf eigene Faust kämpfende Routier Mérigot Marchès war bemüht, die Rechtmässigkeit "seines" Krieges und der daraus resultierenden Profite zu betonen. Als ihn die Franzosen 1390 auf "seiner" Burg Vendat in der Auvergne belagerten, sandte er laut Froissart einen Boten an den englischen Hof, um dort die Erklärung zu erwirken, seine Festung liege auf englischem Boden, weshalb er im Waffenstillstand nicht hätte belangt werden dürfen (2).

Die Rechtfertigung fiel natürlich allen schwer, die in Zeiten der Waffenruhe keine Ausnahmeparagraphen eines Vertragstextes und keinen fehdeführenden Herrn zur Legalisierung ihrer Kriegshandlungen heranziehen konnten. So geschah es 1366 einem Haufen Routiers, dass Papst Urban V. sie aus kirchenrechtlichen Erwägungen um einen fetten Fang brachte: Sie hatten in Montauban den Grafen von Narbonne und "plus de cent chevaliers" gefangengesetzt und hernach auf Ehrenwort zur Beschaffung des Lösegeldes freigelassen. Der Papst entband die Gefangenen aber von ihrem Eid und verbot ausdrücklich Lösegeldzahlungen, da die Routiers früher exkommuniziert worden seien. Auch Chandos als Konnetabel von Aquitanien und oberster Richter - "regars par droit d'armes sur telz besognes" - habe anschliessend nichts für die Routiers tun können, da er wusste, "que leurs fais et estas touchoit (sic!) à pillerie". Für Froissart ist es bezeichnend, dass er das Missgeschick der Routiers bedauert, die das Geld für ihren Unterhalt gebraucht hätten (3).

"Honneur et pourfit" (4) hängen für Froissart eng zusammen, ja sie bedingen sich gegenseitig. In Zeiten enormer Schwankungen des Geldwerts

---

(1) SHF XII, pp. 106-107. Aus Bascot von Mauléons Bericht geht aber auch eindeutig hervor, dass er in Zeiten des Waffenstillstandes faktisch auf eigene Faust Krieg führte - er entschuldigt dies damit, dass die Krieger durch die politischen Verträge ihre Einnahmen verloren hätten, SHF XII, p. 98:"... et dirent ainsi que se les roys avoient fait paix ensamble, si les convenoit-il vivre."
(2) Kervyn, XIV, p. 179. Marchès wurde im Sommer 1391 hingerichtet, vgl. Contamine, Azincourt, pp. 71ff. Auch vor Gericht hatte sich Marchès mit dem Argument verteidigt, er sei ein guter Engländer gewesen, weshalb man ihn als Feind und nicht als Verräter behandeln müsse; ibid., pp. 74ff.
(3) SHF VI, pp. 227-228. Vgl. zu dieser Problematik Keen, Laws, p. 184.
(4) SHF VI, p. 75.

und allgemeiner materieller Unsicherheit, wie es im 14. Jahrhundert der Fall war, lag es nahe, dass Froissart die ritterliche "aventure" als ökonomisches Hasard-Spiel zu sehen geneigt war. "Chevaucher à l'aventure", Urbild der Tätigkeit des "chevalier errant", enthält in den Chroniques in den meisten Fällen recht wenig von der höfischen Romantik literarischer Vorbilder. Froissarts Chevalier ist auf Profit aus, seine "Beutesucht", wie wir früher zu zeigen versuchten, gründet in der ständigen Bedrohung seiner Existenz, denn Fortuna ist eine wetterwendische Göttin: "on piert une fois, et l'autre fois gaegn'on; les avenues i sont mout mervilleuses." - "Une fois desous et l'autre desus, ce sont li estat de gerre." (1)

*

---

(1) SHF XI, p. 119; SHF IV, p. 266. Zum Begriff der "aventure" vgl. a. S. 88 dieser Arbeit: Routiers, die Städte und Kastelle plündern, erleben "souvent des belles aventures"! SHF IV, p. 68.

## V. Die Kriegführung

Froissart betrachtet den Hundertjährigen Krieg als einen feudalen Konflikt um den Thron Frankreichs. Territoriale oder wirtschaftliche Fragen beschäftigen den Chronisten höchstens am Rande. Nach den Chroniques entstand der Krieg zwischen Edward III. und Philipp VI. als persönliche Auseinandersetzung um die Thronrechte in Frankreich. Während etwa die Guyenne-Frage - nach neueren Forschungen (1) eigentlicher Zankapfel und Auslöser des Krieges - in den Chroniques nur am Rande Erwähnung findet (2), erfährt die Auseinandersetzung Philipps von Valois mit Robert d'Artois und dessen Flucht nach England bei Froissart breite Darstellung (3). Es ist nach der Ansicht des Chronisten Robert d'Artois, der den jugendlichen Edward III. mit seinem Kronrat - um dem französischen König, seinem Feind, zu schaden (4) - förmlich überredet und von der Pflicht überzeugt, seine Rechte auf den französischen Thron wahrzunehmen. Die langen Reden Roberts sind schliesslich von Erfolg gekrönt; mit Edwards kontinentalen Allianzen und einem Absagebrief an den französischen König kann der Krieg beginnen (5).
Diese simplifizierte Darstellung der "Ursachen" des Krieges entspricht

---

(1) Die Frage nach den Ursachen des Hundertjährigen Krieges ist nach wie vor stark umstritten. Vgl. John Palmer. The War Aims of the Protagonists and the Negotiations for Peace. In: The Hundred Years War. Hg. K. Fowler, London 1971, pp. 51-74, bes. p. 51. Vgl. a. Contamine, La guerre, pp. 7-15; Perroy, Guerre, pp. 40-49, bes. p. 49. Mit umfangreichen bibliographischen Hinweisen vgl. John Le Patourel. The Origins of the War. In: The Hundred Years' War, pp. 28-50.
(2) SHF I, pp. 96-100.
(3) Ibid., pp. 100-105; Diller, HS. Rom, pp. 196-207. Zu Robert d'Artois vgl. Perroy, Guerre, pp. 70-71.
(4) Diller, HS. Rom, p. 198: "... il honniroit tout et meteroit tel tourble et descort en France, que les traces i demorroient CC. ans a venir."
(5) SHF I, pp. 83-85, 90-96, 118-135 u. 152ff.; Diller, HS. Rom, Kap. XL, XLVI, XLVII, XLVIII, LVII. Zu Edwards Beziehungen zu Flandern vgl. Pirenne, H. Histoire de Belgique, Bd. I, 5. Aufl., Bruxelles 1929, pp. 376-409.

zwar keineswegs den komplexen Realitäten, doch sind einige Merkmale
darin enthalten, die Froissarts Kriegsverständnis kennzeichnen: Der
Chronist denkt völlig in mittelalterlich-fehderechtlichen Kategorien. Der
Krieg ist Kampf ums Recht. Der Absagebrief Edwards III. und vorgängig
dazu der Lehenseid des englischen Königs an Frankreich (1329) für Guyenne (1) werden ausführlich dargestellt und teilweise "wörtlich" wiedergegeben. Robert d'Artois wiegelt Edward III. nicht zuletzt aus Rachemotiven - um Philipp zu schaden - zum Krieg auf. Die Schwerpunkte, die
Froissart damit setzt, werden im folgenden für die Untersuchung der
Kriegführung in der Darstellung der Chroniques zu beachten sein.
Froissarts Berichte von den grossen Schlachten, zum Beispiel Crécy und
Poitiers, haben in der Historiographie Berühmtheit erlangt. In ihrer detaillierten Ausführlichkeit sind sie die umfangreichsten Zeugnisse aus dem
Bereich chronikalischer Quellen zu diesen grossen Treffen des 14. Jahrhunderts in Frankreich. Dazu kommen unzählige Schilderungen des Belagerungskrieges, der den Chronisten besonders faszinierte. Es ist verständlich, dass deshalb das Interesse vieler Historiker vor allem diesen
spektakulären Zeugnissen mittelalterlicher "Kriegskunst" galt.
Die vorangehenden Kapitel dürften indessen erkennen lassen, dass damit
Froissarts Darstellung des Krieges nur zum Teil erfasst wird. Beträchtliche Teile der Chroniques gelten dem Plünderungs- und Raubkrieg, sei
es in der Form des "Kleinkrieges" durch Truppen von geringer Stärke
oder in der Form grossangelegter, langfristig vorbereiteter Feldzüge,
der Chevauchées, mit denen Edward III. und seine Anführer weite Teile
des französischen Königreichs immer wieder verheerten. Bei den Kriegshistorikern haben diese Züge oft eine gewisse Verlegenheit zur Folge gehabt. Es fiel schwer, in der offenbar ziellosen Beuterei und der Verwüstung
möglichst grosser Gebiete eine Kampfform zu erblicken, die sittlich in
irgendeiner Weise mit den Idealen der Chevalerie zu vereinbaren gewesen
wäre. Schwierigkeiten bereitete aber auch die rein militärisch-politische Beurteilung dieses "Raubkrieges".

---

(1) Englische Quellen bezeichnen seit dem 13. Jahrhundert Guyenne als
"Gascogne" (z. B. "Rotuli Vasconie"). Zur Terminologie vgl. Le Patourel, op. cit., p. 48, Anm. 6: Dort werden die Begriffe "Aquitaine"
oder "Guyenne" im politischen, "Gascony" im geographischen Sinn
gebraucht.

Wir werden im folgenden nicht den Versuch unternehmen, ein weiteres Mal Schlachten, Belagerungen oder Chevauchées in ihrem chronologischen Ablauf nachzuzeichnen. Unsere Aufmerksamkeit gilt zunächst der Frage, wie Froissart den Krieg des Raubens und Brennens beurteilt und begründet und welcher Stellenwert dieser Form der Auseinandersetzung nach der Meinung des Chronisten überhaupt einzuräumen ist. Zum zweiten werden wir uns mit einer der häufigsten Kampfformen des Hundertjährigen Krieges befassen: mit dem Belagerungskrieg, zu dessen rechtlicher Bedeutung und Formalisierung die Chroniques ebenfalls reichhaltiges Material liefern (1). Schliesslich werden wir uns mit grundsätzlichen Fragen der Schlachtdarstellung in den Chroniques beschäftigen. Zunächst sei der Versuch unternommen, den besonderen Stellenwert der Schlacht im Rahmen der Kriegsauffassung Froissarts zu ermitteln. Sodann möchten wir am Beispiel des Ordnungsbegriffs in den Schlachtdarstellungen darlegen, wie sehr der Verherrlicher ritterlicher "Prouesse" auch die Unterordnung des Einzelnen unter die Führung betont. Die Besonderheit unserer Quelle bringt es ganz besonders im Bereich des Kampfgeschehens mit sich, dass das Vorgehen in der Darstellung häufig ein literaturkritisches sein muss. Die mittelalterliche Geschichtsschreibung - Froissart bildet keine Ausnahme - stellt das Kampfgeschehen, wie schon im ersten Teil dieser Arbeit dargelegt wurde, oft mit literarischen Schemata und Formeln dar, die ein Vorstossen zur "Kriegswirklichkeit" stark erschweren.

> En gerre et en hainne n'a nulle segurté.
> SHF II, p. 208.

## 1. Raub und Brand: Die "Chevauchée"

Zum Feldzug Edwards, des Schwarzen Prinzen, von 1355 in Languedoc, der von Bordeaux aus bis in die Gegend von Toulouse und Narbonne geführt hatte, schreibt Ferdinand Lot: "Son expédition est un des modèles des entreprises guerrières à la façon du Moyen Age, où l'on évite les batailles rangées, les places trop fortes, où l'on s'emploie à piller, dé-

---

(1) Dies gilt nur begrenzt für den Garnisonskrieg jeweils im Winter, der "mauvaise saison", zu dem Froissart nur spärlich und formelhaft Material liefert. Zu den Problemen des Krieges im Winter vgl. Fowler, Age, p. 165.

vaster, brûler maisons et récoltes à travers champs pour ruiner l'adversaire" (1). Der Zerstörungs- und Plünderungskrieg erscheint auch in Froissarts Chroniques als eine Grundform der Kriegführung im 14. Jahrhundert (2).

Edward III. eröffnete 1339 den Krieg mit einem Zug im Norden Frankreichs, dem sogenannten Thiérache-Feldzug. Nach kleineren Unternehmungen mit dem Beginn des Thronfolgekrieges in der Bretagne folgte 1346 der grosse Verwüstungszug durch die Normandie bis vor die Tore von Paris, der in der Schlacht bei Crécy am 26. August 1346 einen glorreichen Sieg für die Engländer brachte mit der anschliessenden langen Belagerung und Einnahme von Calais 1347. Im Rahmen der direkten Auseinandersetzung liess sich der französische Gegner in diesem Jahrhundert nur noch einmal zur Schlacht provozieren: 1356, als Edward, Prince of Wales, der "Schwarze Prinz", mit reicher Beute von seinem Plünderungszug, der von Bordeaux aus in nordöstlicher Richtung bis nach Touraine geführt hatte, auf dem Rückweg nach Bordeaux zwischen Poitiers und Maupertuis vom französischen Heer unter Johann II. gestellt wurde. Die folgenschwere Niederlage für die Franzosen liess sie vorsichtig werden. Während den nachfolgenden englischen Chevauchées änderten sie ihre Taktik; man liess den Feind gewähren, versuchte aber, die Beutegründe möglichst zu evakuieren und durch begleitende Heere, die den eingedrungenen Feind "beschatteten" und zu stören suchten, ihn aber nicht offen zu schlagen wagten, die Verpflegung und Plünderung zu erschweren (3).

Die Strategie der Verwüstung durch weit ins Feindesland vorstossende Feldzüge, "chevauchées" genannt, wurde von den Engländern bis 1415 angewandt: 1355 - noch vor der Schlacht von Poitiers - stiess der Schwarze Prinz, wie eingangs erwähnt, bis Narbonne vor. 1359/60 unternahm Edward III. persönlich wieder einen Vorstoss von Calais aus über Reims bis vor die Tore von Paris. 1369 war der Herzog von Lancaster der Anführer

---

(1) Lot, Art militaire, I, pp. 352f.
(2) Hewitt spricht, zumindest auf Froissart bezogen, zu Unrecht von der "terseness of the cronicles" in bezug auf die Chevauchée. Hewitt, in: The Hundred Years' War (Hg. Fowler), p. 89.
(3) Vgl. S. 128 dieser Arbeit.

einer kurzen Chevauchée im Artois; 1370 zog Robert Knollys mit seinem Haufen plündernd östlich an Paris vorbei und gelangte anschliessend in die Bretagne. 1373 war es wieder Lancaster, dessen Heer jenen bereits erwähnten verlustreichen Marsch von Calais aus über Troyes durch Zentralfrankreich nach Bordeaux durchstehen musste, und 1380 durchquerte Thomas of Woodstock, Graf von Buckingham, mit seinem Heer wieder von Calais aus über Reims nach Süden vorstossend, die Gebiete des Orleannais und Anjous nach Vannes. Heinrich V. schliesslich unternahm den letzten grossen Feldzug 1415 im Gebiet von Artois und der Picardie, der mit der Schlacht von Azincourt am 25. Oktober 1415 den Engländern einen der grössten Siege über ihren kontinentalen Feind brachte. All diese Chevauchées endeten ohne direkte Eroberung und Verwaltung von Territorien, wenn wir von Calais absehen. Die Tätigkeit der eindringenden Heere bestand in der Plünderung und Verwüstung eines möglichst grossen Teils der Landstriche, in denen man sich bewegte.

Bis in die jüngere Zeit haben Kriegshistoriker und auch die politische Geschichtsschreibung diese Züge - es wären noch mehrere kleinere zu nennen - wohl beachtet, sie vermochten aber in den reinen Plünderungs- und Zerstörungsaktionen der Engländer nur in Ausnahmefällen ein "klares militärisches Ziel" (1) zu erkennen und fanden es "difficult (...) to understand the military object to be achieved by this systematic burning" (2). Oberst Burne, von dem diese Bemerkungen stammen, hat denn auch Mühe, die grossen Raub- und Brandaktionen der Engländer zu "entschuldigen" (3). Aber nicht nur über die Motive der Chevauchées herrschte Unklarheit. Auch ihr militärischer Wert wurde im allgemeinen als gering eingeschätzt. Oman meint dazu: "the English were better fitted for winning great battles than for carrying on a series of harassing campaigns. Tactics, not strategy was their forte..." (4). Perroy - in seiner Geschichte des Hundertjährigen Krieges - sieht im ersten Feldzug Edwards III. nur eine "vaine démonstration militaire" (5), und selbst 1347, meint Perroy, sei Edward III.

---

(1) Burne, Crécy War, p. 252, zur Chevauchée des Schwarzen Prinzen 1355.
(2) Ibid., p. 45.
(3) Ibid., p. 252.
(4) Oman, Charles. The Art of War. London 1885, p. 108.
(5) Perroy, Guerre, p. 81.

zwar mit Glorie, aber leeren Händen nach England zurückgekehrt (1).
Entsprechend dieser Beurteilung der Chevauchées werden die zahlreichen
Plünderungs- und Zerstörungszüge kaum eingehend behandelt. Ausführliche Beschreibung finden bei den Kriegshistorikern hingegen die Heeresstärken, Organisation, Belagerungen oder Gefechte und natürlich vor
allem die grossen Schlachten in ihren strategischen und taktischen Aspekten.
Plünderung und Brennen sind auch im Lichte eines literarisch geprägten
Ritterideals keine Tätigkeiten, die zur Kriegskunst gehören. Sandberger,
der in seinen "Studien zum Rittertum in England" (1937) schon in der Defensivtaktik Edwards III. ein "unritterliches Element" erblickt, sieht in
den Chevauchées, die er in seiner umfangreichen Darstellung der Taktik
fast ganz vernachlässigt, lediglich ein Mittel, den Feind zum Angriff zu
reizen (2). Nach Poitiers - als keine grossen Schlachten mehr geschlagen
wurden - vermag Sandberger im Krieg der Engländer nur noch eine ziellose "Reihe von englischen Beute- und Zerstörungszügen" zu erkennen,
ein Krieg, der nicht nur "unritterlich", sondern entartet ist (3).
Auch Shears erklärt in seiner Monographie Froissarts die Tatsache,
dass so viel "ruthless barbarity" in den Chroniques enthalten sei, mit
dem Hinweis, der Chronist sei selber indigniert gewesen über die Grausamkeiten, was er zum Beispiel mit seiner Verurteilung der Greueltaten
der Routiers dokumentiere (4). Dieser "Ehrenrettungsversuch" steht
freilich auf tönernen Füssen und zielt an den rechtlichen und militärischen
Erwägungen des 14. Jahrhunderts vorbei, denn die Behauptungs, dass eben
doch "fair-play", Frauendienst und Turnier "more characteristic" für
Froissarts Zeit gewesen seien (5), erscheint angesichts der Materialien, die in den Chroniques enthalten sind, als nicht überzeugend belegte
Feststellung. In ähnlich apologetischer oder dann verurteilender Art

---

(1) Perroy, Guerre, p. 95. Auch die späteren englischen Feldzüge tituliert Perroy wieder als "vaine chevauchée", ibid., p. 138.
(2) Sandberger, Studien, p. 163.
(3) Ibid., p. 160. Dies wird laut Sandberger durch die "Illusionsfähigkeit des spätmittelalterlichen Menschen", dessen Begeisterungsfähigkeit für das Rittertum dadurch keinen Schaden gelitten habe, kompensiert.
(4) Shears, Froissart, pp. 151-154.
(5) Ibid., p. 153.

äussern sich auch andere Arbeiten zu Froissart (1).

Die neueren Untersuchungen zum Hundertjährigen Krieg haben dem Rauben und Brennen zunehmende Beachtung geschenkt. K. Fowler betont die dominierende Bedeutung des Raubens und Brennens in den Kriegen des 14. Jahrhunderts, sieht aber darin "little more than legalized brigandage, resembling the activities of the free companies more than they resembled anything else" (2). Ph. Contamine erkennt in der Chevauchée-Taktik Edwards III. unter anderem den Versuch, die Krone Frankreichs durch die Vernichtung des Rivalen in einer offenen Feldschlacht zu erlangen (3), und Hewitt schliesslich unterstreicht die politischen Absichten, die der Chevauchée zugrunde lagen. Er sieht die Zerstörungszüge in diesem Zusammenhang vor allem als Machtdemonstration, die bezweckten, den französischen Untertanen die Kraftlosigkeit ihres Königs zu beweisen, um damit seine Stellung zu schwächen (4).

Es kann nicht unsere Absicht sein, die Fragen langfristiger Strategie und politischer Zielsetzungen anhand einer Quelle zu erörtern, die manche dieser Aspekte fast vollständig vernachlässigt. Froissart ist nicht das Sprachrohr Edwards III. oder seiner französischen Widersacher, er gibt im allgemeinen die Ansichten und Werthaltungen des Berufskriegertums seiner Zeit wieder; seine Perspektive ist zwar "aristokratisch", nicht aber die der obersten Machtträger der beiden Königreiche. Im Zusammenhang unserer Darstellung ist vor allem von Bedeutung, dass Froissart mit den Begriffen "Rauben" und "Brennen" oder mit der Bezeichnung "pilleur et robeur" (5) keinerlei grundsätzliche moralische Verurteilung verbindet. Raub und Brand sind für den Chronisten selbstverständliche Mittel der Kriegführung, die, wie bereits dargelegt, bei erfolgreichem Abschluss und grosser Beute den Anführern und ihren Leuten zum Ruhm gereichen:

> Aprièsce que la ville de Barflues fu prise et reubée sans ardoir, il s'espardirent parmi le pays, selonch le marine. Si y fisent une grant part de leurs volentés, car il ne trouvèrent homme qui leur deveast. Et

---

(1) Ablehnend: Jeanroy, Extraits, pp. 189ff.; verteidigend: Wilmotte, Froissart, p. 21.
(2) Fowler, Age, p. 156.
(3) Contamine, La Guerre, p. 22.
(4) Hewitt in: The 100 Years' War (Hg. Fowler), p. 89.
(5) Vgl. etwa SHF IV, p. 163. SHF XII, p. 45.

alèrent tant qu'il vinrent jusques à une bonne ville grosse et riche et
port de mer, qui s'appelle Chierebourch. Si en ardirent et reubèrent
une partie, mès dedens le chastiel ne peurent il entrer, car il le
trouvèrent trop fort et bien garni de gens d'armes. Et puis passèrent
oultre, et vinrent viers Montebourch et Valoigne. Si le prisent et
reubèrent toute, et puis l'ardirent, et en tel manière grant fuison de
villes en celle contrée. Et conquisent si fier et si grant avoir que merveilles seroit à penser et à nombrer. (1)

Schilderungen dieser Art könnten in beliebiger Zahl beigebracht werden.
Das Vorgehen bleibt immer dasselbe. Auf breiter Front, wohlgeordnet,
wurden die Kulturen im Ausmass von einigen Kilometern möglichst vollständig vernichtet, Getreidefelder verbrannt, das Vieh weggetrieben und
Aecker verwüstet. Die unbefestigten Orte sind der Plünderung preisgegeben, Lebensmittel, Wein, Geld und Schmuck sowie Waffen werden mit
grösstmöglicher Gründlichkeit aufgestöbert und im Tross gehortet. Eine
Nacht vielleicht lagert die Truppe am Ort, und am andern Tag beim Weg-
zug werden die Häuser in Brand gesteckt.

Das Hauptmerkmal dieses Krieges ist die Bewegung. Feste Plätze lässt
man beiseite (2), an unbefestigten Orten, in denen grosse Mengen an Lebensmitteln und Beutegütern zum Verweilen locken, lagert man höchstens
für einen oder mehrere Tage (3). Froissart schreibt, dass 1339 schon
ein Tag Schlachtaufstellung bei Buironfosse, als der Franzosenkönig Philipp VI. einen Augenblick lang Miene machte, eine Schlacht zu liefern,
die Engländer bereits in Verpflegungsschwierigkeiten brachte (4). Und
1356 heisst es von den Leuten des Schwarzen Prinzen:

Mais, com plentiveus que il le trouvaissent, il ne voloient mies en-
tendre ne arrester à çou;ançois voloient guerriier et grever leurs
ennemis. Si ardoient et essilloient le pays tout devant yaus et environ.
Et quant il estoient entré en une ville, et il le trouvoient raemplie et
pourveue largement de tous vivres, et il s'i estoient refresci deux
jours ou trois, et il s'en partoient, il essilloient le demorant, et
effondroient les tonniaus plains de vins, et ardoient bleds et avainnes
afin que leur ennemi n'en euissent aise. (5)

---

(1) SHF III, pp. 134-135. Vgl. a. die bei Kervyn, XVIII, p. 283, zitierten
Passagen aus Robert Avesbury. Zu diesen Kriegsformen im Frühmittel-
alter: Bodmer, Krieger, pp. 78-82; zum Thema des Abnützungskrieges:
Sablonier, Kriegertum, pp. 95-98.
(2) SHF I, pp. 163f.; SHF III, p. 152; SHF VII, p. 233; SHF IV, pp. 167-
170, dies einige wenige Bspp. von vielen.
(3) SHF III, p. 154; SHF V, p. 4.
(4) SHF I, p. 475.
(5) SHF V, p. 3.

Der Chronist bringt deutlich zum Ausdruck, was der Hauptzweck dieser
Art von Vorgehen war: "guerriier et grever leurs ennemis", dem Feind
Schaden zufügen, was an anderer Stelle noch deutlicher ausgesprochen
wird: In der dritten Redaktion des ersten Buches heisst es, die Engländer
hätten zu Beginn des Krieges Ueberlegungen angestellt, "quant les des-
fiances furent faites dou roi d'Engleterre au roi de France, conment il
poroient nuire et porter damage" (1). Froissarts Kriegsbegriff
ist damit höchst traditionell. (2). Dies belegt auch sein Vokabular, das
er für die Kriegführung verwendet: "faire guerre" ist zum Beispiel gleichbedeutend mit "Rauben und Brennen"; als Synonyme treten in den Chroniques zunächst Begriffspaare auf wie "guerrier et herrier" (3), "ardoir
et essilier" (4), "honnir et apovrir le pays" (5), dann aber auch "courir"
oder "chevaucier", was wieder gleichbedeutend ist mit aktiver Kriegführung überhaupt, zum Beispiel in der Form "chevaucer parmi le pays" (6).
Die grossen englischen Feldzüge nennt Froissart in der Regel "grande
chevaucie" (7) oder "grosse chevaucie" (8), während die übrigen kriegerischen Handlungen verschiedensten Umfanges lediglich als "chevaucie"
bezeichnet werden (9).

Die Expeditionsheere der Briten erreichten mit Grössenordnungen von
einigen Tausend bis zu 15 000 Mann (1346) aussergewöhnlichen Umfang.
In der Methode des "Schadentrachtens" durch Raub und Zerstörung gehört die Chevauchée aber in den üblichen Rahmen des mittelalterlichen
Krieges, der nur am Rande Eroberungen von Territorien oder Stützpunkten zum Ziele hatte (10), vor allem aber während der guten Jahreszeit

---

(1) Diller, HS. Rom, p. 306.
(2) Vgl. Brunner, Land und Herrschaft, pp. 79ff.
(3) SHF II, p. 265.
(4) SHF V, p. 12. Vgl. SHF II, p. 204, wo Froissart besondere Spezialisten für das Brennen erwähnt, sog. "boutefeus".
(5) SHF VI, pp. 142, 143,
(6) SHF III, p. 152.
(7) SHF V, p. 185; SHF VIII, p. 171.
(8) SHF I, p. 184.
(9) SHF II, p. 187 u. 253; SHF VIII, p. 124; SHF IV, p. 4 usw.. Ausgenommen sind natürlich Fachbegriffe wie "siège", "bataille", "guer-
royer par forterèces".
(10) Wir wollen auf eine Typologie der Kampfformen im Sinne einer säu-
berlichen Trennung der Taktiken oder gar Strategien verzichten, da dies
für das 14. Jahrhundert zumindest aus unserer Quelle als wenig sinnvoll
erscheint.

der "bonne saison" (1), auf "Schaden" und Beutemachen ausgerichtet war, während im Winter nur geringe Kontingente den Krieg "par forterèces" fortsetzten (2).

Uns interessieren an dieser Stelle aber nicht die Einzelheiten und abenteuerlichen Anekdoten, die Froissart in seinen langen Berichten zu den englischen Chevauchées zu bieten weiss. Wesentlicher scheint uns ein Erfassen der fehdemässigen Grundzüge der Kriegsdarstellung bei Froissart. Raub und Brand, sagten wir, sind völlig "legale" oder "reguläre" Kampfmittel; auch sie bringen Ehre, was Froissarts Vorgänger Jean le Bel etwa zum Ausdruck bringt, wenn er vom "noble roy" (Edward) spricht, der "ardant et exillant le pays" 1355 in Frankreich übel haust und prahlt, er werde seinem Gegner die "flamestres" und "fumières" seines Reiches vor Augen führen (3).

Zum Rauben und Brennen tritt oft auch die "Huldigung", sei es in Form eines "pactis"-Vertrages, der zumindest eine vorübergehende Anerkennung der Macht des feindlichen Herren oder seiner Vertreter impliziert (4), oder dann die formale Huldigung und Anerkennung des bisherigen Feindes als souveräne Macht. Die zweite Form, der Treueid, wird zwar häufiger bei Belagerungen gefordert, ist aber nicht selten auch auf der Chevauchée belegbar. So lesen wir im Bericht des Zuges von Derby 1346 (5):

... li dit bourgois de Saint Jehan vinrent ens ou pavillon dou conte et parlèrent à lui quant il eut oy messe. Et me samble que traittiés se porta en tel manière, que il se misent dou tout en l'obeissance dou conte et rendirent leur ville, et jurèrent à estre bon Englès, de ce jour en avant tant que li rois d'Engleterre, ou personne forte de par lui, les voroit ou poroit tenir en pais devers les François. Sus cel estat et ordenance les reçut li contes Derbi et entra en le ville et en prist le foy et l'ommage, et devinrent si homme. (6)

Gleich anschliessend seien die Engländer nach der Zerstörung und Ausplünderung von Poitiers von den Leuten in St.-Jean-d'Angely "à grant

---

(1) SHF II, pp. 138 u. 348; der Sommer ist die "douce saison".
(2) SHF III, p. 53.
(3) Jean le Bel, II, p. 213. Zur Verbindung von Brennen, Rauben und Ehre vgl. SHF II, pp. 83f.
(4) Die "pactis" hatten in Frankreich allerdings eher Geschäfts- als Rechtscharakter. Vgl. dazu auch Brunner, Land und Herrschaft, p. 89: Unterscheidung zwischen Brandschatzung und Huldigung.
(5) Derby unternahm eine kleine Chevauchée im September 1346 nach Saintonge und Poitou; Luce, SHF IV, p. vi, Anm. 1.
(6) SHF IV, p. 13.

joie et tout honneur" empfangen und mit grossen Diners und Soupers gefeiert worden, wofür Derby sie sogar beschenkt habe. Dies war wohl die einzige Möglichkeit für eine schwach- oder nichtbefestigte Stadt, sich aus der Affäre zu ziehen. Auch St.-Jean-d'Angely legte den Treieid ab (1). Diese Gebiete, in denen Derby 1346 Krieg führte, waren Grenzdistrikte zwischen Guyenne und den französischen Territorien, weshalb hier das formale Homagium zur Ausweitung des Machtbereichs erhöhte Bedeutung gewann. Auf den Zügen ins Innere Frankreichs - etwa im Norden und Osten - hören wir dagegen selten von der Huldigung; dort scheint man sich, wenn Froissarts Darstellung zutrifft, mit der Plünderung und eventuellen "pactis" begnügt zu haben.

Die Chevauchée soll kein ungezügeltes, disziplinloses Plündern sein. Froissart weist an diesem Punkt vielleicht am deutlichsten auf die Rechtmässigkeit dieser Form des Krieges hin. Ausgenommen waren in der Theorie, wie schon erwähnt, geistlicher Besitz (2) sowie die Ländereien und Güter gefangener Herren. Froissart betont aber auch, wie Robert Knollys 1370 die Gebiete Enguerrand von Coucys und alle, die bloss gesagt hätten, "Je sui à monsigneur de Couci", geschont und im Fall von Uebergriffen doppelt entschädigt habe (3). Froissart dürfte hier in didaktischer Absicht kräftig übertreiben, denn der Zug von Knollys war einer der rücksichtslosesten des Jahrhunderts (4).

Eine amüsante Anekdote aus dem ersten Feldzug Edwards III. 1339 zeigt, dass man in den Fragen der Schonung von Territorien die Grosszügigkeit nicht übertrieb. Die Gräfin von Blois habe nach dem Einfall der Engländer bei ihrem Vater Johann von Hennegau, der auf englischer Seite stand, um Milde gegenüber ihrer Stadt Guise gebeten. Ihr Vater aber habe ihr nur empfohlen, sich im feuersicheren Turm des Kastells zu verbergen, damit ihr der Rauch nichts anhabe! Die Stadt sei anschliessend verbrannt worden (5). Dagegen hören wir, dass Edward III. 1360

---

(1) SHF IV, pp. 16f.
(2) Vgl. oben, S. 138. Exemplarisch demonstriert dies Froissart an einer Episode der Chevauchée Derbys 1346, als dieser Kirchenräuber hart bestrafte. SHF IV, pp. 15f.
(3) Coucy war zu diesem Zeitpunkt englischer Baron (Graf v. Bedford) durch Heirat mit Isabella, Tochter Edwards III. (1365). 1377 verzichtet er auf die englischen Besitzungen (SHF XIV, p. xv, Anm. 2).
(4) Vgl. Fowler, Age, p. 156. Dies gilt für die Chevauchées von 1370, 1373 und 1380.
(5) SHF I, p. 465.

strengstens verbot, Noyers (südöstlich von Auxerre) zu nehmen, da Jean
von Noyers seit 1356 in englischer Gefangenschaft war (1).
Die Einhaltung von Rechtsnormen findet ihre Entsprechung im geordneten Vorgehen des Heeres. Der "bon ordre" oder "arroi" sind für Froissart mehr als blosses militärisches Erfordernis oder literarischer Topos.
Die Chevalerie, die in breiter Front vorrückt, verbreitet Schrecken und
demonstriert damit elementare Macht. Gemeine, die Widerstand wagen,
finden bei Froissart höchstens Mitleid. So heisst es vom Widerstand
eines Haufens von "villains", der sich 1339 bei Louvion-en-Thièrache
in einem Wäldchen verschanzt hatte: "Ce ne fu mies gramment car il ne
tinrent point de conroi et ne purent durer a le longe contre tant de bonne
gens d'armes" (2). Nicht besser erging es den Bürgern von Caen 1346
gegen das Heer Edwards III.. Sobald sie die "batailles drut et sieret" erblickten mit vielen Bannern und Fähnchen, die im Winde flatterten,
schreibt Froissart, wurden sie durch ihre eigene Angst besiegt, dass
"alle Welt" sie nicht mehr an der Flucht hätte hindern können! (3)
Froissart will hier mehr ausdrücken als den blossen Ausgang einer Episode. Der Zweck der grossen Chevauchée liegt wesentlich im psychologischen Effekt, ob er nun im obigen Beispiel tatsächlich eingetreten
sei oder nicht. Die Untertanen Frankreichs sollen die "force et le
vertu" (4) des Angreifers zu spüren bekommen. In einer Zeit, die noch
nicht über die militärischen und organisatorischen Mittel verfügte, grosse und entlegene Territorien zu besetzen und zu verwalten - erfolgreiche
Ansätze dazu gibt es erst im 15. Jahrhundert in der englisch besetzten
Normandie (5) - ist die Machtdemonstration, ein elementares "Imponieren",
eines der wichtigsten Mittel der Einschüchterung des Feindes. Dieser
soll gezwungen werden, in offener Feldschlacht seine Kraft zu beweisen
oder durch Untätigkeit seine Schwäche vor aller Welt offenzulegen. So
berichtet Froissart, dass die Taktik Karls V., "que doubtoit les fortunes

---

(1) SHF V, p. 224: "et ne volt onques consentir que on y assausist, car il
tenoit le signeur prisonnier de le bataille de Poitiers." Zur Person des
Jean von Noyers vgl. Luce, SHF V, p. lxvi, Anm. 2.
(2) SHF I, p. 172.
(3) SHF III, pp. 142-143.
(4) SHF VII, p. 148. Vgl. a. Hagspiel, Führerpersönlichkeit, pp. 71ff.
(5) Vgl. Contamine, La guerre, p. 85. Fowler, Age, p. 156, 165: Sir
John Fastolf kritisiert noch 1435 die Besetzungspolitik und rät, die
Chevauchée-Taktik des 14. Jhs. wieder aufzunehmen, um den Gegner
auszuhungern.

que nuls rois plus de li" (1), mit seiner systematischen Vermeidung von
Schlachten im Volk zunächst Unwillen hervorgerufen habe, "car pluiseur
baron et chevalier dou royaume de France et consauz des bonnes villes
murmuroient l'un à l'autre et disoient en puble que c'estoit grans in-
conveniens et grans vitupèrez pour les nobles dou royaume de France,
ou tant a de baron, chevalier et escuier dont la poissance est si renommée,
quant il laissoient ensi passer les Englès à leur aise, et point n'estoient
combatu, et que de ce blasme il estoient vituperé par tout le monde" (2).
Dies bedeutet aber nicht, dass Froissart die Kriegführung unter Karl V.
für "unritterlich" gehalten hätte, wie die militärische Rolle, die Froissart Duguesclin zuweist, deutlich macht (3). Immerhin führt er gelegentlich an, dass die Ehre den Engländern zuzuweisen sei, wenn ihr Gegner sie
nicht anzugreifen wagte (4).

Raub, Brand und Huldigung sind eine derart allgemeine Praxis, dass eine
Verurteilung dieser Form des Krieges als "unritterlich" einer allgemeinen Negierung der Chevalerie gleichgekommen wäre. "Ardoir, exiller,
rançonner" sind Tätigkeiten, die auch die Franzosen in "englischen" oder
von den Engländern zurückeroberten eigenen Territorien anwenden und
dabei in den Augen des Chronisten hohe Ehre erwerben:

> Et couroient li François sus le pays qui li Englès avoient conquis, et
> y faisoient tamaint destourbier, et ramenoient souvent en leur host
> des prisonniers et grans proies, quant il les trouvoient à point. Et
> moult y acquisent li doi frère de Bourbon grant grasce, car il estoi-
> ent toutdis des premiers chevauçans. (5)

Geradezu klassisch wurde der Kleinkrieg wie auch die "grosse chevauchée"
in Schottland angewandt. Froissart schildert breit und wiederholt die Zer-

---

(1) SHF IX, p. 275.
(2) SHF VIII, pp. 160-161.
(3) Der Enthusiasmus Froissarts für Duguesclin hielt sich allerdings in
Grenzen. Man vergleiche den trockenen Bericht über den Tod Duguesclins, SHF IX, pp. 232-233 mit dem langen Nachruf auf Chandos,
SHF VI, p. 59.
(4) So heisst es etwa in SHF I, p. 475, zum Abzug der Franzosen bei
Buironfosse: "Et point ne furent ses ennemis sy hardis de le venir
combatre. Pour laquelle chose on doit tenir à grant honneur l'emprise
d'un roy d'Engleterre." (Nur in HS. B 6).
(5) SHF III, p. 116 (Dies in Gebieten - Agen, Ancenis -, die die Engländer
ihnen vor kurzem abgenommen hatten.) Dann auch in Flandern, SHF XI,
pp. 133-134, und im Hennegau, SHF II, pp. 201-212.

störungen der Engländer (1) oder der Schotten (2), wenn sie nach Süden vorstossen, und er erwähnt auch, wie die Schotten sich in der Not jeweils vor dem Feind so weit in die Wälder der "sauvage Ecosse" zurückziehen, dass eine vollständige Vernichtung des schottischen Heeres unmöglich ist. Die Engländer fänden jeweils nichts als verbrannte Häuser und leere Felder vor. Nach dem Abzug des Feindes aber sei alles in kurzer Zeit wieder aufgebaut und aus Rache würden dafür englische Gebiete verheert: "Ensi corrent une fois li Escot sus lez Englès et puis li Englès sus les Escos et maintiennent toudis le gherre que leur predicesseur ont maintenu" (3).

Im Norden Englands in den hart umkämpften Grenzzonen zu Schottland hatte der Kleinkrieg Tradition, wie auch Froissart hier feststellt. Die Formen des Schaden-Trachtens entsprachen aber nicht bloss einem traditionellen Konzept, sondern waren, wie die vorangehenden Kapitel zeigen dürften, auch von den Problemen des Unterhaltes und den Aussichten auf Beute bestimmt. Dies gilt, wie wir darzulegen versuchten, im allgemeinen auch für die englischen Chevauchées des 14. Jahrhunderts. Freilich steckten hinter diesen grossen Aktionen umfangreiche Planungen und in manchen Fällen auch klare politische und militärische Ziele (4). Der Kleinkrieg oder die Chevauchées als grossangelegte Aktionen sind deshalb nicht einfach "unerklärliche" Exzesse, wie Burne meint, oder bloss kalt berechnender Terror; sie sind in ihrem Erscheinungsbild eine elementare Kriegsform, geprägt von den Bedürfnissen des Kriegsvolkes, die Führung miteingeschlossen, die mit Beute und Lösegeldern diese Kriege zu finanzieren, aber auch Macht und Stärke zu demonstrieren hoffte. Raub und Brand sind schliesslich gerechtfertigt durch eine lange fehderechtliche Tradition (5), wie auch Froissart einmal andeutet, "car en toute manière doit on et poet on par droit d'armes grever son ennemi" (6).

---

(1) SHF I, pp. 107-114; pp. 341-152; SHF IX, pp. 265-270.
(2) SHF II, pp. 49-50, 238; vgl. a. SHF IV, pp. 153-159.
(3) SHF II, p. 238.
(4) Diese sind in der Literatur ausgiebig dargestellt, vgl. z.B. Hewitt, Expedition, pp. 69ff.; Fowler, Age, pp. 152-165, bes. 156.
(5) Vgl. dazu Brunner, Land und Herrschaft, pp. 79ff. (Fehde als Rechtshandlung).
(6) SHF V, p. 207. Das Ausmass der Schäden kann natürlich aus einer einzelnen Quelle nicht bestimmt werden. Vgl. die Diskussion der Probleme bei Hewitt, Organization, pp. 123ff., bes. p. 131.

## 2. Der Belagerungskrieg

Mehr als das Brennen und Rauben der Chevauchée fasziniert den Chronisten die Belagerung. Hier kommen auf beiden Seiten die technischen Finessen des Krieges zum Zug, aber auch der individuellen Tapferkeit eröffnen sich grosse Möglichkeiten. Bei einer starken Festung oder Stadt hängt alles ab von der guten Organisation und vom Aufwand der Angreifer und Verteidiger; die Heerführer entfalten ihr gesamtes Repertoire an Listen und variantenreichen Operationsplänen.

Froissarts Beschreibungen grosser Belagerungen sind reich detaillierte Gemälde, erfüllt von unzähligen Einzelszenen; Belagerungen wie auch Schlachten eröffnen Froissart die Möglichkeit, literarisch zu brillieren. Er unterlässt keine Gelegenheit, dem Leser die gewaltigen Dimensionen der Belagerungsmaschinerie vor Augen zu führen (1), die Kunst der Mineure zu schildern, die einen starken Turm, feste Mauern zum Einsturz bringen können (2). Ausführlich beschreibt Froissart das kunstgerechte Zerstören der Mauern mit Piken, die Arbeit der von den grossen Schutzschildern gedeckten "gens paveschiés". Und schliesslich sind es die Kampfhandlungen, von der Schilderung der gewaltigen Schusskraft der Maschinen, die Steine, Eisenkugeln oder stinkende Kadaver von Pferden und anderen "bestes mortes" - und gelegentlich auch Menschen - über die Mauern schleudern (3), bis zu den Mutproben der Chevalerie bei Angriffen und Scharmützeln, die Froissart natürlich besonders beachtet.

Belagerungen, die Wochen oder Monate dauern, müssen in den Chroniques in geraffter Form erscheinen. Froissarts Beschreibungen sind deshalb nicht als "Tatsachenschilderungen" zu verstehen, sondern - wie eingangs

---

(1) SHF III, pp. 50, 81, 120-128; SHF IV, pp. 193-196; Bde. VII und VIII passim.
(2) Zu den Minen vgl. SHF III, pp. 84-85 usw.; SHF IV, pp. 151-152; SHF VII, pp. 135, 245; SHF VIII, pp. 13-17; SHF XI, pp. 120-121; SHF XIII, pp. 160 u. 163.
(3) SHF II, p. 25: Belagerung von Thun-l'Evêque 1340: "... cil de l'host leur jettoient et envoioient par leurs engiens chevaus mors et bestes mortes et puans, pour yaulz empunaisier, dont il estoient là dedens en grant destrèce. Car li airs estoit fors et chaus ensi qu'en plain esté, et furent plus adit et constraint par cel estat que par aultre cose."

dieser Arbeit am Beispiel "Schlachtbericht" bereits dargelegt - literarisch formelhafte Stilisierungen, die immer wieder dieselben sprachlichen Elemente aufweisen (1). So findet auch Alltägliches, wie etwa die Probleme der Verpflegung, nur noch am Rande Erwähnung. Dennoch halten Froissarts zahllose Berichte zum Belagerungskrieg die wesentlichen Grundzüge dieser Form des Kampfes exemplarisch fest. Wir richten deshalb unser Augenmerk vor allem auf die Regeln, denen der Belagerungskrieg folgte, und auf das Geflecht von Rechtsnormen, die den Ablauf der Geschehnisse weitgehend bestimmten und die für Froissart Massstab ritterlicher Kriegskunst sind.

Belagerungskrieg und Chevauchée sind nicht säuberlich zu trennen. Im Verlauf eines Feldzuges wird jede Festung, jede "Stadt" - womit bei Froissart lediglich eine Ortschaft von einiger Bedeutung, nicht aber unbedingt eine "ville fermée", gemeint ist (2) - im Vorbeiziehen genommen, wenn sie "prendable" ist; dabei kommt es auch zu kleinen Belagerungsaktionen. Das wesentliche Element der Chevauchée aber bleibt, wenn wir das Verpflegungsproblem und den Nachschub betrachten, die Bewegung. Das möglichst tief ins Feindesland eindringende Heer hat keine Zeit, die kostbare "Saison" mit risikoreichen Attacken auf gutbefestigte Plätze zu vergeuden; was nicht sofort einzunehmen ist, wird notgedrungen verschont.

Anders liegen die Dinge in den "Grenzdistrikten". In Guyenne zum Beispiel, das seit vielen Jahrzehnten umstritten war und dessen Grenzen nie fest und zuverlässig anerkannt waren, oder in der Bretagne zwischen den Herrschaftsbereichen der Häuser Blois und Montfort, wo die mili-

---

(1) Dazu ein beliebig gewähltes Beispiel, SHF IV, pp. 194-195: "Et saciés que li François, qui estoient devant Bretuel, ne sejournoient miés de imaginer et soutillier pluiseur assaus, pour plus grever chiaus de le garnison. Ossi li chevalier et escuier, qui dedens estoient, soutilloient nuit et jour, pour yaus porter contraire et damage. (...) Si se misent tantost en ordenance, pour assallir cel berfroi, et yaus deffendre de grant volenté. Et de commencement,ançois que il fesissent traire leurs canons, il s'en vinrent combatre à chiaus dou berfroi francement, main à main; là eut fait pluiseurs grans apertises d'armes."

(2) Vgl. SHF XII, p. 147: "Vous devez savoir que assez piès de la où ilz estoient sciet la ville de Juberot (Aljubarrota), ung grant villaige...".

tärische Landkarte im 14. Jahrhundert oft ein chaotisches Bild darbot (1).
Nicht anders verhielt es sich auch in der "grauen Zone" zwischen England
und Schottland, vor allem in den Gebieten um die Festung Berwick.
Bevor wir uns der Frage nach dem Rechtscharakter des Belagerungskrieges zuwenden, wollen wir versuchen, einige für die Chroniques kennzeichnende Grundsätze des Vorgehens nachzuweisen. Belagerungen sind
für Froissart wegen ihres Aufwands an Technik und Taktik Höhepunkte
des Kriegsgeschehens. Der besonderen Gunst des Chronisten erfreuen
sich die Täuschungen des Gegners, Kriegslisten, Finten und Winkelzüge,
die in den Augen Froissarts keineswegs Verstösse sind gegen die Rechtsordnung oder die Ritterehre; sie zeichnen vielmehr den klugen und fähigen Krieger aus. Der Belagerungskrieg erhält dadurch in Froissarts Darstellung bei aller Härte eine sportliche Note.

Zu den Listen ("embusche") gehört zunächst der heimliche Ueberfall,
etwa das nächtliche Uebersteigen der Mauern ("echielle") (2). Froissart
schildert äusserst detailliert mehrere heimliche Angriffe, die in ihrem
Grundmuster den zahllosen Burgenbruch- und Burgeneroberungs-Sagen
entsprechen (3): So zum Beispiel die Eroberung des Schlosses Edinburgh
1340 durch keinen geringeren als William Douglas, der sich mit seinen
Schotten, als Händler verkleidet, Zutritt zum Kastell verschafft. Der
arglose Pförtner wird getötet, und auf das verabredete Hornsignal hin
eilen die am Fusse des steilen Berghügels versteckten Kumpane herbei (4).

---

(1) Vgl. dazu Fowler, Age, pp. 70 und 71.
(2) "Echielle" = Leiter. Die "echielle" wird in Froissarts Chroniques zum
Fachbegriff für diese Form des Ueberfalls eines befestigten Platzes.
Vgl. SHF VII, p. 155: "Entre les Compagnes, avoit là trois escuiers
de la terre dou prince, grant chapitainne de Compagnes et hardi et
apert homme d'armes durement, et grant aviseur et eskielleur de forterèces." Vgl. a. SHF IX, pp. 29-30, p. 142: "chevauchier à le couverte"; SHF XII, p. 23. Die Erwähnung von "Spionen" ist in diesem Zusammenhang in den Chroniques Gemeinplatz; vgl. z.B. SHF IX, pp. 29, 123.
(3) Vgl. etwa SHF XI, pp. 136-141; SHF XII, pp. 107-108.
(4) SHF II, pp. 51-52. Diese Anekdote erscheint als reichlich sagenhaft,
wie auch der ähnlichen Mustern folgende lange Bericht von der Einnahme
Evreux' (1357) durch Anhänger Karls von Navarra, SHF V, pp. 87-93.
Huizinga, Herbst, p. 141: "Die Feldherrenkunst hatte schon lange die
Turnierhaltung aufgegeben; der Krieg des vierzehnten und fünfzehnten
Jahrhunderts war ein Krieg des Anschleichens und der Ueberrumpelung,
der Streifzüge und der Plünderungen. (Vgl. auch Verbruggen, La
Tactique, bes. pp. 168-175.)

Der Literat Froissart fand grossen Gefallen an dieser Art eines "grant fait et perilleus" und an solcher "grant soubtileté" (1), mit der er hier die Klugheit des William Douglas zu rühmen weiss. Die "grant soubtileté" ist ein Merkmal des ritterlichen Vorbildes. Kühnheit ist nur erstrebenswert, wenn sie mit Schläue gepaart ist, kopfloses Draufgängertum dagegen findet bei Froissart keine Anerkennung. Im klug eingefädelten Hinterhalt oder im Vortäuschen grosser Stärke liegt oft das Geheimnis des Erfolgs bei Belagerungen (2). List und Schlauheit stehen deshalb nicht im Widerspruch zur Standessolidarität, wie sie etwa im Lösegeldwesen zu erkennen ist - diese konnte sich anschliessend in einem Akt der Milde gegenüber den besiegten Gegnern äussern. In Uebereinstimmung mit Froissart ist auch Bonet, der die Praxis der "Echielle" billigt (3), nicht aber in Friedenszeiten! Diese Einschränkung des Juristen bedarf wohl keines Kommentars.

Zu den Listen gehörten natürlich alle Formen der Täuschung und des Imponierens. Gewaltige Maschinen, ostentative Musterungen von Pferden und Mannschaft vor den Mauern eines Platzes (4), Aufmärsche im "grant arroy" (Schlachtordnung) und Schlachtgeschrei hatten den Zweck, Angst und Schrecken unter den Belagerten zu verbreiten. Der Erfolg blieb denn auch oft nicht aus, wie anschliessend zu zeigen sein wird, weil sich die Zivilbevölkerung in Anbetracht des drohenden Massakers und der Plünderung meist übergabewillig zeigte und damit oft genug in Konflikt mit der Besatzung geriet.

In andern Fällen berichtet Froissart, dass die Belagerten, wenn sie sich sicher genug fühlten, die Attacken des Gegners oft mit ihrer eigenen Form psychologischer Kriegführung - Hohnreden und unmissverständlichen Gesten - beantworteten. Dazu ein kurzer Abschnitt aus dem Bericht über

---

(1) SHF II, p. 51.
(2) Vgl. auch SHF VII, pp. 144-145.
(3) Bonet, Arbre (ed. Nys), p. 211. Vgl. Sandberger, Studien, p. 171: man habe immer zuvor "Fehde angesagt" und sei nie von dieser Praxis abgewichen. Dagegen Froissart, SHF II, p. 281: "... en fès d'armes convient ung seigneur qui voet venir à ses ententes, soutillier pluiseurs voies d'avantaige pour lui. Autrement il n'a que faire de gueriier...".
(4) Unterhaltend ist das Bsp. des "Monstre" von Ardre 1374, das die Engländer in der Stadt hätte schrecken sollen - die potentiellen Zuschauer waren aber nicht anwesend, SHF VIII, p. 184; vgl. a. SHF XIII, p. 71.

die Belagerung von Haimbon in der Bretagne durch Karl von Blois 1342:

> Li dis messires Charles avoit fait drecier quinze ou seize grans engiens qui gettoient grandes pièces as murs de Hembon et à la ville. Mais cil de dedens n'i acontoient nient gramment, car il estoient fort paveschiet et garitet à l'encontre. Et venoient à chies de fois as murs et as crestiaus, et les frotoient et passoient de leurs caperons par despit. (1)

Zu den spielerischen Kampfformen im Rahmen des Belagerungskrieges gehören die Scharmützel, auch übliche Begleiterscheinungen der Chevauchées. Zahllos sind die Erwähnungen der "coureurs", die dem Heer vorauseilen, an den äusseren Befestigungsanlagen - den "barrières" - eines belagerten Platzes "aventures" suchen, indem sie mutige Einzelkämpfer des Feindes zum Kampf herausfordern. Hier nun erscheint der Chevalier der höfischen Literatur, der sich von seinem "conroi" entfernt hat, "son glave en son poing, monté sus son coursier, son page derrière lui (...) et s'en vient jusques as bailles, et s'escueilla, et sailli oultre par dedens les barrières...". Der Zweikampf mit den "bons chevaliers" unter den Verteidigern kann beginnen (2).

Derartige Szenen sind in den Chroniques Gemeinplatz. Wir begnügen uns deshalb mit einem Beispiel aus dem Bericht über die Belagerung von Vannes 1342: "Comme bon chevalier et hardi", schreibt Froissart, hatten die französischen Verteidiger ein Tor offengelassen und einige seien an die "barrières" geeilt, um den sich weit vorwagenden englischen "coureurs" zu begegnen. Nach heftigem Kampf aber seien der Herr von Clisson und Hervé von Léon, Anführer der Franzosen, sowie auf Seiten der Angreifer der Lord Stanford in Gefangenschaft geraten (3). Die Meinungen über diese Art von militärisch riskanten Heldentaten müssen oft geteilt gewesen sein. Hier meint Froissart, manche unter den Angreifern hätten die Unvorsichtigkeit der Franzosen verurteilt, andere aber als "vaillance" gelobt (4). Für Froissart ist es die Bewährung in solchen Einzelkämpfen, die dem tüchtigen Ritter zum Kriegsruhm und zu Gefangenen

---

(1) Dazu hätten sie, "so laut, wie sie nur konnten", die Feinde mit Schmähungen in Zorn versetzt, SHF II, p. 171; ein anderer Fall ibid., pp. 248-249.
(2) SHF VII, p. 236.
(3) SHF III, pp. 25-27.
(4) SHF III, pp. 25-26.

verhilft. Die Lust zum kalkulierten Risiko gehört zur "Prouesse". Der
Chronist betont aber immer wieder, dass derartige Aktionen von der
Führung befohlen oder zumindest erlaubt sein müssen. Am Beispiel eines
Scharmützels vor der Stadt Nantes (1380) warnt Froissart auch vor Tollkühnheit:

> Là eut fait tamainte grant apertise d'armes, et s'abandonnoient
> aucun jone chevalier et escuier dou costé des François pour iaulx
> monstrer et agraciier de renommée moult avant, et tant que messires
> Tristans de la Galle i fu pris par sa f o l l e  e m p r i s e , et le prist
> uns escuiers de Hainnau, que on dist Thieris de Sonmaing. (1)

Besonders deutlich kommt im Belagerungskrieg die Aufteilung der Rollen
gemäss der sozialen Herkunft zum Ausdruck. Der Chevalier und der
Ecuyer sind die Kämpfer par excellence. Ihnen kommt die Hauptaufgabe
beim "assaut" und beim Scharmützel zu. Unterstützt werden die Angehörigen der Chevalerie durch die Hilfstruppen gemeiner Herkunft, meist
italienische Armbruster auf französischer Seite und die Bogenschützen
bei den Engländern, die ihre Pfeile "ouniement" (als Pfeilhagel) auf die
Zinnen richten, um die Verteidiger dauernd in die Deckung zu zwingen.
Wichtig aber sind auch die "Ingenieure" und Zimmerleute für die Belagerungsmaschinen (2); und oft haben auch die Mineure (3) entscheidende
Funktionen. Die Belagerer setzen zudem "villains" ein, welche die Gräben mit "fagots" (Rutenbündeln) aufzufüllen haben (4). Die Ehre aber
kommt allein den "hommes d'armes" zu, die das Unternehmen durchführen und die Hilfskräfte wirkungsvoll einsetzen. Diese Rollenaufteilung
illustriert Froissart in der vielzitierten Episode der Belagerung der Festung
von Cormicy 1360 (5), die dem Erzbischof von Reims gehörte. Englische
Mineure hatten unbemerkt den Turm des Kastells untergraben, worauf
der Anführer der Belagerer Barthelemy of Burgersh den Kapitän der

---

(1) SHF X, p. 23. Zahlreiche ausführliche Darstellungen von "escarmuces"
ibid., pp. 14ff. Zur Terminologie: "escarmucier" (plänkeln, scharmützeln) erscheint auch im Sinne von "fechten": "... lanchant, traiant
et escarmuchant" (ibid., p. 23). Vgl. dazu auch SHF II, pp. 72-73.
Anekdotenhafte Episoden entziehen sich natürlich einer Ueberprüfung
ihres Wahrheitsgehaltes.
(2( Kervyn, XIII, pp. 165 u. 169-170.
(3) SHF IV, pp. 151-152.
(4) SHF XI, pp. 120-121.
(5) SHF V, pp. 220-223.

Festung, Henri de Vaux, zur Uebergabe auffordert. Der Kapitän habe sich zunächst geweigert, sei dann aber nach der Zusicherung freier Rückkehr in die Burg mit weiteren Chevaliers herausgekommen, um die Mine zu begutachten: "sitost comme il fu là venus, il le menèrent à leur mine et li monstrèrent comment la grosse tour ne tenoit, fors des estançons de bos. Quant li chevaliers françois vei le peril, si dist à monsigneur Biertremieu: 'Certainnement, sire, vous avés bonne cause; et ce que fait en avés, vous vient de grant gentillèce: si nous mettons en vostre volenté et le nostre ossi.'" (1) Die Besatzung sei gefangengenommen worden und habe sich für diese Courtoisie bedankt: "car li Jake Bonhomme qui jadis regnèrent en ce pays, se il euissent ensi esté de nous au desuere (...) il ne nous euissent mies fait la cause parelle que vous avés" (2). Das unterscheidet für Froissart das Verhalten des Chevaliers von jenem der "villains": Die Auseinandersetzung hat den Charakter eines Wettstreits; in diesem Fall blieb die Kunst des Angreifers Sieger, der legitime Preis sind die Lösegelder, das Leben der gegnerischen Standesgenossen aber bleibt geschont.

Ganz so chevaleresk ging es aber in den weitaus meisten Fällen nicht zu, und es ist auch nicht erwiesen, dass Froissarts Darstellung der Belagerung von Cormicy zutrifft. Bei genauerem Hinsehen entpuppt sich beispielsweise die grosse Courtoisie - der Hinweis etwa, dass die Chevalerie anders handle als die "Jake Bonhomme" - als Bestandteil einer in direkter Rede gestalteten Szene. Die Höflichkeitsfloskeln, welche der Uebergabe der Festung ein romanhaftes Kolorit verleihen, stammen, wenn wir sie wörtlich nehmen, von Froissart, was schon das Datum der Ereignisse (1360) - mehrere Jahre vor der Niederschrift des ersten Buches der Chroniques - nahelegt. Der Vorgang der Unterminierung, die Aufforderung zur Uebergabe, die Kapitulation der Besatzung sowie die Gefangenennahme bilden das Skelett der Darstellung Froissarts und erscheinen, des literarischen Beiwerks beraubt, als durchaus möglicher und keineswegs aussergewöhnlicher Vorfall (3).

---

(1) SHF V, p. 222.
(2) Ibid., pp. 222-223.
(3) Shears sieht in dieser Szene einen Beweis für die "unlimited confidence" in das Wort des Gegners als Grundvoraussetzung "ritterlicher" Kriegsführung. Shears, Froissart, p. 144.

Trotz der zahllosen Scharmützel zur Förderung des Renommées und dem Wettstreit im Einsatz technischer Mittel wurde der Belagerungskrieg nicht als agonaler Sport betrieben. Militärisch wichtige Stützpunkte und grössere Städte in den umstrittenen Gebieten waren im 14. Jahrhundert stark befestigt, Belagerungen bedeuteten gewaltigen Aufwand an Menschen und Material und belasteten die Kriegführenden finanziell besonders stark. Dass dennoch mit grimmiger Entschlossenheit oft Wochen oder Monate belagert wurde, hat in erster Linie seinen Grund in der militärischen Bedeutung fester Plätze, denn mit Plünderung und Verwüstung allein waren keine längerdauernden Erfolge zu erzielen, da man sich im Herbst oder anfangs Winter nach der "douce saison" wieder zurückziehen musste. Die militärische Stärke beruhte langfristig auf der Kontrolle fester Plätze (1), wie die Erfolge Duguesclins zwischen 1370 und 1380 deutlich machen, als die Engländer auf Positionen zurückgedrängt wurden, die wenig günstiger waren als zu Beginn des Krieges (2).

Der Belagerungskrieg war aus diesem Grunde die weitaus grausamste und härteste Form der Kriegführung (3). Es ging um Machtpositionen, bei denen aber nicht allein militärische, sondern wesentlich auch politische Erwägungen im Spiele waren. So beschreibt Froissart in einer fiktiven Szene, wie schon zu Beginn des Krieges der Bischof von Lincoln als Vertreter Edwards III. seinen Amtskollegen, den Bischof von Cambrai, zur Uebergabe der Stadt aufforderte:

> Guillaumes d'Ausone, evesques de Cambrai, je vous amoneste, comme procuer de par le vicaire au roi d'Alemagne et a l'empereour de Romme, que vous voelliés ouvrir la chité de Cambrai, et requellier dedens le roi d'Engleterre, vicaire a l'empereour. (4)

Nachdem niemand geantwortet habe, sei an den Grafen von Hennegau die Bitte ergangen, mitzuhelfen "a corriger les rebelles" (5). Diese literarisch ausgestaltete Passage aus der dritten Redaktion des ersten Bu-

---

(1) Auch Froissart betont dies gelegentlich, Kervyn, XIV, p. 383: "Tant comme ils seront seigneurs de Calais, il dient ainsi que ils portent les clefs du royaulme de France à leur chainture."
(2) Vgl. Perroy, Guerre, pp. 131ff., bes. 137; Contamine, La guerre, pp. 61-67, bes. p. 66.
(3) Vgl. dazu auch Keen, Laws, pp. 119 u. 131.
(4) Diller, HS. Rom, pp. 310-311.
(5) Ibid., p. 311.

ches verdeutlicht den Rechtscharakter der Belagerung. Im Namen des Souveräns (1), der sein Recht auf den Platz geltend macht, wird Garnison und Bevölkerung zur Uebergabe der Stadt aufgefordert. Die anschliessende Verweigerung erscheint als Rebellion; der "orgueil" der "villains", wie es an anderer Stelle heisst (2), muss bestraft werden. Die Belagerung ist damit grundsätzlich eine Strafaktion gegen jene, die sich weigern, die Rechte eines Herrschers anzuerkennen, in dessen Namen die Uebergabe und damit auch die formelle Huldigung (3) gefordert wird. Am eindrücklichsten belegen dies jene Fälle, in denen eine Stadt oder eine Festung durch "assaut" - mit Gewalt - genommen wird: Die Unterlegenen haben kein Anrecht auf Schonung wie im Gefecht, beim Geplänkel an den Befestigungen oder in der offenen Feldschlacht. Dem Sieger ist es freigestellt, wie er seinen Gegner und dessen Güter behandeln will. Das berühmteste Beispiel in Froissarts Chroniques ist die Einnahme von Limoges durch den Schwarzen Prinzen 1370: Der Bischof der Stadt, Taufpate und enger Vertrauter des Prinzen, hatte die Partei Frankreichs ergriffen (4). Dies versetzte die Engländer in "grossen Zorn", und der Prince of Wales schwor Rache für diesen Verrat des Bischofs. Er zog die Belagerung auf mit dem Befehl, niemanden in der Stadt zu schonen.

---

(1) Wir können hier auf die Problematik des Reichsvikariats nicht eintreten; vgl. dazu Perroy, Guerre, pp. 79f.. Zum Begriff der mittelalterlichen Souveränität vgl. Keen, Laws, pp. 78f.; bezogen auf das Guyenne-Problem vgl. P. Chaplais. La souveraineté du roi de France et le pouvoir législatif en Guyenne au début du XIV$^e$ siècle. In: Le Moyen Age, LXIX (1963), pp. 449-469.

(2) Vgl. SHF XIII, pp. 21ff., 61 u. 138; vgl. z. B. ibid, p. 69: Die Bürger einer Stadt in Galizien erscheinen gegenüber dem König von Portugal als "orgueilleux", "traitres", "faulses gens", "rebelle". Diese Aufforderungen zur Uebergabe waren oft der formelle Beginn einer Belagerung: SHF XIII, pp. 63, 64, 69, 116. Froissart nennt diese formellen Eröffnungen vor allem in Galizien, wohl weil die Herolde dort als Dolmetscher dienten (SHF XIII, p. 69).

(3) Vgl. SHF III, pp. 83-84: Die Bewohner von La Réole schwören Edward III. Treue, das Kastell mit der Garnison bleibt französisch. Vgl. a. SHF II, p. 287; SHF III, pp. 76-79. Exemplarisch sind die Vorgänge in den Konflikten der Bretagne, vgl. SHF II, pp. 266-291. Die Beispiele liessen sich beliebig vermehren.

(4) SHF VII, p. 242: Die Stadt war zuvor an den Herzog von Berry übergeben worden nach einer Belagerung durch die Franzosen.

Nachdem eine Bresche in die Mauer gebrochen war, drangen die Engländer so ungestüm in die Stadt ein, dass niemand mehr Zeit fand zu fliehen. Der Herzog von Lancaster und die Grafen von Pembroke und Cambridge waren die Anführer; der Prinz, bereits schwer krank, liess sich in der Sänfte in die Stadt tragen:

> Là eut grant pité; car hommes, femmes et enfans se jettoient en genoulz devant de prince et crioient: "Merci, gentilz sires, merci!" Mais il estoit si enflammés d'air que point n'i entendoit, ne nuls ne nulle n'estoit ois, mès tout mis à l'espée, quanques on trouvoit et encontroit, cil et celles qui point coupable n'i estoient; ne je ne sçai comment il n'avoient pité des povres gens qui n'estoient mies tailliet de faire nulle trahison; mais cil le comparoient et comparèrent plus que li grant mestre qui l'avoient fait.
> Il n'est si durs coers, se il fust adonc à Limoges et il li souvenist de Dieu, qui ne plorast tenrement dou grant meschief qui y estoit, car plus de trois mil personnes, hommes, femmes et enfans, y furent deviiet et decolet celle journée. Diex en ait les ames, car il furent bien martir! En entrant en le ville, une route d'Englès s'en alèrent devers le palais l'evesque: si fu là trouvés et pris as mains et amenés sans conroy et sans ordenance devant le prince qui le regarda moult follement; et la plus belle parolle qu'il li dist, ce fu qu'il li feroit trenchier le tieste, foy qu'il devoit à Dieu et à saint Gorge, et le fist oster de sa presence. (1)

Der englische Kriegshistoriker Burne sieht in Froissarts Bericht nur Stimmungsmache eines Chronisten, "who knew well how to work upon the emotions of his readers" (2). Die übelsten "offenders of English blood" seien Froissarts Greuelmärchen gefolgt, obschon die Szene nur ein "figment of the chronicler's lurid imagiantion" sei (3). Hier übertreibt nun zweifellos auch Burne, denn die Gewalttaten in Limoges stellen im 14. Jahrhundert durchaus keinen Einzelfall dar (4).

Wir wollen uns nicht auf eine fruchtlose Diskussion einlassen, ob die Verlustzahlen, die Froissart anführt, der Wirklichkeit entsprächen und ob wirklich Frauen und Kinder getötet worden seien (5). Tatsache ist, dass

---

(1) SHF VII, pp. 250-251.
(2) Burne, Agincourt War, p. 22.
(3) Ibid.
(4) Vgl. SHF II, p. 334: "Sac" von Durham durch die Schotten 1341; SHF VII, pp. 20-21: Montcontour 1371; SHF IX, pp. 23f.: Duras 1372, um nur wenige Bspp. zu nennen.
(5) Vgl. Burne, Agincourt War, pp. 21-22. Zweifellos neigt die Chronistik in solchen Darstellungen zu starker Uebertreibung. Dennoch muss der "sac de Limoges" ein besonders gewalttätiges Exempel einer Straf-

nach der Meinung des Chronisten Unschuldige für den Verrat ihres Herrn
büssen mussten, der schliesslich zusammen mit mehreren Chevaliers der
Verteidiger einen Lösegeldvertrag erhielt (1). An Beispielen für Vor-
kommnisse, wie sie Froissart hier schildert, besteht im übrigen auch
nach anderen Quellen allein in den ersten Jahrzehnten des Hundertjährigen Krieges kein Mangel (2). Es fällt auf, dass die Strafaktion gegen
Limoges dem glänzenden Bild der Chevalerie eines Schwarzen Prinzen
keinen Abbruch tut, obschon laut den Chroniques das Gemetzel vom
Prinzen selbst befohlen worden war (3). Froissart äussert lediglich Er-
barmen mit den Opfern des "grant meschief". Der eigentliche Schuldige
in Froissarts Urteil bleibt aber der Bischof, der mit seinem Treuebruch
die Ursache der Uebeltaten war.

Der Zorn des Souveräns ist in Fällen von Treulosigkeit und Verrat nach
Meinung des Chronisten grundsätzlich gerechtfertigt. Dies wird auch am
Beispiel der Uebergabe von Calais illustriert, so sich Edward III. erst
durch die Tränen seiner Gattin und die Fürsprache mitleidvoller Cheva-
liers von ähnlichen Gewalttaten abhalten lässt (4). Ein Hauptmotiv für
grausame Strenge bei Belagerungen ist für Froissart immer wieder die
Rache. Beim "Sac" von Durham 1341 durch die Schotten heisst es, David
Bruce habe Rache nehmen wollen für die nächtliche Ueberrumpelung und
Gefangennahme des Grafen von Moret (5). Noch während oder unmittelbar nach der Schlacht von Roosebeke 1382 schildert Froissart, wie eine

---

aktion gegen das Gut des "verräterischen" Bischofs gewesen sein;
nach S. Luce beeinflusste die Härte der Engländer die Papstwahl Gre-
gors XI. (Dezember 1370), eines Neffen des Bischofs von Limoges,
als Ausdruck des Protestes der Kirche, SHF VII, p. cxv, Anm. 1.

(1) SHF VII, pp. 251f. und S. Luce, ibid., p. cxv, Anm. 1.
(2) Vgl. Hewitt, Organization, pp. 120ff., bes. 122-123: "... the fact
that such accounts could be written is evidence that when a town was
taken by force, its inhabitants or occupants might have short shrift.
Here also, in all probability, amid the carnage and excitement, occur-
red the more shocking scenes in the churches for, notwithstanding the
general principle that church property and churches should be exempt
from looting and destruction, in practice some of them suffered damage
of both kinds." Froissart betont auch bei Belagerungen ausdrücklich,
wenn Kirchengut geschont wird, SHF III, pp. 6-7.
(3) Vgl. Hewitt, Organization, p. 250.
(4) SHF IV, pp. 56-62. Ein ähnliches Bsp. SHF V, p. 143; der Abschrek-
kungseffekt auf die Bevölkerung und Garnisonen war natürlich beabsich-
tigt: der Herrscher will gefürchtet sein, "estre cremu", SHF XIII, pp. 154f.
(5) SHF II, pp. 250f. Vgl. a. einen Fall von "assaut" und Massaker aus
Rache SHF V, pp. 213f.

Schar von etwa zweihundert Lanzen sich - offenbar ohne Befehl - vom französischen Heer entfernte und Courtrai (Kortrijk) verwüstete mit der Begründung, sie wollten Rache nehmen für die einstige Niederlage der "fleur de France" (1302)! (1) Dies mag ein fadenscheiniger Vorwand für die Plünderung gewesen sein. Froissart berichtet aber, der französische König habe die Stadt anschliessend verbrennen lassen, nachdem er erfahren hatte, dass "gut zweihundert" Paar vergoldeter Sporen französischer Ritter in der Kirche von Kortrijk als Trophäen der Schlacht aufbewahrt würden. Der Chronist schliesst mit fast zynischer Genugtuung: "si leur ( = den Bewohnern der Stadt) sovenoit ossi ou tamps à venir, comment li rois de France i avoit esté" (2). Froissart motiviert die Art und Weise, wie die Franzosen 1382 in Flandern hausten, mit der Rebellion der Städte gegen ihren rechtmässigen Herrn, den Grafen von Flandern; die französische Invasion erscheint als Wiederherstellung der Ordnung und damit als eigentliche Strafaktion gegen Rebellen (3).

Die Sicherheit des "menu peuple", seien es Landleute oder die städtische Unterschicht, war in solchen Fällen gewaltsamer Eroberung kaum besser als jene dinglicher Güter. Froissart bringt dies zum Ausdruck, wenn er schreibt, 1340 hätten französische Garnisonen in Flandern bei einem Streifzug 2000 Stück Grossvieh, 100 000 "blanches bêtes" (Schafe?), 3000 Schweine und 500 Menschen - man beachte die Reihenfolge! - gefangen, "hommes, femmes, enfans pour être mis à rançon". Im Gegensatz zu Bonet verurteilt Froissart im allgemeinen die Einbeziehung der Landleute in das Schaden-Trachten keineswegs; hier fügt er aber an:

---

(1) SHF XI, p. 61: "Là i ot de rechief grant ochission et persecusion faite, aval la ville, des Flamens qui i estoient repus, ne on n'en prendoit nul à merchi; car li François haioient la ville durement pour une bataille qui jadis fu devant Courtrai, où li contes Robers d'Artois et toute la fleur de France fu jadis morte. Si s'en voloient li sucesseur contrevengier."
(2) SHF XI, p. 62. Zu den Sporen vgl. a. ibid., p. xiii, Anm. 3.
(3) SHF X, pp. 283-285 (Lehenseid des Grafen von Flandern für Artois beim französischen König); vgl. SHF XI, p. 1: "... et parlerons dou joue roi Charle de France (...) liquels avoit très grant volenté (...) d'entrer en Flandres pour abatre l'orgoel des Flamens." Philipp van Artevelde war für Froissart ein Verräter, weil er - im Gegensatz zum Feudalherrn - die Allianz mit England wünschte, SHF X, p. 284.

"et aucuns on laissa aller pour l'amour de Dieu" (1). Schonung aus christlicher Barmherzigkeit war während der Chevauchées und noch mehr bei Belagerungen die einzige Hoffnung der "villains". Froissart berichtet dagegen immer wieder, dass man auch im Falle einer gewaltsamen Eroberung die Kapitäne und sozial höher eingestuften Angehörigen der Chevalerie geschont habe; Abweichungen werden ausdrücklich registriert (2).

In der eroberten Stadt oder Burg galten bezüglich der Beuterei die gleichen Gesetze wie bei der Chevauchée. Dem Massaker - oder Gnadenakt - folgten unausweichlich Raub und Brand, ausgenommen bei Plätzen, die von militärischem oder ökonomischem Wert waren. Kastelle wurden mit eigenen Leuten besetzt, Städte erhielten Garnisonen, Calais als Brückenkopf sogar neue, englische Einwohner (3). Der gewaltsamen Eroberung gleichgestellt war die bedingungslose Kapitulation ("rendre simplement"). Berühmtestes Beispiel dafür ist der Fall von Calais 1347. Nach Froissarts Darstellung seien die Engländer erst nach langen Verhandlungen bereit gewesen, als Ehrenpfand für die Gewährung des freien Abzugs Geiseln zu nehmen. Es folgt dann die von Jean le Bel übernommene berühmte Episode der Bürger von Calais, die barfüssig und barhäuptig, im Büsserhemd und mit einem Strick um den Hals, die Schlüssel der Stadt übergaben und erst nach der Fürbitte der Königin Philippa von der Hinrichtung als "Rebellen" bewahrt blieben (4).

---

(1) SHF II, p. 189. Beim "Sac" von Caen 1346 schildert Froissart, wie Thomas Holland durch die Strassen geritten sei und viele Frauen, Mädchen und Nonnen vor den Untaten der entfesselten Soldateska bewahrt habe. Godefroy von Harcourt erliess im Namen des Königs - den er erst hatte überreden müssen - den Befehl, dass kein Haus angezündet, niemand getötet oder geschändet werden dürfe. Trotzdem seien viele Uebeltaten geschehen; SHF III, pp. 145-147.
(2) SHF III, pp. 111-112; SHF IX, pp. 102-105; SHF VII, pp. 20-21. Bei der Eroberung von Miremont 1345 dagegen seien "meismement li chapitainne" niedergemacht worden: SHF III, p. 110; vgl. a. ibid., pp. 115 u. 119-120.
(3) SHF IV, pp. 64f. (zumindest zum Teil), vgl. Perroy, Guerre, p. 95.
(4) Ibid., pp. 58-62' Jean le Bel, II, pp. 165-167; vgl. auch Knighton, Chronicon, II, pp. 51f.: "Milites villae custodes veniunt distinctium cum discoopertis capitibus habentes gladios transversos in manibus, quorum unus gladius significavit quod rex vi et armis villam conquisierat: alter vero, quod subjiciebant se ad voluntatem regis mittere eos ad mortem, vel aliter de eis faceret votum suum. Burgenses vero

Die Frage nach der Authentizität dieser Szene ist umstritten (1). Im Zusammenhang unserer Fragestellung ist dies aber nicht von Bedeutung. Wesentlich ist, dass die Uebergabe eines Platzes ohne Bedingungen grundsätzlich die gleiche Wirkung hatte wie die Eroberung; man war dem Gegner ausgeliefert, und es stand ihm frei, die Bewohner oder die Besatzung "à merci" zu behandeln oder "sans merci" zu berauben und eventuell zu töten (2). Es ist unter diesen Umständen leicht zu verstehen, dass die Stadtbewohner durch die Aussicht auf ein gewaltsames Ende durchwegs die letzte Konsequenz zu vermeiden trachteten. Dazu gab es die Möglichkeit, durch einen Uebergabevertrag mit Huldigung frühzeitig bessere Bedingungen auszuhandeln.

> Tous jours ne poet on pas demorer en un lieu. SHF III, p. 89.

Uebergabe durch Vertrag

Viele der bei Froissart beschriebenen Belagerungen enden nicht durch "assaut", sondern durch "trettié" (Vertrag). Die Besatzung eines Kastells oder einer Stadt und deren Einwohnerschaft, die erkennen muss, dass sie sich nicht mehr längere Zeit wird halten können, tritt mit den Belagerern in Unterhandlungen. Als Mittler dienten in solchen Fällen Vertrauensleute aus den Reihen der Kämpfer oder Herolde (3). Im Falle einer Uebereinkunft resultierte schliesslich ein mündlicher oder schriftlicher Vertragsabschluss, der die Modalitäten der Uebergabe und deren Bedingungen formulierte. Das Vorgehen wird in den Chroniques an zahlreichen Beispielen

---

procedebant cum simili forma, habentes funes singuli in manibus suis, in signum quod rex eos laqueo suspenderet vel salvaret ad voluntatem suam; et voce altisona regi clamabant, quod false et proditiose villam tenuerant et defenderant contra eum."

(1) Vgl. McKisack, Fourteenth Century, p. 137; Contamine, guerre, p. 30.
(2) Ein weiteres Bsp. für bedingungslose Kapitulation vgl. SHF III, pp. 88-90. Abziehende Garnisonen mussten zuweilen schwören, nicht mehr für den Feind zu kämpfen. In wenigen Fällen erwähnt Froissart auch den Abzug zu Fuss, ohne Besitz, d. h. unter entehrenden Bedingungen: SHF VI, pp. 147-148, 320-322. Vgl. dazu a. Schaufelberger, Schweizer, pp. 175-176. Zum 'Recht auf Totschlag" bei der gewaltsamen Einnahme vgl. Keen, Laws, p. 121.
(3) Zur Funktion der Herolde vgl. SHF VIII, p. 15. Vgl. auch die feierliche Uebergabe von Evreux 1378 an Coucy und Rivière "comme commissaire authentique" des Königs von Frankreich "et procureur general par l'enfant de Navarre", SHF IX, p. 65.

ungefähr folgendermassen dargestellt:

> Li bourgois de le ville, qui doubtèrent le leur à perdre, leurs biens, leurs femmes et leurs enfans, regardèrent que à le longe il ne se poroient tenir. Si priièrent as deux chevaliers qui là estoient, qu'il trettiassent à ces signeurs d'Engleterre, par quoi il demorassent à pais et que li leurs fust sauvés. Li chevalier, qui assés bien veoient le peril où il estoient, s'i acordèrent assés legierement. Et envoiièrent un hiraut de par yaus au conte Derbi, pour avoir respit un jour tant seulement et parlement de composition. Li hiraus vint devers le dit conte qu'il trouva sus les camps assés priès de le ville, et li remoustra ce pour quoi il estoit là envoiiés. Li contes d'i acorda et fist retraire ses gens, et s'en vint jusques as barrières parlementer à chiaus de le ville. (1)

Diese Beschreibung der Uebergabe von Lisle (bei Périgueux, Dordogne) an den Grafen von Derby 1345 zeigt das eingangs beschriebene Grundmuster des Vorgehens; für die Verhandlungen wurde eine Kampfpause gewährt. Die ausgehandelten Bedingungen für eine Uebergabe unter Schonung der Güter und des Lebens der Einwohner waren in diesem Fall: der Treueid gegenüber dem Vertreter Edwards III. und die Stellung von zwölf Geiseln sowie als Gegenleistung freier Abzug für die französische Garnison (2). Ein Musterbeispiel für eine stufenweise Uebergabe auf dem Vertragsweg sind die drei Abkommen, die die Franzosen benötigten, um 1356 in den Besitz des navarresischen Evreux zu gelangen: Zuerst erzielten die Belagerer einen Vertrag für die Vorstadt, nach anschliessender Belagerung der Cité, die von einem zweiten Mauerring umschlossen war, wurde ein weiterer Vertrag geschlossen, und schliesslich, sieben Wochen später, ergab sich auch die Garnison des Kastells durch einen dritten Vertragsabschluss (3). Die Besatzung erhielt freien Abzug, "salve le leur et leurs corps" (4).

Derartige Verträge enthielten Bestimmungen über die Bezahlung von Lösegeldern oder die zwangsweise Lieferung von Lebensmitteln durch die Verlierer (5) - aber auch die Zusicherung freien Geleits für die Garnisonen

---

(1) SHF III, p. 57.
(2) Ibid.
(3) SHF IV, pp. 191-193. Vgl. Keen, Laws, pp. 119. Derartige "dreistufige" Eroberungen einer Stadtbefestigung kamen oft vor.
(4) SHF IV, pp. 192f.; Aktenbelege bei S. Luce, ibid., p. lxviii, Anm. 1.
(5) Lösegelder: SHF VIII, pp. 81-83; SHF XI, pp. 30-35; SHF XIII, p. 29; La Rochelle bezahlte 1372 möglicherweise 50 000 L. T. Lösegeld, vgl. S. Luce, SHF VIII, p. xlv, Anm. 1. Lebensmittel: SHF VII, pp. 148-149: Die Besatzung von Rochemadour wird 1369 verpflichtet, das gegnerische Heer 15 Tage lang zu verpflegen.

in einen nahegelegenen Platz, der von ihren Leuten gehalten wurde. So konnten die Navarresen der Festung Bretueil nach ihrem Vertragsabschluss mit den Franzosen im August 1356 nach Cherbourg abziehen, "jusques à là eurent il conduit dou roy" (1). Bei La Réole (1345), schreibt Froissart, habe die Besatzung bei den Belagerern sogar Pferde für den Abzug gekauft (2). Zuvor hätten die Städter bei der Kapitulation schwören müssen, ihren bisherigen Kapitän im Kastell zu bekämpfen (3).

Der Grund für derartige vertragliche Regelungen war kaum humanitäre Gesinnung, sondern ganz einfach kühles Abwägen von Aufwand und Nutzen seitens der Belagerer. So waren 1372 die Bürger der Stadt La Rochelle angesichts der Bedeutung ihrer Stadt in der Lage, den Franzosen harte Bedingungen für einen Treueid zu stellen. Sie verlangten und erhielten (4): 1. die Erlaubnis, das Stadtkastell niederzureissen; 2. die Integration ihres Stadtgebietes in die Krondomäne; 3. die Schaffung einer Münzstätte für La Rochelle; 4. die Ausnahme von jeglicher Steuererhebung ohne ihre Zustimmung und schliesslich die formelle Loslösung von ihrer Treuepflicht gegenüber dem englischen König durch den Papst (5). Karl V. habe zugestimmt, meint Froissart, weil die Stadt La Rochelle die wichtigste dieses Teils des Königreichs gewesen sei.

Froissart weist immer wieder auf die Wut der Angreifer hin, wenn hartnäckiger Widerstand eine Belagerung in die Länge zog oder grosse Verluste die Belagerer schwächten. Die Schwierigkeiten beim Fouragieren, geringe Aussicht auf Beute und der Gedanke an die grossen Löcher in der Kasse des Seigneurs im Falle eines Misserfolgs erklären in vielen Fällen den Rachedurst, der sich bei einer gewaltsamen Eroberung in Greueltaten Luft machte. Bei zunehmenden Verlusten und bei erlittenem Schaden waren deshalb die Belagerer nur in zwingenden Fällen zu Verträgen bereit;

---

(1) SHF IV, p. 198.
(2) SHF III, pp. 89-90.
(3) Ibid, pp. 83-84.
(4) S. Luce, SHF VIII, p. xliv, Anm. 1-3.
(5) SHF VIII, p. 82: "Quintement il voloient et requeroient que li rois les fesist absorre et dispenser de leurs fois et sieremens qu'il avoient juret et prommis au roy d'Engleterre, la quele cose estoit us grans prejudices à l'ame, et s'en sentoient grandement cargié en conscience. Pour tant il voloient que li rois à ses despens leur impetrast du Saint Père le pape absolution et dispensation de tous ces fourfais."

gewöhnlich verlangten sie dann die bedingungslose Kapitulation (1).
Konzilianter zeigte man sich dagegen, wenn eine erfolgverheissende
Attacke nicht in Aussicht stand oder die Zeit für andere Einsätze drängte (2).

"Trêves"  Die vertragliche Uebergabe eines Platzes musste gegenüber dem Souverän der Besatzung und der Bevölkerung
gut begründet sein; andernfalls wurde sie als Akt des Verrates beurteilt.
Dabei war natürlich die Dauer des Widerstandes ein wichtiges Kriterium (3). Aus diesem Grund versuchten sich die Belagerten häufig durch
einen Aufschub, den Froissart als "trêve", "respit" oder "souffrance"
bezeichnet, aus der Affäre ziehen (4). Eine solche Waffenruhe konnte
für die Dauer von Verhandlungen abgeschlossen werden (5) oder auch
für eine längere Frist unter besonderen Bedingungen, von denen noch die
Rede sein wird. In manchen Fällen war es den Belagerten gestattet, frei
ein und aus zu gehen. So schreibt Froissart zu einem dreitägigen Waffenstillstand während der Belagerung von Evreux durch die Franzosen 1378,
als man verhandelte: "... en cielle tieuwe chil d'Evreuses pooient paisiblement venir en l'ost et chil de l'ost en Evreuses" (6). Gelegentlich
sollen einige der Belagerten oder sogar die ganze Garnison den Waffenstillstand dazu benützt haben, sich aus dem Staub zu machen (7). Ein sonderbares Beispiel dafür war die Uebergabe von Agen an die Franzosen 1346.

---

(1) SHF VIII, p. 16: 1371 weigerte sich John of Gaunt (Lancaster) zunächst, dem belagerten Montpont (Dordogne) einen Vertrag zu gewähren. Froissart lässt Lancasters Vertreter argumentieren: "Signeur, vous avés durement courouciè monsigneur, car vous l'avés ci tenu plus de onse sepmainnes où il a grandement fraiiet et perdu de ses gens; pour quoi il dist qu'il ne vous recevera ja ne predera, se vous ne vous rendés simplement, et encores voet il tout premierement avoir monsigneur Guillaime de Montpaon et faire morir, ensi qu'il a desservi comme trahitour envers lui." Vgl. auch SHF V, p. 10; ibid., pp. 213-214; Vgl. dazu Keen, Laws, p. 120.
(2) Vgl. SHF IV, pp. 197-198.
(3) Zu den Rechtsfragen vgl. Keen, Laws, pp. 125ff.
(4) Beispiele folgen unten im Text. Eine inhaltliche Systematik dieser Begriffe bei Froissart konnten wir nicht erkennen.
(5) Z. B. SHF VIII, p. 15: "Li duc (Lancaster) par conseil des barons (...) donna respit à chiaus de dedens, tant que il euissent parlementé à lui". Aehnliche Aufschübe gab es vor Schlachten, vgl. SHF VI, p. 158.
(6) SHF IX, p. 65.
(7) Z. B., weil sie den Waffenstillstand nicht unterzeichnen wollten, vgl. SHF VIII, p. 97.

Die Belagerten erbaten sich bei ihren Gegnern einen "respit" für die Dauer eines Tages zur Feier der Lichtmesse, der ihnen gewährt wurde. Am Feiertag seien die englischen Söldner unter einem gewissen John of Norwich zu Pferd mit vollem Gepäck vor der Stadt erschienen und mitten durch das Heer der erstaunten Belagerer abgezogen. Der Anführer der Franzosen habe es abgelehnt einzugreifen, da kein Recht zur Gewaltanwendung bestehe und man halten müsse, was versprochen sei (1).

Längere Waffenstillstandsbestimmungen enthielten detaillierte Angaben über eine Kapitulation nach Ablauf der Frist, die Wochen oder Monate dauern konnte. Froissart nennt als in solchen Fällen übliche Floskel die Vertragsbedingung, dass ein Platz übergeben werde, wenn er in der gesetzten Frist nicht Hilfe erhalten habe (2). Ein Muster für derartige Uebereinkommen ist der Kapitulationsvertrag für Saint-Sauveur-le-Vicomte in der Bretagne mit den belagernden Franzosen 1375:

> Si esploitièrent si bien que uns respis lor fu acordés par tel manière, que se dedens la close Paske il n'estoient conforté dou duc de Bretagne personelment, il renderoient la forterèce, et c'estoit environ le miquaresme, et ce terme pendant, on ne leur devoit faire point de guerre, et ossi il n'en feroient point; et se defaute estoit que dou duch de Bretagne il ne fuissent conforté et secouru dedens le jour qui expresseement y estoit mis, il livreroient presentement bons hostages pour rendre la forterèce. Ensi demora Saint Salveur en composition... (3).

Als die interessantesten Vertragspunkte, die hier in den Grundzügen richtig wiedergegeben sind (4), erscheinen die Hilfeleistungsklausel und die Stellung der Geiseln als Unterpfand der Vertragserfüllung. Der Vertrag sieht ausserdem noch die Zahlung einer grossen Geldsumme an die Engländer vor für die Uebergabe der Stadt, was Froissart offenbar nicht wusste (5). Die Hilfeleistung im Vertrag von Saint-Sauveur wird folgen-

---

(1) Der Vertrag habe es den Belagerten gestattet, nach Belieben die Stadt zu verlassen, SHF VIII, p. 118.
(2) SHF VIII, p. 197: "... et se là en dedens il n'estoient conforté...".
(3) SHF VIII, pp. 197-198.
(4) Der Vertrag wurde am 21.5.1375 abgeschlossen; S. Luce gibt in SHF VIII, p. cxxii, Anm. 3, den Inhalt wieder. Die Daten Froissarts sind unrichtig. Der Waffenstillstand war bis zum 3. Juli angesetzt.
(5) 40 000 Francs für die Stadt und persönliche Prämien für die Kapitäne der Garnison, für die sich die französischen Anführer persönlich verpflichteten; ibid.

dermassen umschrieben: die Engländer werden aufgefordert, in der gesetzten Frist so grosse Verstärkung zu entsenden, dass die Franzosen gezwungen sind, die Belagerung aufzuheben (1). Es handelt sich bei dieser Vertragsbestimmung aber nicht darum, die Besatzung numerisch zu vergrössern, sie auszuwechseln oder die Festung neu zu bestücken und mit Lebensmitteln zu versehen, sondern um die Festsetzung eines Kampfes innerhalb der "trêve" (2). Bestimmungen dieser Art entsprechen der formellen Herausforderung zur Schlacht. Der umfangreichste Vertrag dieser Art betrifft die Uebergabe von ganz Poitou an die Franzosen. Er wurde am 18. September 1372, veranlasst durch die Belagerung von Thouars durch die Franzosen, in Surgières abgeschlossen. Das von S. Luce begleitend publizierte Abkommen (3) stipuliert, dass ganz Poitou dem französischen König huldigen werde, falls Edward III. nicht bis zum kommenden 30. November eine Schlacht liefere. Vor Thouars, das während des Waffenstillstandes neutralisiert war, erschien zwar ein kleines englisches Entsatzheer unter Thomas Felton, dem einige englandtreue Barone aus Poitou gefolgt waren (4); es musste sich aber wieder zurückziehen. Poitou wurde am 1. Dezember 1372 französisch (5).

Froissarts Darstellung dieser Vorgänge enthält zwar einige Vereinfachungen und Irrtümer (6), im Grundsatz gibt er aber in diesen überprüfbaren Fällen die Modalitäten von Uebergabeverträgen richtig wieder. Dies gilt auch für das Abkommen von Brest vom 6. Juli 1373, das den Engländern vorschrieb, innert Monatsfrist die Stadt zu entsetzen (7). Als diesmal

---

(1) Der Vertrag stimmt mit Froissarts Darstellung überein, ibid.
(2) Zu den Komplikationen bei der Uebergabe von Saint-Sauveur vgl. SHF VIII, pp. 212-214. Saint-Sauveur wurde irrtümlich nach dem Abschluss des Waffenstillstandes von Brügge vom 22. 6. 1375, der St. Sauveur einschloss, übergeben, wohl weil die Boten noch nicht dorthin gelangt waren. Edward III. protestierte aber vergeblich bei der französischen Krone, ibid., p. cxxvii, Anm. 1.
(3) SHF VIII, pp. 89-103. Der Vertrag ist von S. Luce publiziert worden: SHF VIII, pp. clv-clix.
(4) SHF VIII, pp. 98-100.
(5) Ibid., p. lv, Anm. 1.
(6) Ibid., pp. 90-92 und 95. Nach Froissart wurde der Vertrag in Thouars abgeschlossen; sodann gibt der Chronist die Daten des Waffenstillstandes falsch an und behauptet, Edward III. habe eine Flotte entsenden wollen, was kaum zutrifft. Vgl. S. Luce, ibid., p. liv.
(7) Wir zitieren den Text des Vertrages, SHF VIII, p. clx: "Et en cas que le duc ne vendra le derrain jour du dit mois de paiz ou si fort que il puisse tenir les champs en place egal devant la dicte ville et chastel

die Engländer tatsächlich mit einer Streitmacht anrückten, verweigerte
Duguesclin - nach den Chroniques mit formalistischen Ausreden - den
Kampf, und Brest blieb englisch (1).
Wir können nicht auf die oft ausserordentlich komplexen Einzelheiten der
Verträge eingehen, und auch die detaillierte Schilderung der Ereignisse
und Zwischenfälle, die etwa bei Brest den Ablauf des Waffenstillstandes
kennzeichneten, würde eine gesonderte Untersuchung erfordern. Als Ergebnis erscheint uns aber die Feststellung wesentlich, dass derartige Bestimmungen nicht der Fabulierlust eines Chronisten entsprungen, sondern
tatsächlich belegbar sind. Verträge dieser Art erscheinen in der Optik
des 20. Jahrhunderts zunächst als besonders ritterliche Courtoisie.
Sandberger glaubt, in den "Spielregeln" des Belagerungskrieges "etwas
Sportliches" erkennen zu können, wenn er schreibt: "Zugleich gab der
Abschluss eines solchen Vertrages dem ganzen Kriege frisches Leben,
indem er die Partei der Verteidiger zum Angriff zwang" (2). Ganz so
sportliches Denken lag aber diesen Vertragsabschlüssen nicht zugrunde,
was schon aus der Tatsache hervorgeht, dass Entsatzschlachten in den
Chroniques Froissarts nicht zu belegen sind. Diese Verträge entsprachen
vielmehr rechtlichen Erfordernissen. Die "trêve" entband die Verteidiger
von der Verantwortung für die Uebergabe eines Platzes, denn nun war es
an ihrem Herrn, von aussen her zu handeln. Wenn dies nicht geschah, waren die Belagerten moralisch berechtigt, ohne als Verräter zu gelten,
nach den Vertragsbedingungen zu kapitulieren, was neben freiem Abzug
und Schonung der Bevölkerung auch noch Geld einbringen konnte, wie der
Uebergabevertrag von Saint-Sauveur bereits deutlich gemacht hat. Auch
die Vorteile für die Angreifer liegen auf der Hand: Sie sparten Kosten
und Mühe, denn die schliessliche Uebergabe war ihnen meist sicher angesichts des deklamatorischen Charakters der Hilfeleistungsklauseln dieser Verträge, die im Grunde wie die Herausforderungen zur Schlacht, von
denen noch die Rede sein wird, zur Formalität geworden waren.

---

  de Brest, nous (i.e. die Belagerten) ... suimes tenuz de wyder, delivrer,
  et baillier ou nom du duc de Bretagne la dicte ville et chastel de Brest
  ès mains du viscomte de Rohan...".
(1) SHF VIII, pp. 142-146; der Text des Vertrages ibid., pp. clxff.
(2) Sandberger, p. 176: "Diese Sitte, lange Belagerungen im Interesse beider
  Parteien zu vermeiden, hat etwas Sportliches an sich und bedeutet einen
  grossen Schritt vorwärts in der zunehmenden Zivilisierung und Humanisierung der Kriegführung, wie sie gerade im 14. Jahrhundert unter dem
  Einfluss des Rittergedankens festzustellen ist."

Geiseln   Die angeführten Verträge verlangten meist von den Belagerten die Stellung von Geiseln. Ihre Rechtsstellung bei Belagerungen scheint bedeutend ungünstiger gewesen zu sein als jene der Lösegeldgeiseln. Geiseln haben im Sprachgebrauch Froissarts die Stellung eines Unterpfandes. Die verwendeten Begriffe sind "crant", "plege" oder "hostage" (1). Wiederholt hören wir von der Drohung, die Geiseln zu töten (2), um die Uebergabe eines Platzes zu erwirken. Der Herzog von Anjou liess 1373 vor der Festung Derval vier "hommes d'armes" hinrichten, weil Robert Knollys, der Derval als sein Eigentum betrachtete, einen von seinen Leuten abgeschlossenen Uebergabevertrag nicht einhalten wollte. Knollys antwortete darauf mit der ostentativen Hinrichtung von acht französischen Gefangenen (3). Die Geisel als Ehrenpfand konnte bei Vertragsbruch getötet werden. In der Regel aber liess man es offenbar nicht zum Aeussersten kommen; in den Chroniques ist dies beispielsweise der einzige Fall derartiger Härte, den wir finden konnten.

Verrat   Hart waren auch die Sanktionen gegen jene, die einen Platz zu früh, leichtfertig oder aus Gewinnsucht übergaben. Durch exemplarische Bestrafung versuchten die Kriegsparteien, ihre Söldner von der Verlockung abzuhalten, dem Risiko eines Angriffs oder einer lange währenden Belagerung durch Nachgeben zu begegnen. Die Chroniques berichten von zahlreichen Fällen von Verrat durch vorzeitige Uebergabe. So wird von einem Kapitän der Burg Escauduevre bei Cambrai berichtet, der 1340 von den Franzosen belagert wurde und nach "weniger als sechs Tagen" gegen eine Geldsumme kapitulierte. Er habe sich aber seines leichten Gewinnes nicht lange erfreuen können, denn er sei zusammen

---

(1) Kervyn, II, p. 296: "... et li fu bailliet en crant et en plege la ville et castellerie de Lourdes"; Kervyn, IV, p. 236: "il en baillèrent sis bourgois de leur ville en crant et en hostage"; SHF III, p. 37: "... et de ce envoieroient il douze de leurs plus honnourables hommes en le bonne cité de Bourdiaus, en nom de crant".
(2) Vgl. SHF XIII, pp. 265-167; SHF VIII, pp. 212-214; dazu natürlich Calais: SHF IV, pp. 58-62.
(3) SHF VIII, pp. 158-160 u. SHF XII, pp. 36-37: Espan von Lion erwähnt den Fall ebenfalls (Orthez-Reise). Weitere Fälle führt Keen, Laws, p. 130, an. Genauere Rückschlüsse auf den Rechtsstatus und die Behandlung von Geiseln lassen sich aus den formelhaften Erwähnungen der Chroniques nicht gewinnen.

mit einem Knappen gefangengesetzt, nach Mons im Hennegau gebracht und dort "villainement" hingerichtet worden (1). 1369 gingen die Engländer gewaltsam gegen jene vor, die gegen die Bestimmungen des Vertrages von Brétigny zu den Franzosen übergelaufen waren. Unter anderen wurden die Ländereien und Besitzungen des Vicomte de Brosses verheert und schliesslich dessen Hauptsitz, Brosses (2), der von den Bretonen verteidigt wurde, eingenommen, Da der Vicomte ein Verräter war, begnügten sich die Engländer nicht mit dem üblichen Rauben und Brennen. Sechzehn der Verteidiger wurden zudem zum Zeichen der Ehrlosigkeit ihres abwesenden Herrn "en leurs propres armeures" aufgehängt (3).

Die Kriegsparteien waren zuweilen gut beraten, wenn sie ihre professionellen Söldnerkapitäne nicht nur durch abschreckende Strafen zur "Treue" zu zwingen suchten, sondern möglichst schon zu einem früheren Zeitpunkt präventiv eingriffen. Als beispielsweise dem Capital de Buch 1370 zu Ohren kam, Bürger und Garnisonen von Lalinde (b. Bergerac) seien gegen Geld zur Uebergabe an die französischen Belagerer bereit, liess er laut den Chroniques die Stadt besetzen, wobei der Capital höchst persönlich den Kapitän der Garnison umbrachte (4). Die Bürger seien nicht

---

(1) SHF II, pp. 19-20, 209. Die Episode stammt von Jean le Bel, vgl. dazu Jean le Bel, I, p. 173: "par deffaulte de coeur ou par trahison". Verträge mit Kapitänen enthielten zuweilen Klauseln über die Minimaldauer, in der ein Platz gehalten werden musste; Keen, Laws, pp. 125f.
(2) Zur Lage von Brosses vgl. Luce, SHF VII, p. lxv, Anm. 4.
(3) SHF VII, p. 139: "Si tut toute la ville courue, arse et robée, et y perdirent li habitant et li demorant tout le leur. Encores en y eut fuison de mors et de navrés et de noiiés, et puis si s'en retournèrent li Englès et leurs routes en le cité de Poitiers, pour yaus mieulz à leur aise rafreschir." Mit dem Ausdruck "en leurs propres armeures" meint Froissart möglicherweise die formelle Entehrung: "subversio armorum"; vgl. Contamine, Etat, p. 192.
(4) SHF VII, pp. 230f.. Der Grund für die Bestrafung: "Et tant fu preeciés li dis capitainnes messires Thonnés qu'il s'i acorda ossi, parmi une somme de florins qu'il devoit avoir et grant pourfit tous les ans dou duch d'Ango et sur ce estre bons François." Weitere Fälle vgl. SHF II, pp. 209f.; SHF IV, pp. 70-81, 98-99; SHF V, pp. 127-131 (Hinrichtung von 17 Bürgern und einem Geistlichen in Amiens, als diese 1358 Navarresen in die Stadt eindringen liessen. Vgl. auch S. Luce, SHF V, p. xl, Anm. 4; SHF VII, pp. 161-162; ein Fall von Freispruch: SHF VIII, pp. 247-250.

massakriert worden (von den eigenen Leuten!), hebt Froissart besonders hervor:

> ... ensi demora li ville englesce, et fu adonc en grant peril d'estre courue et arse des Englès proprement, et les gens tout mort ... Mais il s'escusèrent si bellement que ce qu'il en avoient fait ne consenti a faire, c'estoit par c r e m e u r .... (1).

<u>Bürger und Garnisonen</u>  Die Entschuldigung der Bürger, sie hätten sich "aus Furcht" den Anordnungen des Garnisonskapitäns gefügt, ist glaubwürdig, auch wenn Froissart die Strenge bei der Bestrafung von Verrätern und die Wirkung der Drohungen, denen die städtische Zivilbevölkerung ausgesetzt war, überspitzt darstellen mag (2). Nach den Angaben der Chroniques war das Verhältnis der Stadtbevölkerung zu jenen, die mit ihrem Schutz beauftragt waren, in vielen Fällen sehr gespannt. Es erscheint beinahe als Regel, dass die Mehrzahl der Bürger für rasche Uebergabe war im offensichtlichen Bestreben, das Uebel einer gewaltsamen Einnahme ihrer Stadt um jeden Preis abzuwenden. Dabei ist zwar zu berücksichtigen, dass Froissart die militärischen Tugenden der Stadtbevölkerung allgemein sehr gering achtet; dennoch aber dürfte seine Darstellung grundsätzlich zutreffen. Die Stadtbevölkerung wusste nur zu gut, dass im Falle der Gewaltanwendung ihr Leben und ihre Güter den Angreifern auf Gedeih und Verderb ausgeliefert waren, während die Besatzungen im Falle der Uebergabe oft gute Aussichten hatten, mit dem Leben davonzukommen oder gar freien Abzug zu erhalten (3).

Das Verhältnis zwischen Bürgern und Garnisonen wird in folgender Episode illustriert. Die Franzosen unter dem Herzog von Anjou belagerten 1377 Saint Malcaire. Als sie erkannten, dass sie sich nicht lange mehr würden halten können, traten sie mit den Gegnern in geheime Verhandlungen, weil sie eine gewaltsame Eroberung befürchten mussten:

---

(1) SHF VII, p. 231.
(2) Vgl. z. B. SHF VIII, pp. 129-130: Die Bewohner von Haimbon hätten 1373 ihre Stadt nur aufgrund der Drohungen Duguesclins übergeben, obschon sie nie gefallen wäre. Vgl. a. SHF IX, p. 64.
(3) Wie es 1377 in Duras geschah, SHF IX, p. 24. Es gibt aber auch Gegenbeispiele, vgl. SHF VII, p. 135.

... on leur prommettoit tous les jours, se par force il estoient pris, sans merci il seroient tout mort. Si se doubtèrent de le fin que elle ne leur fust trop cruelle, et fisent un secret traictiet devers les François que volentiers il se renderoient, saulve le leur et leurs biens. Et les gens d'armes qui dedens Saint Makaire estoient perchurent ce convenant; si se doubtèrent des hommes de le ville que il ne fesissent aucun mauvais traictiet contre yaux. Si se traisent tantost au castiel qui est biaus et fors et qui fait bien à tenir, et y boutèrent tout le leur et encorez assés dou pillage de le ville. (1)

Die Stadt wurde darauf französisch, die Garnison zog sich auf das Stadtkastell zurück und ergab sich bald gegen einen Vertrag, der ihr freien Abzug "sauf leurs corps et leurs biens" sowie freies Geleit bis Bordeaux zusicherte (2). Dieser Fall ist in mehrfacher Hinsicht exemplarisch. Er zeigt zunächst, wie die Angst der Stadtbewohner durch Drohungen der Angreifer geschickt gesteigert wurde (3). Die Besatzung ihrerseits befürchtete eine verräterische Uebergabe durch die Bürger, für die sie verantwortlich gewesen wäre. So musste sie im eigenen Interesse auf der formalen Einhaltung der Treuepflicht bestehen, indem sie das Kastell noch einige Zeit hielt. Zu beachten ist sodann die beiläufige Bemerkung Froissarts, die Garnison habe auf ihrem Rückzug ins Kastell ihr Hab und Gut sowie "assés dou pillage de le ville" mitgenommen.

In vielen Fällen zeigten sich die Bürger entschlossen, ohne Rücksicht auf ihre Garnisonen zu handeln. So übergaben jene von Bergerac ihre Stadt 1377 ohne vorherige Konsultation des Kapitäns an die Franzosen (4). Die Bürger von La Rochelle hatten 1372 die englische Garnison, die sie durch eine List aus dem Kastell gelockt hatten, gefangengesetzt und ihre Stadt übergeben (5). In andern Fällen genügte die Festnahme des Garnisonskapitäns (6). Nicht selten waren die Bürger aber unter sich uneins über ihre Ziele. Die städtische Unterschicht, die "menus gens" oder "communs", neigten nach der Darstellung der Chroniques durchwegs

---

(1) SHF IX, p. 19. Vgl. auch SHF VII, p. 360: "pais honteuse" der Gemeinen von Rochemadour.
(2) Ibid., p. 20.
(3) Massive Drohungen mit Gewaltakten, selbst gegen Gefangene, scheinen häufig vorgekommen zu sein, vgl. z.B. SHF II, pp. 93-95.
(4) SHF IX, p. 12.
(5) SHF VIII, pp. 81-83.
(6) SHF IV, p. 138; vgl. auch SHF VII, pp. 114-115; SHF VIII, pp. 71-73; SHF III, pp. 76-79; SHF II, pp. 315-316.

zur Kapitulation, wer auch immer sie belagerte - die "reichen Bürger" dagegen identifizierten sich meist mit der Chevalerie, die sie verteidigte. In Rennes kam es 1341 infolge dieses Gegensatzes zu blutigen Kämpfen unter den Stadtbewohnern. Der Kapitän der Stadt war bei einem Ausfall in Gefangenschaft geraten, und die Belagerer drohten, ihn vor der Stadt zu hängen:

> ... li communs avoit grant pitié dou chevalier qu'il amoient durement et si avoient petit de pourveances pour le siège longuement soustenir, Si se acordèrent finablement tuit à le pais. Et li grant bourgois, qui estoient bien pourveu, ne s'i voloient acorder. (1)

Beide Parteien standen sich geschlossen gegenüber; die "communs" begannen nun aber, "laides parolles et villaines" gegen ihre besser situierten und verproviantierten Mitbewohner zu äussern, und am nächsten Tag "il les coururent sus, et en tuèrent grant fuison". Die Kräfteverhältnisse waren nun klar, und die Stadt kapitulierte. Froissart fügt noch an, der Kapitän habe sich aus der Gefangenschaft befreit, indem er zur Gegenseite übergegangen sei (2).

In den Chroniques wird durchwegs der schroffe Gegensatz zwischen den kleinbürgerlichen und den patrizischen Bevölkerungsgruppen in den Städten betont (3). Die begüterte Oberschicht hatte sich im 14. Jahrhundert schon stark an den höfischen Lebensstil des Feudaladels angepasst (4). die Trennlinie zur Ritterschaft war unscharf, was etwa an der Tatsache

---

(1) SHF II, p. 95.
(2) Ibid., p. 96.
(3) Vgl. SHF XIII, p. 54. Dazu: Heers, Jacques. L'occident aux XIVe et XVe siècles. Paris 1970, pp. 232ff.
(4) Vgl. Froissarts ausführliche Schilderung des Hofstaates Philipps van Artevelde, SHF X, p. 243: ""Phelippes d'Artevelde encharga un grant estat de biaux coursiers et destriers, et avoit son sejour comme uns grans princes, et estoit ossi estofféement dedans son hostel que li contes de Flandres estoit à Lisle, et avoit parmi Flandres ses officiers, baillifs, chastelains, recepveurs et sergens, qui toutes les sepmaines raportoient la mise très grande devers lui à Gand, dout il tenoit son estat, et vestoit de sanguines et d'escarlattes, et se fourroit de menu vairs, ensi que faisoit li dus de Braibant ou li contes de Hainnau, et avoit sa chambre aux deniers où on paioit ensi comme li contes; et donnoit aux dames et aux damoiselles disners, souppers, banquets, ensi comme avoit fait dou tamps passé li contes, et n'espargnoit non plus or et argent que se il lui pleust des nues, et se escripsoit et nommoit en ses lettres Phelippes d'Artevelde, regars de Flandres."

abzulesen ist, dass Karl V. den Bürgern von La Rochelle zum Dank für ihren Parteiwechsel sämtliche alten Privilegien verlieh und den Bürgermeister, die Schöffen und die Räte der Stadt in den Adelsstand erhob (1). Aus Froissarts Chroniques kann jedoch nur in einem allgemeinen Sinn die gegensätzliche Interessenlage nicht näher definierter sozialer Gruppen, der "communs" und der "grant bourgois" oder "riches hommes", abgelesen werden, die zu Spannungen führte, welche sich im Falle äusserer Bedrohung oft in Konflikten entluden. Froissarts Darstellungsweise ist aber zu stereotyp (2), als dass unser Quellenmaterial zu den Problemen der Schichtung städtischer Gesellschaften eine ergiebigere Diskussion ermöglichen würde (3).

*

Die allgemeinen Grundzüge des Belagerungskrieges, die wir in diesem Kapitel nachzuzeichnen versucht haben, beschränken sich natürlich auf einige grundsätzliche Aspekte. Wesentliches aus der Kriegswirklichkeit kommt bei Froissart nur am Rande oder überhaupt nicht zum Ausdruck. So erfahren wir zwar in manchen Fällen etwas von den Nöten der Verpflegung und des Fouragierens, vom Unmut der Truppe, wenn eine Belagerung lange dauerte oder durch ungünstige Witterung erschwert wurde (4), doch kommt im ganzen gesehen das Verhalten der einfachen Ritter und Knechte kaum zum Ausdruck. Angesichts der optischen Grossartigkeit des "biau siège" in den Chroniques werden von Froissart etwa

---

(1) S. Luce, SHF VIII, p. xliv, Anm. 2.
(2) Für Froissart wie für andere Chronisten seiner Zeit werden Städter in vielen Fällen summarisch als "villains" bezeichnet. Vgl. z. B. in SHF XIII, passim. Vgl. auch Huizinga, Herbst, p. 77.
(3) Vgl. allg.: M. Bloch. La société féodale, p. 493; zu den Verhältnissen in Deutschland K. Bosl, in: Gebhardt, Handbuch, VII, pp. 190-192. H. Pirenne, Sozialgeschichte, pp. 191ff.; Huizinga, Herbst, pp. 75ff.
(4) Musterbeispiel ist die Belagerung von Reims durch Edward III. 1360, SHF V, p. 223: "Li rois d'Engleterre se tint à siège devant le cité de Rains bien le terme de sept sepmainnes et plus; mès onques n'i fist assallir ne point ne petit, car il euist perdu se painne. Quant il eut là tant estet qu'il commençoit à anoiier, et que ses gens ne trouvoient mès riens que fourer, et perdoient leurs chevaus et estoient en grant mesaise de tous vivres, il se deslogièrent et se arroutèrent comme en devant, et se misent au chemin par devers Chaalons en Campagne." Vgl. auch SHF II, p. 71.

Desertionen oder die Schwierigkeiten, die Leute bei einer langdauernden Belagerung bei der Stange zu halten, grosszügig übergangen (1). Froissart will auch am Beispiel des Belagerungskrieges zeigen, was rechtmässiges, courtoises Verhalten ist. Er propagiert die Milde gegenüber den Besiegten - trotz seiner Indifferenz in vielen Fällen von Grausamkeiten - und erblickt vor allem in der Gewährung von Verträgen ein besonders "höfisches" Element der Kriegführung. Dies verdeutlicht Froissart an verschiedenen Szenen, in denen er bedrängte Verteidiger mit langen Reden an die "noblèce" und "gentillèce" der Angreifer appellieren lässt. So wehrt sich ein provenzalischer Garnisonskapitän der Burg La Mote (1345) beim Grafen von Derby gegen die Aufforderung zur bedingungslosen Kapitulation mit den Worten:

> Certes, sire, se il nous couvenoit entrer en ce parti, je tieng de vous tant d'onneur et de gentillèce que vous ne nous feriés fors toute courtoisie, ensi que vous vorriés que li rois de France ou li dus de Normendie fesist à vos chevaliers, ou à vous meismes, se vous estiés ou parti d'armes où à present nous sommes. (2)

Die kunstvolle, mit ausgesuchter Rhetorik vorgetragene Rede verfehlt ihre Wirkung nicht, und die Garnison darf mit ihren Rüstungen abziehen (3). Froissart setzt damit deutliche Akzente. Der Garnisonskapitän habe mit seiner Rede "moult raisonablement (...) remoustré le droit parti d'armes" (4). Der Gebrauch des Begriffes "droit d'armes" ist auch in diesem Falle, wie bereits oben dargelegt, nicht nur eng rechtlich zu verstehen (5). "Faire le droit d'armes" bedeutet rechtmässiges Verhalten auch im Sinne der ritterlichen Ehre, die Froissart wie beim Lösegeldrecht wesentlich in der grossmütigen Schonung der unterlegenen Gegner bestätigt sieht und mit seinen umständlichen Wechselreden szenisch zu propagieren sucht. Der Geist der Chevalerie und das Rechtsdenken sind hier untrennbar miteinander verbunden; die Cour-

---

(1) Auch das Garnisonsleben wurde kaum als sehr attraktiv empfunden, vgl. etwa den Brief Edwards III. vom 6. 9. 1347 - einen Monat nach der Einnahme von Calais -, wo er sofortige Verstärkung für seine Garnison aus England fordert, "toutes excusacions cessantes" (!). Zit. bei Viard, Jean le Bel, II, p. 350.
(2) SHF III, p. 89.
(3) Ibid.
(4) Ibid.
(5) Vgl. S. 59ff. dieser Arbeit.

toisie wird nicht bloss am Massstab der "Schicklichkeit" oder höfisch
romanhafter Spielerei gemessen. Ihr tragendes Fundament sind vielmehr Rechtsvorstellungen, die allerdings auch Verhaltensnormen umfassen, welche man heute der individuellen Ethik und Moral zuweisen
würde.

> ... et si voloit attendre l'aventure
> et le fortune et combatre...
> SHF III, p. 166.

3. Die Schlacht

Nirgends lässt sich der Entscheidungscharakter des Krieges sinnfälliger
darstellen als im Schlachtgeschehen. Der Krieg erreicht den Höhepunkt
im Aufeinandertreffen der Heere zweier Kontrahenten. Es ist indessen
nicht die Vorstellung des Gottesgerichts, die Froissarts Auffassung vom
Wesen der Schlacht prägt, auch wenn er dies gelegentlich mit rhetorischen Figuren zum Ausdruck bringt (1). Viel häufiger erscheint in den
Chroniques das Motiv des wechselnden Kriegsglücks; es ist Fortuna,
die den Sieg verleiht. So kommentiert Froissart den Ausgang der Schlacht
von Otterburn mit den Worten: "Là fut la bataille dure, forte et bien combatue, mais ainsi que les fortunes tournent, quoyque les Anglois feussent
le plus, et tous vaillans hommes (...), les Escots obtindrent la place" (2).
Der Fortuna-Charakter der Schlacht nimmt dem Treffen deshalb auch die
Bedeutung eines letztgültigen Urteils. Was man heute verliert, kann man
morgen wieder gewinnen, denn das Glücksrad dreht sich, und wer heute
oben ist, kann morgen wieder fallen: "Ainsi paye fortune ses gens: quant

---

(1) "... la victoire ne gist mies au grant peuple, mès la où Diex le voelt
envoiier." Mit einem gewissen Realitätsbezug äussert Froissart dies
zur Schlacht von Poitiers, SHF V, p. 33. Vgl. a. SHF VI, p. 135.
(2) Kervyn, XIII, p. 228. Vgl. a. Kervyn, XIII, p. 93: "Les fortunes
de ce monde sont moult merveilleuses; elles ne pèvent pas tout jours
estres ounyes." Vgl. a. ibid, p. 51; Kervyn, XV, pp. 73-75; ibid.,
p. 340. Vgl. auch Jean le Bel, I, Prolog, p. 3: ".... la fortune est
tantost tournee d'un coste ou d'aultre, mais tousjours a de mielx faisans les ungs que les aultres."

elle les eslevés tout hault sur la roe, elle les reverse bas jus en la
boe" (1).

*

Die Schlacht als Entscheidung        Die in Frankreich massgeblichen
                                     Rechtstheoretiker des 14. Jahr-
hunderts unterschieden zwischen verschiedenen Formen des Krieges,
von denen die zwei wichtigsten die "guerre mortelle" und die "guerre
guerriable" waren (2). Die "guerre mortelle" verbot die Lösegeldpraxis,
während die "guerre guerriable" Beute und Lösegeld erlaubte. Ein Vergleich der Theorie mit der Praxis der Chroniques zeigt allerdings, dass
die schulmässige Scheidung verschiedener nach rechtlichen "Spielregeln"
erklärter Kriegsformen anhand unseres Materials kaum klare Ergebnisse liefern würde. Immerhin tauchen im Zusammenhang mit den grossen Schlachten Hinweise auf die "guerre mortelle" (3) in den Chroniques
immer wieder auf. So heisst es, dass 1369 vor der Schlacht von Montiel
Duguesclin den Befehl erlassen habe, dass kein Gefangener gemacht werden dürfe wegen der "grant plenté de mescreans, Juis et aultres qui la
estoient" (4). Zeichen der "guerre mortelle" ist die rote "oriflamme",
die nur in den grossen, vom französischen König geleiteten Treffen mitgeführt wurde (5). Die Oriflamme erscheint nun aber nicht nur in den
Kämpfen gegen Heiden, sondern auch gegen die Engländer, wo sie sowohl bei Crécy (6) als auch bei Poitiers (7) entrollt wurde. Auch bei
Roosebeke 1382 führte der jugendliche Karl VI. die Oriflamme mit, nach
Froissart, weil Urbanisten bekämpft wurden, die nach Meinung der Fran-

---

(1) Kervyn, XIV, p. 206. Vgl. auch Cram, Iudicium, pp. 105ff., bes.
 107-108.
(2) Keen, Laws, p. 104; Contamine, Etat, p. 196.
(3) Der Begriff wird in den Chroniques allerdings nicht verwendet.
(4) SHF VII, p. 75.
(5) Vgl. Keen, Laws, p. 105.
(6) Bei Crécy erwähnt Froissart die Oriflamme nicht; dafür aber Le
 Baker, Geoffrey. Chronicon Galfride Le Baker. Hg. E. Maunde-Thomp-
 son, Oxford 1886, p. 85.
(7) SHF V, p. 79; Knighton, Henry. Leycestrensis Chronicon. Hg. J.R.
 Lumby (= Rerum Britannicarum Medii Aevi Scriptores), London 1889,
 Bd. II, p. 89: "Dominus Galfridus Charneys bajulavit vexillum rubium
 quod erat mortis signiferum." Froissart behauptet sogar, die Oriflamme sei bei Roosebeke zum ersten Mal gegen Christen entrollt
 worden, obschon er sie selbst bei Poitiers erwähnt, SHF V, p. 19.

zosen "incredulle et hors de foi" seien (1). Diese "ideologischen" Begründungen überzeugen allerdings wenig. Nach anderen Quellen wurde die Oriflamme dann genommen, wenn das Königtum auf dem Spiel stand (2). Beachtenswert scheint uns in diesem Zusammenhang Froissarts Bemerkung zum schon früher erwähnten Befehl Edwards III. vor der Schlacht von Crécy, dass "nulz n'estoit (...) pris à raençon ne à merci", wobei er anfügt: "pour l'avertance de la grant multitude de François" (3). Auch wenn wir die tiefere Bedeutung der Zeichen und Symbole nicht unterschätzen, ist hier die Verbindung der "guerre mortelle" mit der Beute und dem Lösegeldwesen doch unverkennbar. Angesichts der Stärke des Feindes war das Beuteverbot als Disziplinierungsmittel - verbunden mit der Drohung der Todesstrafe für Uebertretungen - bei Crécy offenbar unerlässlich, um das geldgierige Kriegsvolk bis zum Schluss unter Kontrolle zu halten. Einen aufschlussreichen Fall bietet in diesem Zusammenhang Froissarts Darstellung der Schlacht von Aljubarrota (4). Auch in dieser "Entscheidungsschlacht" um die Krone Portugals sei es verboten worden, Gefangene zu machen. Dennoch befanden sich nach Froissart zum Zeitpunkt, als die Hauptmacht der Spanier in den Kampf eingriff - also mitten im Schlagen - bereits eine grosse Anzahl Gefangener im rückwärtigen Tross der Portugiesen. Da aber die portugiesische Führung einen Umschwung zugunsten des Gegners befürchtete - wohl weil viele "maîtres" sich bereits mit ihren Gefangenen beschäftigten - erging der Befehl, alle Gefangenen zu töten "com vaillant, com puissant, com noble, com gentil ne com riche qu'il fust", wie Froissart pathetisch anfügt (5). Der Aerger unter den Portugiesen und ihren englischen Helfern sei nach der siegreichen Schlacht gross gewesen, weil sie "jamais point de proufit" gemacht hätten (6). Laut Froissart fürchteten die Portugiesen eine Zeit lang, als die Hauptmacht der Spanier herannahte, ihre Beute wieder

---

(1) SHF XI, p. 53.
(2) Vgl. Contamine, Etat, pp. 671-673.
(3) SHF III, p. 425.
(4) SHF XII, pp. 160-162.
(5) Ibid., p. 162.
(6) Ibid., pp. 160-162. Lot, Art militaire, I, p. 454, folgt hier Froissart.

zu verlieren, weshalb man die Gefangenen umgebracht habe. Wahrscheinlich könnte man aber auch umgekehrt annehmen, dass die Portugiesen fürchten mussten, die Schlacht zu verlieren, weil allenthalben schon früh Gefangene ihre "Herren" fanden. Dies sind allerdings Vermutungen, weil der eigentliche Schlachtverlauf nur ungenügend und von den Chronisten widersprüchlich überliefert wird (1). Froissart beschreibt in seinen Berichten über die Schlachten von Auray und Otterburn (2), wie Gefangene während des Kampfes gemacht wurden. Im Fall von Crécy weist der Chronist aber ausdrücklich darauf hin, dass man nur am Abend und am nachfolgenden Tag auf "prisonniers" aus gewesen sei (3). Die lehrhafte Absicht Froissarts in solchen Passagen ist indes nicht zu verkennen.

Wir glauben aufgrund dieser Hinweise, dass die Verkündung der "guerre mortelle" im Zeichen der Oriflamme nicht nur feierlich den Entscheidungscharakter eines grossen Treffens symbolisierte, sondern als Disziplinierungsmittel auch einem nicht zu unterschätzenden pragmatischen Zweck diente. Wenn Froissart aber auf die Oriflamme zu sprechen kommt, setzt er die Akzente wesentlich anders. So holt er in seiner Schilderung der Schlacht von Roosebeke zu einem feierlichen Exkurs über die Bedeutung der Oriflamme aus:

> Ceste oriflamble est une mout disgne banière et enseigne, et fu envoiie dou chiel par grant mistère, et est à manière d'un confanon, et est grans confors pour le jour à ceulx qui le voient. (4)

Es seien vor der Schlacht noch weitere Himmelszeichen dazugekommen: der Nebel löste sich auf, als die Oriflamme entrollt wurde, "et fut li chieux ossi purs, ossi clers, et li airs ossi nès que on l'avoit point veu en devant en toute l'année" (5). Der Herr von Sconnevort, Froiss-

---

(1) Vgl. Lot, Art militaire, I, p. 455.
(2) SHF VI, pp. 166-169; Kervyn, XIII, p. 228. Bei Otterburn allerdings erst gegen Ende der Schlacht: "Sur le point de la desconfiture et entandis que l'en fiançoit prisonniers en moult de lieux, et encoires on se combatoit...".
(3) SHF III, p. 425. Vgl. dazu auch Verbruggen, La Tactique, p. 167; Hewitt, Expedition, pp. 131f. Zur Quellenproblematik allg.: Erben, Kriegsgeschichte, pp. 102-103.
(4) SHF XI, p. 53.
(5) Ibid.

arts Informant und Teilnehmer an der Schlacht, habe mit eigenen Augen eine weisse Taube gesehen "faire pluiseurs vols par descu le bataille dou roi" (1). Die Zeichen und Wunder sind bei Roosebeke unmittelbar auf die Oriflamme bezogen. Bei Crécy tritt ein plötzliches Gewitter auf mit gewaltigem Donner, und allenthalben fliegen Raben auf "mit dem grössten Geschrei der Welt" (2).

Wir wollen die von Froissart wiedergegebenen Topoi nicht überinterpretieren. Der Chronist weist aber deutlich auf den tieferen Sinn der Schlacht hin als Entscheidung (3), in die höhere Mächte eingreifen, und auf die einmalige schicksalhafte Situation für den einzelnen Krieger. Ueberdies unterstreicht Froissart, sicher im Einklang mit der Realität, damit die nicht zu unterschätzende psychologische Wirkung, die ein magisches Symbol haben musste, das nur in grossen Momenten sichtbar wurde. Falsch wäre es aber, wenn aus diesen Bemerkungen auf ein archaisches Schlachtverständnis des Autors der Chroniques und seiner Zeit geschlossen würde, denn wie Cram in Anlehnung an Huizinga feststellt (4), werden Zeichen und Symbole im Spätmittelalter überwiegend säkularisiert aufgefasst; das Kriegsglück ist entscheidend, dem Tüchtigen gibt Fortuna den Sieg.

> En armes on ne doit point mentir
> à son loyal pooir...
> SHF VI, p. 124.

Der "Bon arroi"

Wir haben schon im Kapitel über die Belagerung angedeutet, wie wichtig für Froissart die Schlachtaufstellung und das organisierte Vorgehen im Haufen sind. Dessenungeachtet ist von den Chroniques immer wieder ge-

---

(1) SHF XI, p. 54.
(2) SHF III, p. 176.
(3) Auch bei Juvenel des Ursins erscheint die Oriflamme bezogen auf den Entscheidungscharakter einer Schlacht. Er schreibt, Karl VI. habe 1386 trotz gegenteiliger Meinung seines Rates die Oriflamme mitgeführt (bei den Flottenvorbereitungen), obschon nicht das Königreich auf dem Spiel stehe; Juvenel des Ursins, Histoire de Charles VI., Hgs. Michaud et Poujoulat. In: Nouvelle Collection de Mémoire pour servir à l'histoire de France, I$^{ere}$ série, Paris 1836, Bd. II, p. 370. Froissart meint zur Schlacht bei Auray (1364), die Engländer seien vor allem auf den Tod Karls von Blois aus gewesen, und ebenso hätten die Franzosen Montfort nicht schonen wollen, "car en ce jour il voloient avoir fin de guerre", SHF VI, p. 168.
(4) Vgl. Cram, Iudicium, pp. 102ff.

sagt worden, sie schilderten den Krieg nur als eine Summe von Einzelkämpfen, nur das Individuum interessiere - nach literarischem Vorbild - den Chronisten (1). In seiner Untersuchung zum Rittertum in England zieht Sandberger verallgemeinernd für das 14. Jahrhundert daraus den Schluss, dass "der gesteigerte Ehrbegriff, der dem Ritter die höchsten militärischen Tugenden - n u r   n i c h t   d i e   U n t e r o r d n u n g   u n t e r   d e n   B e f e h l   d e s   F ü h r e r s - anerzog", die eigentliche Wirkung des Rittergedankens auf die Kriegführung gewesen sei (2).

Wer Froissarts Chroniques nach Einzelkämpfen absucht, wird in der Tat viel Material sammeln können. Allzuleicht aber übersieht er dabei die mindestens ebenso häufige, stereotyp wiederholte Betonung der übergeordneten Bedeutung der "bon ordre" oder "bon arroi". Freilich erscheint zunächst Froissarts Freude an den geordneten Schlachtreihen eher von ästhetischer Art: Die "batailles ordenées les unes devant les aultres" sind eine "moult belle cose à veoir et à considerer"; man sieht "bannières, penons parés et armoiiés de tous costés moult richement" (3) im Wind flattern und in der Sonne glänzen (4). In Nordafrika sollen sich 1390 selbst Heiden am schönen "arroi" der Christen gefreut haben (5). Bei anderer Gelegenheit steht ein Ritterheer so dicht beisammen, dass man keinen Schlagball oder Apfel in die Reihen werfen könnte, ohne dass er aufgespiesst würde (6). Dies ist aber nicht nur literarische Manier. Froissart bringt auf diese Weise auch den Wert des "bon arroi" zum Ausdruck, denn wer "à petite ordennance" kämpft wie die Franzosen in Crécy, ist zum voraus zur Niederlage verurteilt, und dies ist jener Teil der Kritik, der am schwersten wiegt in Froissarts Kommentar zu dieser Schlacht (7).

---

(1) Sandberger, Studien, p. 161; Wilmotte, Froissart, p. 59: Schlachtbeschreibungen als "série de corps à corps".
(2) Sandberger, Studien, p. 197.
(3) Vgl. SHF VI, p. 157; SHF V, pp. 254-255 (Poitiers 1356): "C'estoit une biauté ce veoir bannierrez, pignons, blazons et cez clerrez armurez reflamboiier au soleil. Si estoit li roys de Franche montés sour ung blancq courssier et tenoit ung blancq baston, et chevauchoit de bataille en bataille, et prioit et amonestoit ses gens de bien faire...".
(4) Vgl. SHF XI, p. 129.
(5) Kervyn, XIV, p. 231.
(6) SHF VI, pp. 153 u. 162.
(7) SHF III, p. 181. Vgl. auch Lot, Art militaire, I, p. 344.

Besonders schön lässt sich das Uebergewicht der "bon ordre" natürlich im Kampf gegen Gemeine ausmalen. In Cassel 1328 gegen die Flamen und in Gefechten gegen die aufständische Jacquerie von 1358 schlagen die wohlgeordneten Ritter die "villains", die "sans arroi et ordenance" kämpfen, zu Haufen: am Ende sind die Gemeinen "mis par mons, ensi que bestes", oder sie werden umgebracht "non plus que che fussent chien" (1).

Ein illustratives Beispiel für Froissarts Einschätzung der Ordnung ist sein Bericht über die Schlacht von Otterburn 1388 zwischen Schotten und Engländern: Die Engländer griffen nach Anbruch der Dunkelheit die lagernden Schotten unter dem jungen Grafen James Douglas an, die Schotten aber waren vorbereitet. Jeder hatte seine "charge". Die Erfahrensten unter den Schotten "avoient ... d'entre euls devisé et dist ainsi: 'Se les Anglois nous venoient resveillier sur nos logeis, nous ferions par ce party, par tel et par tel.' Et ce les sauva ..." (2). In der nachfolgenden Schilderung findet dann auch die individuelle "Prouesse" den ihr gebührenden Platz; es ist aber dennoch nicht in erster Linie das Dreinschlagen und die Kraft, sondern die gute Vorbereitung aller Eventualitäten im voraus, die Klugheit der Schotten, die den Sieg bringt. Auch kluges Verhalten während der Schlacht ist entscheidend. Dies kommt etwa darin zum Ausdruck, dass es laut Froissart der schottischen Führung gelang, den Heldentod ihres obersten Feldherrn - wegen der Dunkelheit hatten die Anführer Douglas nicht erkannt - zu verheimlichen, so dass den Engländern daraus kein psychologischer Vorteil erwachsen konnte (3).

Froissarts Schilderungen grosser Schlachten des Hundertjährigen Krieges sind gekennzeichnet durch diese Betonung des planmässigen, von der Führung vorausbedachten Einsatzes (4). So kommt Froissart in einem Vergleich der Schlachten von Crécy und Poitiers zum Schluss, die Schlacht

---

(1) SHF I, p. 300 (Cassel); SHF XI, p. 55 (Roosebeke).
(2) Kervyn, XIII, pp. 216-217.
(3) Ibid., pp. 218-226.
(4) Bei Crécy leitet Edward III. das Schlachtgeschehen von einer Erhebung aus und kann es sich leisten, seinem fünfzehnjährigen Sohn, dem Prince of Wales, die erbetene Verstärkung zu versagen; der Knabe sollte sich seine Sporen selber verdienen; SHF III, pp. 182-183.

von Poitiers sei "viel besser geschlagen worden als jene von Crécy"
und zwar deshalb, weil die Franzosen die Schlacht von Crécy erst spät
und "sans arroi et sans ordenance" begonnen hätten:
> Mais au voir dire, la bataille de Poitiers fu trop mieulz combatue que ceste de Creci, et eurent toutes manières de gens d'armes, mieulz loisir de aviser et considerer leurs ennemis, que il n'euissent à Creci. (1)

Aus diesem Grund seien bei Poitiers auch mehr schöne Waffentaten "ohne
Vergleich" vollbracht worden, "comment que tant de grans chiés de
pays n'i furent mies mort, que il furent à Creci" (2): ein für Froissart
bezeichnendes Qualitätsmerkmal einer Schlacht!

Die Ordnung aber erhält damit noch eine weitere, sehr wesentliche Bedeutung: sie bildet in den Augen des Chronisten die Voraussetzung für einen Kampf unter Gleichen und gewährt deshalb dem Ritter den taktischen Spielraum, den er als Einzelkämpfer im Verband benötigt, und sie schont den Adel vor Verlusten. Deutlich kommt in den angeführten Passagen Froissarts Abscheu vor der "grant mortalité", besonders unter den "Häuptern des Landes", zum Ausdruck. Ordnung und taktisches Geschick haben damit für den Chronisten, abgesehen von der rein operativen Bedeutung, auch den Charakter einer "Spielregel", die mithilft, unnötige Verluste zu vermeiden; der "bon arroi" ist Ausweis ritterlicher Kriegskunst (3).

In allen Schlachtberichten Froissarts dominiert das taktische Element in der Beurteilung des Ausgangs. Froissart weist immer auf die Stellungen im Gelände hin, etwa auf befestigte Geländeerhebungen, Hecken, Büsche, Weinberge, die zum Vorteil ausgenützt werden können (4). Mit besonderer Vorliebe schildert er in langen Wechselreden die Beratungen der Führung, wie zum Beispiel jene der Franzosen vor der Schlacht von Cocherel 1364 (5), und seitenlange Dialoge füllen den Bericht über den

---

(1) SHF V, pp. 42-43.
(2) Ibid.
(3) So hat auch der Feind verständlicherweise allen Grund, sich am "covenant" der Anglo-Bretonen in Auray zu freuen, SHF VI, p. 153.
(4) SHF III, pp. 165-166, 402 (Betonung der "avantage"); SHF V, pp. 21-22 (Poitiers); SHF VI, pp. 153-154 (Auray); SHF XII, pp. 147ff. (Aljubarrota).
(5) SHF VI, pp. 119-120.

Kriegsrat von Seclin, als die Franzosen 1382 berieten, auf welchem Weg man in Flandern einfallen wolle (1).

Zur Betonung der Ordnung, des "grant arroi", tritt die Warnung vor Eigenmächtigkeit. Froissart unterstreicht das Verbot individueller Scharmützel vor eine Schlacht (2), oder er weist auf die Erlaubnis ausdrücklich hin (3). Am Beispiel des Hugh Calverley, der bei Auray sich zunächst weigerte, die Nachhut zu übernehmen, lehrt Froissart, dass dies keineswegs unehrenhaft sei, denn Calverley, der widerwillig dem Befehl des Oberkommandierenden Chandos folgte, entschied schliesslich nach Froissarts Darstellung die Schlacht (4). Auch Tollkühnheit findet wenig Lob beim Chronisten. Mit heftigen Worten schildert Froissart in der dritten Redaktion des ersten Buches den Angriff der Franzosen bei Crécy:

> Li doi marscal obeirent, ce fu raison, et cevauchièrent li uns devant, et li aultres derrière, en disant et commandant as bannières: "Arrestés, banières, de par le roi, ou nom de Dieu et de monsigneur saint Denis." Chil qui estoient premiers, à ceste ordenance arestèrent, et li darrainnier, point, mais cevauçoient tout dis avant et disoient que point il ne se aresteroient, jusques à tant que il seroient ausi avant que li premier estoient. Et quant li premier veoient que li darrainnier les aproçoient, il cevauçoient avant et voloient moustrer: "Je sui premiers, et premiers demoorai." - Ensi par grant orguel et beubant fü demenée ceste cose, car casquns voloit fourpasser son compagnon. (5)

Jene, die durch falschen Stolz oder Selbstüberschätzung die Befehle missachteten, konnten nur verlieren, denn so lehrt eine Sentenz der Chroniques: "il avient souvent en batailles et en rencontres c'on pert bien par trop follement cachier" (6).

<u>Die Zeichen der Ordnung: Schlachtrufe, Feldzeichen, Heraldik</u>

Die Herren mit Gefolge führten ihren eigenen Schlachtruf und ihre eigenen Embleme. Froissart zeigt dafür besonderes Interesse. Immer wieder erkundigt er sich bei seinen Informanten - oft sind es Herolde - nach den Feldzeichen

---

(1) SHF XI, pp. 1-5.
(2) SHF VI, p. 154.
(3) SHF V, p. 188.
(4) SHF IV, pp. 156-157.
(5) SHF III, p. 414. Vgl. a. ibid., p. 406.
(6) SHF V, p. 279.

dieses oder jenes Herrn, von dem er hat berichten hören; an unzähligen Stellen der Chroniques sind Wappen genau beschrieben (1). Heraldische Zeichen, Wappen, Fahnen, aber auch der individuelle Schlachtruf sind für Froissart der Standesausweis der Angehörigen der Aristokratie, sie versinnbildlichen die Individualität der "seigneurs" im Kampfgeschehen. Andererseits hatten sie aber auch praktische Funktion als Erkennungszeichen und Führungsinstrument, denn wenn sie entrollt wurden, waren sie Zeichen des Kampfes wie die "trompes" und "nakaires", die Kampfhandlungen eröffneten und beschlossen (2).
Im Kampfgeschehen kam aber auch den Schlachtrufen grosse Bedeutung zu, wie Froissart immer wieder unterstreicht. Vor der Schlacht von Cocherel wählten die Anführer der Franzosen den Grafen von Auxerre zum obersten Feldherrn und vereinbarten als Schlachtschrei "Notre Dame Auxerre!" Da der Graf aber ablehnte und an seine Stelle Duguesclin gewählt wurde, änderte man den Ruf in "Notre Dame Claiekin!" (Duguesclin) (3) Bei anderer Gelegenheit vereinbarte ein Haufen von Franzosen den Schlachtschrei "Notre Dame Sansoirre! (...) car le conte estoit là avecques ses gens" (4). Die für die Kämpfer verbindliche Einheit war die Gruppe ihres Herrn. Verliess dieser das Schlachtfeld, waren seine Leute nicht länger verpflichtet weiterzukämpfen. Als Hue de Châtillon 1374 bei einem Treffen die Flucht ergriff, folgten ihm seine Leute: "par droit d'armes n'eurent point de blasme se il le sievirent quant c'estoit leurs sires et leur chapitains" (5). Die massgebliche Einheit des Aufgebots war jene des Gefolges eines Herrn oder Unternehmers. Er entschied

---

(1) Stellen wie die folgende sind charakteristisch: "et s'armoit li dis messires Henris de Vaus à cinq aniaus d'argent et crioit: viané!" (1360), SHF V, p. 220.
(2) SHF V, p. 56; dazu ein beliebig gewähltes Beispiel, ibid., p. 223: "... et y fist un moult grant assaut; et fist devant le forterèce desveloper se banière qui estoit faissie d'or et d'asur à un chief pallet, les deux corons geronnés à un escuçon d'argent enmi le moiienné."
(3) SHF VI, p. 118. Eine materialreiche Uebersicht bei: Contamine, Etat, Annexe XIII, pp. 667-676: cris de guerre, drapeaux, uniformes. Vgl. p. 667: "au 15$^e$ siècle l'usage de cris de guerre propres à chaque seigneur recula ou même disparut complètement."
(4) SHF XII, p. 103 (Kämpfe des Grafen von Sancerre gegen Routiers ca. 1365). Schlachtrufe vgl. SHF IX, p. 42; SHF VII, p. 75.
(5) SHF VIII, p. 187.

für seine Leute über den Verbleib in der Schlacht, wie Froissart hier anmerkt. Wenn Chevaliers und Ecuyers trotz der Flucht ihres "signeur" in einem Treffen blieben, fand dies als besondere Tapferkeit grosses Lob beim Chronisten (1). Das Bild des Kampfes in den Chroniques ist geprägt von den "tropiaus", den Grüppchen, die, um das Banner oder Fähnchen ihres Herrn geschart, sich schlagen. Dazu einige Beispiele aus der Schlacht von Crécy:

> D'autre part, li contes d'Alençon et li contes de Flandres, qui se combatoient moult vaillamment as Englès, cescuns desous sa banière et entre ses gens...
> Li contes Loeis de Blois et li dus de Loeraingne ses serourges, avoecques leurs gens et leurs banières, se combatoient d'autre part moult vaillamment...
> ... et se combatoient par tropiaus et par compagnies... (2).

Im Fall der Schlacht von Poitiers spricht Froissart nur von den "cris" des französischen Königs und des Schwarzen Prinzen: "Montjoie Saint Denis!" und "Saint Jorge! Giane!" (3). Dies mag ein Hinweis sein, dass die Führung im entscheidenden Treffen bestrebt war, dieser Aufsplitterung des Heeres im Kampfgeschehen in kleine, im wesentlichen auf sich selbst gestellte Gruppen zu verhindern. Die gelegentlich feststellbare Tendenz, auch die königlichen Wappen besonders zu betonen, stützt diese Vermutung, doch wäre mehr und zuverlässigeres Material notwendig, um diese Annahme genügend zu belegen.

Ueber die Wirkung des Schlachtgeschreis finden wir in den Chroniques wenig Hinweise, die Rückschlüsse auf die Realität zuliessen. Selbstverständlich soll der Kriegsruf den Feind in Schrecken versetzen: "... il se reunisent tout ensamble et commencièrent à escriier à haute vois, pour plus esbatir leurs ennemis..." (4). Als besonders furchterregend wird

---

(1) SHF V, p. 42: "Bien est verités que pluiseur bon chevalier et escuier, quoique leur signeur se partesissent, ne se voloient mies partir, mès euissent plus chier à morir que fuite leur fust reprocie." Vgl auch SHF VI, pp. 124f., 133f.: Verzicht des "Archiprêtre" auf Teilnahme an der Schlacht von Cocherel.
(2) SHF III, p. 184; SHF V, p. 48. Vgl. auch SHF V, pp. 40ff. mit Hinweisen auf Schritt und Tritt.
(3) SHF V, pp. 38 u. 40. Bei Crécy hören wir nur vom Geschrei der geggnerischen Armbruster, das keine Wirkung erzielt habe, SHF III, p. 176. Zur Bedeutung des Rufes "Montjoie Saint Denis" vgl. Evans, Leben im mittelalterlichen Frankreich, p. 57.
(4) SHF V, p. 38.

das Geschrei der Schotten geschildert (1), doch sind die meisten Hinweise, wie die oben zitierten, formelhaft und wenig aussagekräftig. In Flandern, schreibt Froissart, hätten die Franzosen 1382 den Schlachtruf zur Täuschung des Gegners verwendet. Obwohl nicht alle Heere anwesend waren, habe man vereinbart, alle Schlachtrufe erschallen zu lassen, um den Feind über die wahre Stärke zu täuschen: "de fait: là crioit on Sempi! Laval! Sansoire! Enghien! Antoing! Vertaing! Sconnevort! Saumes! Haluin! et tous cris dont il i avoit là gens d'armes" (2). Die Bedeutung des Schlachtgeschreis liegt aber nicht nur in seiner Wirkung auf den Feind. Es dient dem Zusammenhalt in den eigenen Reihen und schafft als psychologisches Führungsmittel Zuversicht in die eigene Kampfkraft.

Wie die Schlachtrufe sind auch die Feldzeichen zunächst Mittel zur Verständigung und Aufrechterhaltung der Ordnung. Froissart berichet, wie der Captal de Buch bei Cocherel sein "pennon" vor dem Kampf auf einen "fort buisson" aufgepflanzt hatte: "Et le fisent par manière d'estandart pour yaus ralloiier, se par force d'armes il estoient espars" (3). Dieses Fähnchen des Captal wurde dann im Laufe der Schlacht vom Feind erobert, "et deschirés et rués par terre" (4). Es gibt bei Froissart einige Hinweise auf die Bemühungen der französischen Könige, die Präsenz ihrer "armes", der "Fleur de Lys", besonders zu betonen. Bei Poitiers habe Johann II. zwanzig Leute ausser ihm "de toutes ses plainnes armes de Franche" ausstatten lassen, damit nur Eingeweihte wussten, wer wirklich der König sei (5). Hier ist das Herausstellen der königlichen Embleme laut Froissart taktisch bedingt. Gewiss aber kommt darin auch

---

(1) SHF III, p. 143.
(2) SHF IX, pp. 18, 22-23.
(3) SHF VI, p. 115; weitere Bspp. vgl. a. ibid., p. 131; SHF V, pp. 56 u. 176.
(4) SHF V, pp. 127f. Vgl. auch die Erregung der Engländer wegen des Verlusts eines Fähnchens an die Schotten vor Otterburn 1388: Kervyn, XIII, pp. 210ff.
(5) SHF V, p. 254: "Là estoit toute la fleur de chevalerie de Franche. Là y eult noble et grande ordonnanche entre les royaulx; car le roy de Franche fist armer luy vintième de toutes ses plainnes armes de Franche, en manière que on ne seut à dire lequel estoit le roy, qui bien ne le congnoisoit."

der Führungsanspruch des Königs - ein politisches Motiv also - zum Ausdruck. Froissart erwähnt ebenfalls bei Roosebeke neben der Oriflamme noch zwei weitere Banner des Königs, und in England habe 1387 der Herzog von Irland, mit einem Heer Richards II. von Bristol nach Suffolk ziehend, auf Geheiss des Königs alle "pennons, banières et armoirie d'Angleterre" zur Schau stellen lassen, um den Charakter der königlichen Staatsaktion zu unterstreichen (1).
Trotz der Bemühungen der Könige, die Dominanz ihrer "armes" zu betonen, herrschte in den Treffen des 14. Jahrhunderts ein buntes Durcheinander der verschiedensten Feldzeichen der Barone, Bannerherren und Ritter. Dies konnte gelegentlich zu Verwechslungen führen, wenn zum Beispiel zwei feindliche Heeren ähnliche heraldische Zeichen führten. Ein Trupp von Lüttichern, die als Leute ihres Bischofs zum französischen Heer gestossen waren und unter dem Befehl eines gewissen Robert de Baileu standen, stiessen 1340 auf Hennegauer, die vom Bruder des Robert de Baileu, Guillaume, der auf Seiten Edwards III. stand, befehligt wurden. "Li Haynuier (...) perchurent le banière de Moriaumés qui estoit toute droite; si cuidièrent que ce fust li leurs où il se devoient radrecier; car moult petit de differense y aroit de l'un à l'autre." Die Hennegauer wurden infolge dieses Irrtums besiegt, ihr Anführer Guillaume de Baileu konnte sich mit Mühe retten (2). Auch von Ehrenduellen ist die Rede, wenn etwa, wie vor der Schlacht von Poitiers, höfisch gesinnte Ritter, "qui estoient jone et amoureus", die gleiche Devise einer Dame auf sich trugen (3).

---

(1) SHF XIV, p. 62. Den Erzbischof von York lässt Froissart an anderer Stelle Richard II. raten, er solle in seiner Armee keine anderen "banières ne pennons" zulassen als seine eigenen, königlichen, "pour mieulx monstrer que la besoigne soit vostre." SHF XIV, p. 254.
(2) SHF II, pp. 60-61.
(3) Vgl. SHF V, pp. 28 u. 258. Vor der Schlacht von Poitiers tragen Jean de Clermont, Marechal im französischen Heer, und John Chandos dieselbe Devise: "de une blewe dame; ouvrée de broudure ou ray d'un soleil, sur le senestre brach, et toutdis dessus leur deseurain vestement, en quel estat qu'il fuissent." Vgl. auch McKisack, Fourteenth Century, p. 265: Umstrittene Embleme konnten zu grossen, langjährigen Prozessen führen, z.B. der Fall Scrope gegen Grosvenor in England, der fünf Jahre dauerte.

Die Vielfalt der Feldzeichen erforderte einen Stab von Fachleuten der Heraldik - Herolden -, die vor, in und nach einem Treffen die Kämpfenden, Verwundeten und Gefallenen zu identifizieren hatten. Herolde erfüllten zudem als Ueberbringer von Nachrichten zwischen Freund und Feind diplomatisch-völkerrechtliche Funktionen (1). Aufschlussreich für die Rolle der Herolde im Feld ist folgende Passage. Nach der Schlacht von Crécy habe Edward III. das Schlachtfeld inspizieren lassen:

> ... si furent ordonné doi moult vaillant chevalier pour là aler, et en lor compagnie troi hiraut pour recognoistre les armes, et doi clerch pour registrer et escrire les noms de chiaus qu'il trouveroient...
> (...) et fisent juste raport de tout ce que il avoient veu et trouvé. Si disent que onze chiés de princes estoient demoret sus le place, quatre vingt banner ès et douze cens chevaliers d'un escut, et environ trente mil (!) hommes d'autres gens. (2)

Am folgenden Tag seien auch Herolde des Königs von Frankreich erschienen und hätten drei Tage Waffenstillstand erbeten, damit die Gefallenen beerdigt werden könnten (3). Nach der dritten Redaktion der Chroniques suchten sogar die englischen Herolde gemeinsam mit den französischen Kollegen das Schlachtfeld ab, "de quoi li signeur d'Engleterre furent moult resjoi et lor ( = den französischen Herolden) fissent bonne chière" (4). Auch nach der Schlacht von Najera untersuchten Ritter und Herolde, "quel gent de pris et quel quantité y estoient mort et demoré" (5).
Der Rang der Herolde innerhalb der Heere war bedeutend, da sie Immunität vom Krieg genossen (6). Mit der Zunahme der Heraldik im 14.

---

(1) Vgl. dazu SHF I, p. 68; Herolde als Aufklärer (Informanten) bei Cocherel; der berühmte englische Herold "Roy Faucon" gibt den Navarresen Auskünfte über die Franzosen, SHF VI, pp. 110-112. Zur Funktion der Herolde als Nachrichtenübermittler zwischen zwei Heeren vgl. auch SHF I, p. 68, SHF XIII, pp. 186-187. Herolde hatten im Gegensatz zu den Marschällen keine Kompetenzen in Streitigkeiten, die das Recht betrafen, Wappen zu tragen; vgl. McKisack, Fourteenth Century, p. 265.
(2) SHF III, p. 190.
(3) Ibid., pp. 430-432.
(4) Ibid., p. 433.
(5) SHF VII, pp. 47-48. Im französischen Heer, das bei Buironfosse 1339 zur Schlacht gegen Edward III. bereit stand, verwalteten die Herolde die Präsenzlisten, auf denen die "bannerets" (Bannerherren) vermerkt waren, SHF I, p. 472.
(6) Keen, Laws, pp. 194-195. Vgl. dazu SHF XI, p. 105: Froissart schildert die masslose Empörung der Engländer über die Ermordung eines ihrer Herolde durch Flamen, die die Regeln der Kriegsdiplomatie missachteten: "folle gent et de petite congnoissance".

Jahrhundert wuchs denn auch die Zahl der Herolde, die eine ähnliche Laufbahn wie jene des Ritters zu absolvieren hatten, vom Reiter über den "poursuivant" bis zum Erreichen der Heroldswürde (1), deren höchste Stufe die Wappenkönige, "roys d'armes", darstellten. Die Hierarchisierung des Heroldwesens war im 14. Jahrhundert in Entwicklung begriffen; Königs-Herolde erscheinen zum Beispiel in England erst zur Zeit Edwards I.. Seit Edward III. verfügte der englische König regelmässig über mehrere "kings of arms", denen bestimmte Bezirke zugeteilt waren. Daneben hatte jeder Fürst und Bannerherr seinen Herold; wir erinnern nur an den berühmten Chandos-Herald, der eine Reimchronik über den Schwarzen Prinzen verfasste. In den Chroniques tragen die Wappenkönige stolze Amtsnamen wie der "roi d'Irlande", Wappenkönig Richards II. (1382) (2), "Roy Faucon", Herold Edwards III. (1364) (3) oder der Herold "Coimbres", benannt nach der Stadt Coimbra, Herold des Königs von Portugal, der dem Heer Lancasters in Galizien 1386 besondere Dienste leistete (4).

Die Herolde sind für Froissart mehr als nur Diplomaten oder aus praktischen Erfordernissen notwendige Experten. Sie, die ihm viele Informationen für die Chroniques lieferten, sind Sinnbild des Glanzes der Chevalerie des 14. Jahrhunderts und der Internationalität ihrer Werte. Im heraldischen Prunk offenbart sich ritterlicher Lebensstil, glanzvoller Reichtum, aber auch seigneurale Autonomie, politische und militärische Macht (5). Die Farbenpracht der Embleme symbolisiert die Erhabenheit der ritterlich-höfischen Gesellschaftsschicht und schafft für die Zeitgenossen "einen grossen, ehrwürdigen Stil" (6). Die Heraldik wird damit zum wichtigen sozialen Unterscheidungsmerkmal.

---

(1) Vgl. Fowler, Age, pp. 140ff. Fowler stützt sich bezüglich der Auswahl und Laufbahn der Herolde auf Handbücher des 15. Jahrhunderts, z. B. Nicholas Uptons, eines Herolds aus Nordfrankreich der Zwanzigerjahre des 15. Jahrhunderts, der in seiner Schrift "De Studio Militari" Pflichten und Laufbahn der Herolde beschreibt. Vgl. auch Mc Kisack, Fourteenth Century, p. 264.
(2) SHF XI, p. 28.
(3) SHF VI, p. 111.
(4) SHF XIII, p. 69; pp. 34-35.
(5) SHF V, p. 19: "Là peuist on veoir grant noblèce de belles armeures, de riches armoieries, de banières et de pennons, de belle chevalerie et escuirie, car là on estoit tout li fleur de France..." (Poitiers 1356). Vgl. auch SHF XIII, p. 12.
(6) Huizinga, Herbst, p. 369.

<u>"Prouesse" in der Schlacht</u>    In der Schilderung der Kampfhandlungen kommt neben der Betonung der Ordnung der Ritterheere ganz besonders die Stilisierung nicht nur im literarischen (1), sondern ebensosehr im moralisch-didaktischen Sinn zum Zug. In Poitiers hält Froissart seinem Publikum den Schwarzen Prinzen vor Augen, "qui toutdis chevauçoit avant, en abatant et occiant ses ennemis (...), qui tendoit à toute perfection d'onneur, chevauçoit avant, se banière devant lui, et renforçoit ses gens là où il les veoit ouvrir ne branler, et y fu très bons chevaliers" (2). Und auch König Johann "fist ... de main merveilles d'armes et tenoit la hace dont trop bien se combatoit" (3). Erwähnung findet in jenem Treffen auch James of Audley, der einem Gelübde gemäss, das er zuvor feierlich abgelegt hatte, "bei den ersten Angreifern" war. Diesen James of Audley modelliert Froissart in seinem Schlachtbericht zum heroischen Denkmal: In heldenmütigem Kampf empfängt er zahllose Wunden, seine vier tapferen Junker führen ihn hinter eine Hecke ausserhalb des Schlachtfeldes und pflegen ihn als fürsorgliche Samariter (4). Nach der Schlacht finden die tapferen Recken bei ihrem Herrn ihren verdienten Lohn (5).

Diese Episode soll uns später noch beschäftigen. Zusammen mit anderen, deren erneute Aufzählung nur eine Wiederholung bedeuten würde, haben diese Passagen in der Literatur Berühmtheit erlangt. Wir erinnern in diesem Zusammenhang auch an den Heldentod des mit Frankreich verbündeten blinden Königs Johann von Böhmen in Crécy, der sich trotz der hoffnungslosen Lage der Franzosen mit seinen Getreuen durch die Zügel der Pferde verbinden liess und - "une grant vaillandise" - in die Schlacht zog, um einen "cop d'espée" zu führen (6). Froissart versinnbildlicht

---

(1) Vgl. dazu auch Sablonier, Kriegertum, pp. 104-105. Dieselbe Problematik stellt sich auch beim Katalanen Muntaner, einem Chronisten, der persönlich an Kämpfen teilgenommen hat. Grundsätzlich: Erben, Kriegsgeschichte, pp. 32ff. (mit besonderer Warnung vor ausmalenden Quellen).
(2) SHF V, pp. 46-47.
(3) Ibid., p. 53; ebenso p. 43.
(4) Ibid., p. 46.
(5) Ibid., pp. 61-62.
(6) SHF III, p. 178; die 3. Redaktion fügt an: "et se il euist esté congneus que ce euist esté li rois de Boesme, on ne l'euist pas trettiet jusques à mort." Ibid., p. 421.

hier nicht nur den exemplarischen Todesmut Johanns von Böhmen, sondern ebensosehr die Treue seiner Leute, die mit ihrem Herrn in den Tod gehen, darunter der von Froissart bei Schlachtbeginn als besonders klug und tüchtig gelobte Monne de Basèle (1).
Diese edlen Taten erhalten durch Froissarts kunstvolle Darstellung, deren besonderer Reiz hier unmöglich wiederzugeben ist, den Charakter von Monumenten. Sie sind denkmalhafte Posen, die sich für eine Heroisierung durch unzählige Autoren der Nachwelt hervorragend eigeneten. So fand das "leidenschaftliche Verlangen, von der Nachwelt gepriesen zu werden" (Huizinga), für manchen Ritter - dank Froissart - seine Erfüllung. Natürlich war die persönliche Auszeichnung das Ideal und Ziel jedes Kämpfers. Das kommt in den Chroniques zum Ausdruck, wenn junge Ritter und Junker, "bacelereus et amoureus", jeweils schon vor einem Treffen zwischen den feindlichen Heeren "le convenant" des jeweiligen Gegners erkunden wollten, "so wie dies immer geschieht" (2), um dann als erste in den Kampf zu gehen. Dazu gehörten besonders die Neuritter, die - zuweilen in grosser Zahl - vor Schlachtbeginn den Ritterschlag (3) erhalten hatten; ihnen erlaubte die Führung, sich in besonders exponierter Stellung "pour leur honneur avanchier" zu bewähren, sicherlich keine nur "ritterliche" Geste, denn die "convoitise d'armes" (4) der jungen Chevaliers konnte auch der Führung im Sinne der Erhöhung der Schlagkraft nützlich sein. Mit seinen stereotypen und, von den Gestaltungsmitteln her betrachtet, oft auswechselbaren Heldenbildern verfolgt Froissart nicht nur formale, "ideologische" Zwecke, etwa im Sinne der Schmeichelei für seine Wohltäter. Vielmehr versucht er offenkundig, sinnbildhaft

---

(1) SHF III, pp. 171-173. Der "Monne de Basèle" hatte nach Froissart neben anderem dem französischen König vom Kampf abgeraten. Zur Person vgl. S. Luce, ibid., p. liv, Anm. 3. Vgl. auch SHF V, p. 33: Chandos weicht nicht von der Seite des Prinzen bei Poitiers.
(2) SHF V, p. 27. Solche Formeln sind in den Chroniques Gemeinplatz. Vgl. auch SHF VI, pp. 149, 150.
(3) SHF I, p. 182: Der Ritterschlag vor der Schlacht scheint zuweilen sehr eilig stattgefunden zu haben. So vor Buironfosse 1339, als im Moment grösster Spannung ein Hase ins französische Heer lief und Unruhe stiftete. Der Graf von Hennegau machte blitzschnell 14 Ecuyers zu Rittern, weshalb man sie "chevaliers du lièvre" genannt habe.
(4) SHF IV, p. 3.

reale Erfordernisse des Verhaltens in der Schlacht zum Ausdruck zu
bringen: physische Kraft, persönlicher Mut, Treue zum Herrn und zur
Gruppe, der man angehört, sind in den Treffen des 14. Jahrhunderts genauso wie in den früheren Zeiten des Mittelalters unabdingbare Voraussetzungen für den Erfolg und damit den Ruhm, den die Chevalerie anstrebt. Die Mühsal, die ein Ritter auf sich nimmt, wird nicht nur aus
literarisch-konventionellen Gründen schon im Prolog herausgestrichen.
Ausserdem gilt auch für die formelhaften Stilisierungen des Schlagens,
dass Froissart auf masslose Uebertreibungen verzichtet, wie wir sie aus
der Roman- und Chronikliteratur kennen. Jene Vernichter-Naturen, die
eigenhändig "Legionen" von Feinden erledigen, fehlen in den Chroniques
vollständig; archaisch anmutende Uebertreibungen widerstreben dem
Wahrheitsanspruch des gebildeten Literaten; er führt eine feinere Klinge: Seine Akzente liegen im Herausstreichen jener Züge eines Vorkommnisses, die sich für eine exemplarische Darstellung verfeinerter Courtoisie eignen. Die "höfische" Gefangenenhaltung - oft mehr Wunschbild
als Abbild, wie wir gesehen haben - ist ein Beispiel dafür, ein anderes
etwa die herzbewegende Szene nach der Schlacht von Auray, in der Froissart den siegreichen Grafen von Montfort über dem fürstlichen Leichnam
seines Gegners Karl von Blois Tränen vergiessen lässt (1). Ein Augenzeuge schildert dagegen, wie eine wilde Soldateska auf dem Büsserhemd
des frommen Herzogs herumtrampelte, "quod quasi pro nihilo reputantem
ad terram dimiserant" (2).

Dennoch wird immer wieder - besonders in den grossen Schlachtdarstellungen - das Bestreben des Chronisten sichtbar, die ihm wesentlich erscheinenden Aspekte der Taktik und des Schlachtverlaufs in grossen Linien herauszuarbeiten (3). Froissart schildert breit den Einsatz der Auf-

---

(1) SHF VI, p. 171.
(2) Geoffroi Rabin (Dominikaner) berichtet: "Et postmodum dum ipse dominus Carolus fuisset dearmatus et despoliatus omnibus vestimentis suis per Anglicos, vidit aliquos dictorum Anglicorum tenentes quoddam cilicium album quod dicebant fuisse et esse cilicium dicti domini Caroli quod habebat iudutum, quod quasi pro nihilo reputantem ad terram dimiserant." Zit bei Luce, SHF VI, p. lxxv, Anm. 1.
(3) Froissart meint es durchaus ehrlich, wenn er schreibt: "on ne poet pas tout veoir ne savoir, ne les plus preus ne plus hardis aviser ne concevoir. Si en voel jou parler au plus justement que je porai, selon ce que j'en fui depuis enformés par les chevaliers et escuiers qui furent d'une part et d'autre." SHF V, p. 48 (zur Schlacht von Poitiers).

klärer, das Eingreifen der einzelnen "batailles" in die Schlacht, Umfassungsgewegungen (1) und Scheinangriffe, aber auch Einzelheiten wie zum Beispiel das Kürzen der Lanzen und Schuhspitzen durch die vom Pferd gestiegenen Franzosen bei Poitiers und Auray (2), das Ausheben von Gräben und das Errichten von Befestigungen.

Für den einzelnen bot sich nur bei der Eröffnung und gegen Ende eines Treffens die Möglichkeit zu ruhmträchtigen und einträglichen Aktivitäten. Die einzigen anekdotenhaften Einzelepisoden, die Froissart beispielsweise in seiner Darstellung der Schlacht von Poitiers bietet, spielten sich auf der Flucht ab: Es sind dies der Zweikampf des Lord Berkeley mit einem französischen Junker, der den englischen Baron gefangennahm, und ein Abenteuer des Franzosen Oudart de Renty, der einen ihn verfolgenden Engländer überwältigte (3).

Die eigentliche Jagd auf den flüchtenden Feind oblag nach Froissarts Darstellung vorwiegend den sozial unteren Kategorien des Heeres. Bei Auray beschreibt er, wie die Herren schon lagerten, während ihre Leute sich auf die Verfolgung machten (4). Nach Poitiers taten sich vor allem die Bogenschützen im Töten und Einfangen von flüchtenden Feinden hervor (5). Dies war jeweils der gefürchtetste Augenblick, der die grössten Verluste an Menschenleben zur Folge hatte. Besonders blutig sei das Ende der Schlacht von Auray gewesen:

> Là fu la banière à monsigneur Charle de Blois conquise et jettée par terre, et cils ochis qui le portoit. Là fu occis en bon couvenant li dis messires Charles de Blois, le viaire sus ses ennemis, et uns siens filz bastars qui s'appelloit messires Jehans de Blois, et pluiseur aultre chevalier et escuier de Bretagne. (...) Là eut, quant ce vint à le cache et à le fuite, grant mortalité, grant occision et grant desconfiture, et tamaint bon chevalier et escuier pris et mis en grant meschief. (6)

---

(1) Vgl. als typisches Beispiel (Poitiers) SHF V, pp. 20-58.
(2) SHF V, p. 256; SHF VI, pp. 162ff., 335-337.
(3) SHF V, pp. 48-52.
(4) SHF VI, pp. 169-171, 342-344.
(5) SHF V, p. 53; vgl. auch SHF VII, pp. 47-48.
(6) SHF VI, p. 168. Anlässlich der Schilderung der Schlacht von Crécy erklärt Froissart, bei der Wahl seiner Informanten halte er sich eher an die Sieger, da diese mehr Uebersicht bewahrten als jene, die flüchten müssen; SHF III, p. 424 und Diller, HS. Rom, p. 735.

Von Froissart hochgelobtes Gegenbeispiel ist die Schlacht von Otterburn, bei deren Ende mit der Auflösung der englischen Schlachtreihen die Schotten "à tous lès" die Engländer als Gefangene angenommen hätten (1).

\*

Froissarts modellhafte Führergestalten, die "main à main" mit grosser "vaillance" kämpfen und lieber den Tod hinnehmen als unehrenhafte Flucht, unterscheiden sich in einem wesentlichen Punkt von andern Heldenbildern in der Chronistik des ausgehenden Mittelalters (2). Es ist letzten Endes nicht der blutige Recke, sondern der nachsichtige Gegner, der den Feind lieber schont und ihn gegen Lösegeld gefangensetzt, als ihn umzubringen, der Froissarts Lob erhält. Es ist natürlich schwer zu beurteilen, inwieweit dieses "höfische Idealbild" der Praxis entsprach. Immerhin geben die Schlachtberichte der Chroniques, wie wir auch im Kapitel zum Lösegeldwesen darzulegen versuchten, in Uebereinstimmung mit urkundlichen Belegen deutliche Hinweise, dass eine gegenseitige Schonung tatsächlich in vielen Fällen nachweisbar ist. Die zahlreich erhaltenen Lösegeldverträge und Prozessakten (3) sind zuverlässige Belege dafür, dass Froissarts Chroniques in bezug auf das Bild der Schlacht und des Kampfgeschehens durchaus realen Gehalt aufweisen. Das wirtschaftliche Interesse, das diesen "Courtoisien" anhaftet, macht diesen Realitätsbezug noch wahrscheinlicher und zeigt ausserdem, dass es sich dabei nicht einfach um unwirkliche Spielereien handelte, sondern um pragmatisch begründetes, oft auch von geschäftlicher Tüchtigkeit geprägtes Verhalten. Ausserdem lagen dieser gegenseitigen Schonung aber auch die persönlichen Bande zugrunde, die ein zahlenmässig limitiertes Berufskriegertum während jahrzehntelangen Kämpfen in beiden Lagern verbanden.
Im Augenblick der Schlachtentscheidung haben aber auch Eigenschaften

---

(1) Kervyn, XIII, p. 228; vgl. auch Froissarts Bemerkungen zum Tod Chandos', SHF VII, p. 207: "... et mieuls vausist qu'il euist esté pris que mors."
(2) Vgl. dazu Sablonier, Kriegertum, pp. 104-105.
(3) Z. B. Rymer, Foedera, III, 1, passim, vgl. oben, Kap. IV, 4; Timbal, Régistres, pp. 305-374 (exemplarische Akten von 1359-1371).

wie Mut und Loyalität bis zum letzten einen entscheidenden Einfluss
auf den Schlachtausgang. Wenn Froissart deshalb jene lobt, die beim
Schlagen auf Lösegelder verzichten und "ohne Schonung" kämpfen, ist
auch dies nicht blosse Rhetorik: Ruhm und ritterliche Ehre waren
rasch verspielt, wenn die "fleur de chevalerie ... trop peu de grans
fais d'armes" vollbrachte wie bei Crécy (1) oder eine "honteuse desconfiture" gegen einen inferioren Gegner erlitt, wie bei Bastweiler die
Ritterschaft Brabants gegen einen Haufen aus Geldern (2). Die Reaktio-
nen in Frankreich auf die Niederlage des Adels bei Poitiers sprechen
eine deutliche Sprache, wie allerdings nicht Froissarts Werk, sondern
die "Complainte sur la bataille de Poitiers" belegt (3). Dort wird der
Chevalerie die gegenseitige Schonung zum Vorwurf gemacht:
>    Par la grand convoitise, non pour honneur concuerre
>    Ont fait tel paction avec ceux d'Angleterre:
>    "Ne tuons pas l'un l'autre, faisons durer la guerre
>    Feignons être prisons; moult y pourrons acquerre." (4)

Diese wenigen Zeilen bringen deutlich zum Ausdruck, dass die Interessen
des einfachen Volkes, dessen Ansichten der Verfasser dieses Klage-
liedes wiedergibt, nicht mit jenen der Froissartschen Chevalerie iden-
tisch waren. Der Vorwurf, man verlängere mit der gegenseitigen Schonung den Krieg, entbehrt nicht der Grundlage, wie wir früher darzulegen suchten. Der Begriff der Ehre hat hier einen wesentlich anderen
Klang als bei Froissart. Die Zeilen der "Complainte" bestätigen über-
dies in ihrem negativen Urteil die reale Existenz jener Vorgänge, die
Froissart positiv wertend als besonders ritterlich in den Vordergrund
stellt, und dies ist im Zusammenhang unserer Fragestellung vielleicht
das wichtigste Ergebnis.

---

(1) SHF III, p. 178.
(2) Kervyn, XIII, p. 178.
(3) Zitiert bei Contamine, Azincourt, pp. 132f.
(4) Ibid., p. 133.

> ... et cevauçoient as aventures, ensi
> que compagnon font qui se desirent a
> avanchier et avoir bonne renommée.
> SHF II, p. 244.

## VI. Kriegführung und Courtoisie

Aus der Romanliteratur kennen wir den Typus des fahrenden Ritters, der ruhelos "aventures" sucht, nicht um "sachliche Gegensätze auszutragen, sondern um Ritters Art stets neu zu erweisen" (1). Auch in den Chroniques entsteht gelegentlich der Eindruck, als ob der Krieger nur ein "chevalier errant" wäre, der "as aventures" reitet, "ensi que compagnon font qui se desirent a avanchier et avoir bonne renommée" (2). Nach vollbrachter Tat berichten einige Auserwählte dann ihre Taten den "clercs", die sie aufzeichnen, auf dass sie nie in Vergessenheit geraten; ein Ritterleben als Selbstzweck!

Dies ist, wie wir wissen, das literarische Klischee des Prologs und in den Text der Chroniques eingestreuter "programmatischer" Bemerkungen. Sehr bald aber zeigt die Lektüre der Chroniques auch den materiellen Aspekt des "Ideals": Die Ritter, die, "pour eulx avanchier" (3), auf Abenteuer aus sind, verabscheuen materielle Ziele keineswegs; man bringt sich in durchaus realer Weise "vorwärts" durch das Anhäufen von erbeuteten Schätzen, durch die Suche nach Wohlstand. Dadurch erhalten Froissarts Formeln einen doppeldeutigen Charakter. Renommée und materieller Erfolg sind untrennbar verknüpft, wie wir schon bei früherer Gelegenheit gesehen haben.

Zum Abschluss dieser Arbeit scheint es uns angezeigt, auf die Problematik der Courtoisien und Heldenposen, die in der Forschung starke Beachtung gefunden haben, noch einmal etwas ausführlicher einzutreten. Das von uns bisher dargestellte Kriegsbild der Chroniques unterscheidet sich in den Schwerpunkten von den Darstellungen des Krieges bei Huizinga und Sandberger, die die Chroniques recht ausgiebig benutzten, oder von der bedeutendsten Monographie zu Froissart von F. S. Shears. Dort

---

(1) A. Borst, Rittertum im Hochmittelalter, p. 213.
(2) SHF II, p. 244 (HS. Rom).
(3) Kervyn, XII, pp. 96-97.

werden vor allem jene anekdotenhaften Einzelepisoden wie die Belagerung von Cormicy, Zweikämpfe oder die "prison courtoise" als Charakteristiken des "spätmittelalterlichen" Krieges herangezogen und eingehend dargestellt (1). Wir wollen im folgenden an einigen ausgewählten Beispielen darzulegen versuchen, weshalb wir bezüglich der Aussagekraft dieser Exempla einige Vorbehalte haben.

Herausforderungen zur Schlacht   Ein besonders anschaulicher Ausdruck kriegsbegleitender Zeremonien sind die Herausforderungen zur Schlacht, die Froissart recht zahlreich erwähnt (2). Wir können uns auf die Erwähnung weniger Beispiele beschränken. 1347 schlug Philipp VI. von Frankreich seinem Widersacher Edward III. durch eine Deputation vor, gemeinsam ein Schlachtfeld auszuwählen für eine Entscheidung um den Besitz von Calais. Angesichts der bevorstehenden Kapitulation der Stadt ging der englische König nicht darauf ein (3). Schon 1339, als sich bei Buironfosse (in der Nähe von Soissons) die königlichen Heere gegenüberstanden, trug ein englischer Herold den Franzosen die Schlacht an, wurde vom Feind reich mit Pelzen beschenkt und erhielt die formelle Einwilligung des französischen Königs zum Kampf. Es kam dennoch nicht zur Schlacht: Die Heere standen sich einen Tag lang voll gerüstet gegenüber, dann aber zogen die Franzosen wieder ab, was nach Froissart Anlass zu Diskussionen über die Ehrenhaftigkeit des Rückzugs gab. Viele im Heer der Franzosen hätten den Rückzug als schmählich empfunden, andere aber für klug gehalten (4).
Froissart berichtet in zahlreichen Fällen von ähnlichen Gesten. Ein aufschlussreiches Beispiel auch für die Bedeutung, die dem Chronisten bei der Ueberlieferung derartiger Episoden zukommt, ist Froissarts Bericht über ein Angebot Johanns II. an Edward III. im Jahre 1355. Die Engländer sollen, so heisst es in der ersten Fassung, auf ihrem Feldzug in

---

(1) Vgl. Huizinga, Herbst, pp. 85-146; id., Homo Ludens, pp. 90f.; Shears, Froissart, pp. 128-157.
(2) Vgl. Sandberger, Studien, pp. 170ff.; Erben, Kriegsgeschichte, pp. 92ff.; Cram, Iudicium, pp. 16ff.
(3) SHF IV, pp. 49-53.
(4) SHF I, p. 175. Berühmt wurde - als seltenes Beispiel einer erfolgreichen Abmachung - der Combat des Trente (1351) zwischen je 30 Söldnern im Dienst der rivalisierenden Häuser der Bretagne. SHF IV, pp. 110-115, 338ff.

Nordfrankreich vom Gegner das hochritterliche Angebot erhalten haben, "de cent à cent, ou de mil à mil, ou de pooir à pooir" zu kämpfen, wobei je sechs Chevaliers beider Seiten das Schlachtfeld hätten aussuchen sollen, was Edward III. aber ablehnte (1). In den folgenden Fassungen ist in Uebereinstimmung mit englischen Quellen (2) nur noch von einer französischen Herausforderung zur Schlacht die Rede, der stellvertretende Streit ausgesuchter Ritter aber findet keine Erwähnung mehr (3). Froissart selbst muss seinen Details in der früheren Fassung offenbar geringen Wahrheitsgehalt beigemessen haben.

Diese wenigen Beispiele liessen sich fast beliebig vermehren (4). Sie ergeben allesamt das erwartete - und keineswegs neue - Resultat, dass kein Heerführer wirklich bereit gewesen wäre, eine vorteilhafte Stellung aufzugeben zugunsten eines Kampfes "unter gleichen Bedingungen" (5). Immerhin sind diese Herausforderungen auch nicht blosse Erfindungen des Chronisten. Ein erhaltener Absagebrief Philipps VI. von Valois vor der Schlacht von Crécy vom 14. August 1346 enthält den Vorschlag für Ort und Datum des gewünschten Treffens. Am 17. August antwortete Edward III., nachdem er sich einem allfälligen Angriff der Franzosen bereits entzogen hatte: "nous ne sommes mie avisés d'estre tailliés par vous, ne de prendre de vous lu et jour de bataille" (6). Man beachte den Ton dieser Zeilen, der sich erheblich vom hohen courtoisen Stil der Chroniques unterscheidet (7).

Militärisch sind diese Herausforderungen und Schlachtvorschläge ohne

---

(1) SHF IV, pp. 148-149.
(2) Vgl. S. Luce, SHF IV, p. lvii (Avesbury).
(3) Ibid., pp. 365-366.
(4) SHF I, p. 68; SHF II, pp. 30-31; SHF III, p. 227; SHF IV, pp. 190-191 und ibid., p. lxvii, Anm. 3; SHF V, pp. 230-231; SHF VII, pp. 10-13; SHF VIII, pp. 142-146. Zur Herausforderung vgl. auch Erben, Kriegsgeschichte, pp. 93-94; Huizinga, Homo Ludens, pp. 99ff., id., Significance, pp. 199-200.
(5) Auch im Hochmittelalter dürfte die Taktik "ritterliche" Ueberlegungen oft in den Hintergrund gedrängt haben, vgl. dazu Verbruggen, La tactique, pp. 163ff. mit Bspp. aus dem 12. und 13. Jahrhundert; dagegen sieht A. Borst in dieser Epoche eine regelhafte Turnierhaltung "ohne Taktik und Täuschung"; Rittertum im Hochmittelalter, p. 218.
(6) Kervyn, IV, pp. 497-498 u. ibid., V, p. 551; SHF III, p. xli, Anm. 1.
(7) Vgl. dazu etwa SHF VII, p. 12: Froissarts Wortlaut einer Korrespondenz vor der Schlacht von Najera 1362 zwischen Heinrich von Trastamara und dem Schwarzen Prinzen.

Bedeutung. Sie sind indessen nicht nur hohle theatralische Gesten einer edelmännischen Haltung, sondern im Kern fehdemässige Kampfansagen, denen ein Rest rechtlicher Bedeutung noch zukommt (1). Die Elemente der fehdemässigen Kriegführung in der Chevauchée sind in einem früheren Kapitel dargelegt worden; es liegt in diesem Zusammenhang daher nahe, in den Schlachtherausforderungen des 14. Jahrhunderts nicht nur die eitle Gestik eines weltfremden und ruhmsüchtigen Rittertums, sondern Ueberreste alten mittelalterlichen Rechtsdenkens zu sehen (2).
Die Herausforderungen zur Schlacht sind aber auch symptomatisch für Froissarts Auffassungen über die Kriegführung. Mit Gleichmut registriert der Chronist diese Ablehnungen, die damit fast zur Selbstverständlichkeit werden. Von "romantischer Verachtung" der rein militärischen, auf den Erfolg ausgerichteten Erfordernisse spüren wir in der Praxis des Krieges kaum etwas. Es ist für Froissart völlig klar und keineswegs "unritterlich", dass jeder "avantage" ausgenützt wird und jede erfolgversprechende List Anwendung findet. Zum Schluss sei in diesem Zusammenhang auch betont, dass Froissart im Umstand, dass nach Crécy meist zu Fuss gekämpft wurde, keinen Verstoss gegen die Regeln der Chevalerie sieht, wie sein positives Urteil über die bei Poitiers vollbrachten Waffentaten bezeugt.

<u>Zweikämpfe und höfische Liebe</u>  Das Korrelat zu den Herausforderungen der Fürsten zur Schlacht bilden die Herausforderungen einzelner oder von Gruppen zum Zweikampf und zum Scharmützel. Froissart ist ein besonderer Liebhaber des Turniers und des Zweikampfes als Mutbeweis (nicht aber im Sinne der Schulung und Ertüchtigung), und er reportiert zahlreiche Kämpfe ruhmsüchtiger Chevaliers mit ausgiebiger szenischer Dramatisierung. Sandberger hat in seinen Studien eine umfangreiche Sammlung der bei Froissart und anderen Chronisten geschilderten Einzelepisoden angelegt (3). Es ist des-

---

(1) Zu Fehde und Schlacht vgl. Brunner, Land und Herrschaft, p. 80.
(2) Dies merkt auch Huizinga an: "Dennoch liegt die alte Vorstellung eines Gerichtsverfahrens, das auf diese Weise gesetzmässig entschieden wird, noch ganz bestimmt in der so zäh festgehaltenen Sitte beschlossen." Huizinga, Homo Ludens, p. 93.
(3) Sandberger, Studien, pp. 180ff.

halb wenig sinnvoll, bereits breit Dargestelltes erneut zu wiederholen.
Dagegen erscheinen uns einige Bemerkungen und Darlegungen zu Sandbergers Quellenbehandlung notwendig: einmal fällt auf, dass der Stellenwert innerhalb der gesamten Materialfülle der Chroniques nicht berücksichtigt wird. Zum zweiten übernimmt Sandberger wörtlich die Version Froissarts; Szenario und direkte Reden werden ebenso fraglos als authentisch akzeptiert wie das Handlungsgerüst selbst (1). Dies verleitete zu einer unseres Erachtens sehr einseitigen Darstellung eines späthöfischen, verspielten Rittertums, dem "das Turnier und der Zweikampf wichtiger als die eigentliche Kriegführung" war (2). Das Zustandekommen dieser Ergebnisse beruht auf einer anfechtbaren Methode, die oft erkennen lässt, wie sehr eine vorgefasste Meinung das Vorgehen leitete.

Die Schemata der Mutproben junger Neuritter oder jener, die um jeden Preis auffallen möchten, um "grösseres Renommée" zu erwerben, sind bei Froissart fast immer dieselben. Bei Cherbourg verlangte 1379 ein französischer Ritter "pour l'amour de sa dame" nach einem Zweikampf zu Pferd, während die übrigen Ritter der Truppen beider Seiten abgestiegen waren. Der Engländer John Copelant nahm den Kampf an und tötete den Herausforderer (3). Auch die Heerführer liessen sich zuweilen zu einer Unterbrechung der Kriegsaktionen herbei, um als Zuschauer bei einem Zweikampf zugegen zu sein; so der Graf von Buckingham, wieder auf seiner Chevauchée von 1380, vor dem Ort Toury, als ein Engländer, ebenfalls von Liebe zu einer Dame getrieben, einen Verliebten im gegnerischen Heer gesucht und gefunden hatte. Für den Zweikampf habe der französische Widersacher des Herausforderers sogar freies Geleit erhalten, und da der Kampf wegen der vorgerückten Stunde abgebrochen werden musste, sei der Franzose einige Tage im englischen Heer geblieben, bis die entscheidende Runde geschlagen war (4).

---

(1) Vgl. z. B. die Darstellung der Uebergabe von Cormicy, Sandberger, Studien, pp. 180ff.
(2) Sandberger, Studien, p. 191.
(3) SHF IX, pp. 138-140. Vgl. auch ibid., pp. 120-122 (ein weiterer Fall); SHF VIII, pp. 201ff.; SHF XII, pp. 52f., 110-111.
(4) Der Sieger kehrt reich beschenkt zu seiner Truppe zurück, SHF IX, pp. 272-274. Bei anderer Gelegenheit finden selbst Heiden das Lob des Chronisten, wenn sie ihre Taten im Namen einer geliebten Dame voll-

Als letztes Beispiel diene uns ein besonders berühmter Fall: Der Zweikampf Edwards III. mit dem Franzosen Eustache de Ribemont während eines Gefechts bei Calais am 31. Dezember 1349, der - wie könnte es anders sein - mit dem Sieg des Königs endete und mit einem eleganten Souper beschlossen wurde (1). Der König liess es sich nicht nehmen, seinen Gegner mit einem "chapelet qu'il portoit sur son chief", als besten Kämpfer des Tages auszuzeichnen und ihn freizulassen mit den Worten:

> Messire Ustasse, je vous donne ce chapelet pour le mieulz combatant de toute la journée de chiaus de dedens et de hors, et vous pri que vous portés ceste anée pour l'amour de mi. Je sçai bien que vous estes gais et amoureus, et que volentiers vous vos trouvés entre dames et damoiselles. Si dittes partout là ou vous venés que je le vous ay donnet. (2)

Derlei Kämpfe sind zweifellos vorgekommen, nur: die gestaltende Hand des Chronisten und Literaten ist in ihrer ästhetischen und didaktischen Absicht deutlich erkennbar. Fairness und ein in Form von Emblemen und Devisen theatralisch zur Schau gestelltes höfisches Liebesideal mochten in solch marginalen Gefechten und Einzelkämpfen durchaus ihren Platz haben; Zweikämpfe, wie hier geschildert, blieben aber, gemessen am gesamten Material der Chroniques, seltene und daher vom Chronisten beachtete und szenisch stark ausgebaute Ausnahmen. Zwar sind gelegentlich Zweikämpfe oder Herausforderungen dazu recht häufig, zum Beispiel in Froissarts Bericht über den Buckingham-Zug von 1380, einer Chevauchée, die von Schwierigkeiten der Verpflegung und der Inaktivität der Gegner gekennzeichnet war. Auf den Feldzügen Edwards III. und jenen des Schwarzen Prinzen (1345 bis 1355) aber hören wir wenig von derartigen Extravaganzen. Dagegen gaben die oft langwierigen und entbehrungsreichen Belagerungen mit ihren notorischen Scharmützeln an den Toren und Befestigungen häufig Anlass zu individueller Auszeichnung (3).

---

bringen, wie jener Agadinquor vor der Stadt Mahdia, der 1390 gegen die "Kreuzfahrer" aus Liebe zu einer Tochter des Bey von Tunis heldenhaft gefochten haben soll; Kervyn, XIV, pp. 228-229, 251-252.
(1) Froissart weiss noch, dass der König "zweimal in die Knie gehen musste", bevor der Gegner endlich überwunden war! SHF IV, pp. 79-84.
(2) Ibid., p. 83. Für die grosszügige Freilassung Ribemonts hielt sich Edward dafür an Geoffroy de Charny schadlos, der im selben Gefecht gefangen wurde. 1351 zahlte die französische Krone 12 000 "Ecus d'or" Lösegeld. Luce, SHF IV, p. xxxiv, Anm. 1.
(3) Vgl. auch Barber, Knight and Chivalry, p. 198.

Froissarts stereotyp immer wiederkehrendes Motiv der "anspornenden Liebe" mag als höfische Draperie auch in der Realität des Krieges zuweilen eine Rolle gespielt haben (1); wir sollten aber neben der idealisierenden Absicht des Chronisten nicht vergessen, dass bei derartigen Scharmützeln und Zweikämpfen Gefangene gemacht und Lösegeldverträge abgeschlossen wurden, was unseres Erachtens den Wettkampf zumindest als ein Spiel um hohe Einsätze erscheinen lässt.
Eng mit der Liebe und der Waffentat des Einzelnen verbunden sind die Gelübde. Schon zu Beginn des Hundertjährigen Krieges stellt uns Froissart englische "bacheliers" vor, die über dem einen Auge eine Binde trugen, die sie nicht mehr abnehmen wollten, bis eine Waffentat auf französischem Boden vollbracht sei (2). Möglicherweise kannte Froissart das Gedicht "Le veu du héron", welches ein ähnliches Motiv dichterisch gestaltet: Der Graf von Salisbury lässt sich dort vor Kriegsbeginn von seiner Dame ein Auge schliessen und gelobt, es nicht wieder zu öffnen, ehe er in Frankreich "die Flamme entfacht und die Mannen König Philipps bekämpft habe"(3). Aber auch Könige gelobten: so der Knabe Karl VI. 1386, dass er nicht eher nach Paris zurückkehren wolle, bis seine Flotte in England gewesen sei, ein Gelübde, das er - wie wir wissen - bald wieder vergessen musste! (4) Ebenso sind Gelübde, als erster in die Schlacht zu gehen oder wie Salisbury gar als erster den Krieg zu beginnen, nicht selten (5). Ob das Beispiel der "einäugigen Ritter" aber geeignet ist, den Beweis zu erbringen, dass literarische Motive in der Realität durchgespielt wurden, wie Huizinga aufgrund der Froissart-Passage annimmt, muss doch bezweifelt werden. Denn auch in diesem Fall bleibt Froissart einziger Gewährsmann. Huizinga nimmt ausserdem an, Froissart habe die "Einäugigen" selbst gesehen (6), was in den

---

(1) Shears, Froissart, pp. 132ff., sieht im Liebesmotiv ein wichtiges humanitäres Element der Kriegführung. Die Verbindung von Mars (martialisch, Kriegertugend) und Venus sei das Charakteristikum des Ritters im Hundertjährigen Krieg.
(2) SHF I, p. 124.
(3) Huizinga, Herbst, pp. 119-120.
(4) SHF XIII, p. 76; vgl. oben, S. 14.
(5) SHF V, p. 33; SHF I, pp. 154-155.
(6) Huizinga, Herbst, p. 120.

Dreissigerjahren selbstverständlich nicht möglich sein kann.
Gelübde stehen im Zusammenhang mit der kriegerischen Prahlsucht, die im Mittelalter zuweilen groteske Formen annehmen konnte. 1386 bei den Flottenvorbereitungen, schreibt Froissart, hätten die Franzosen England "pour perdue et exilliée sans recouvrer" erklärt, alle Männer würden getötet und die minderjährigen Kinder nach Frankreich gebracht "en servitude" (1). Die Engländer drüben auf der Insel seien aber nichts schuldig geblieben: Jene, die sich und anderen Mut machen wollten, hätten verkündet: "Il n'en retournera jamais coulon en France". Auch hätten manche bereits Schulden gemacht in Anbetracht der zu erwartenden Beute (2). Es scheint uns bezeichnend, dass derartige Einzelheiten dort auftauchen, wo Froissart ausnahmsweise als Augenzeuge berichtet. Während Gelübde wohl eher den Gepflogenheiten des engen Personenkreises der Höfe entsprechen, dürften derartige Reden recht gut die reale Atmosphäre beim Zusammenzug eines Heeres widerspiegeln; sie sind ein bei Froissart seltener Einblick in die Mentalität breiterer Schichten des Kriegsvolkes (3).
Zur Bewertung mancher Formen courtoisen Verhaltens - wenigstens soweit sie in Passagen der Chroniques erscheinen - möchten wir anschliessend einige grundsätzliche methodische Fragen aufwerfen. Huizinga beschreibt beispielsweise im "Herbst des Mittelalters" aufgrund einer Passage in den Chroniques, wie französische Ritter die Schlachtordnung der Engländer bei Crécy erkundeten und dann vor den König traten, der in grosser Spannung wartete. Die Ritter stritten nun eine Weile hin und her, weil keiner "par honneur" zu sprechen anfangen wollte (4). Huizinga übernimmt diese für Froissart typische Szene mit ihren Dialogen wörtlich und betrachtet sie als Beleg dafür, dass hier in der Realität die Zweckmässigkeit der schönen Form habe weichen müssen. Eine ähnliche Be-

---

(1) SHF XIII, pp. 5-6.
(2) SHF XIII, p. 13. Englische Quellen sprechen von sehr realer Furcht vor einer Invasion.
(3) Es liessen sich noch eine Anzahl weiterer Aspekte courtoisen Verhaltens aufzeigen, so etwa die Turniere zum Zeitvertreib im Waffenstillstand, an denen sich Franzosen und Engländer beteiligten, wie die "joutes" von St. Inglevert 1389, von deren Kämpfen Froissart auf fast fünfzig Seiten im Stile eines heutigen Sportjournalisten begeistert berichtet. Kervyn, XIV, pp. 105-151.
(4) SHF III, p. 172; Huizinga, Herbst, pp. 54-55.

weisführung finden wir im gleichen Werk wenig später (1), wo Huizinga feststellt, 1382 habe sich der Rittersinn während der Beratungen der Franzosen über den grossen Einfall in Flandern "fortwährend den Anforderungen der Kriegsführung" widersetzt. So hätten es die Franzosen abgelehnt, auf vom Feind unerwarteten Umwegen in Flandern einzudringen mit der Begründung, wahrer Rittergeist erfordere "keinen andern Weg als den geraden" (2). Auch diese Erörterungen gestaltet Froissart in einer fiktiven Szene eines Kriegsrates, dessen Argumente von Huizinga wörtlich übernommen wurden, wobei aber der letzte Teil der Besprechung fehlt: Froissart stellt wenige Zeilen weiter unten fest, die Franzosen hätten schliesslich den geraden Weg gewählt, um die flandrischen Städte in erster Linie daran zu hindern, aus England Verstärkung herbeizurufen (3). Hier liegt unseres Erachtens der Kern der Sache, auch wenn Froissart noch weiter als Argument anführt, Umwege könnten vom Feind als Flucht ausgelegt werden (4). Sicher war die Chevalerie in Frankreich wie anderswo auf die Erhaltung der Standesehre bedacht: in taktischen oder strategischen Fragen können wir aber aufgrund unseres Materials keine tragfähigen Belege für eine "ritterlich-romantische Verachtung der praktischen Bedürfnisse" (Sandberger) (5) erkennen, wie sie auch Huizinga - meist nur als Schauspielerei - glaubt feststellen zu können.

Zum Schluss seien in diesem Zusammenhang noch zwei der berühmtesten Passagen Froissarts aus seinem Schlachtbericht zu Poitiers untersucht: die schon früher erwähnten Taten des James of Audley und das berühmte Souper des Schwarzen Prinzen für den gefangenen Johann II. nach der Schlacht. Fassen wir nochmals kurz Froissarts Bericht zusammen (6):

---

(1) Huizinga, Herbst, p. 136.
(2) Ibid.; SHF XI, pp. 3-4.
(3) SHF XI, p. 4: "... nous ne savons sus quel estat cil qui sont alé en Engletère sont, car, se par aucune incidense confors leur venoit de ce costé, il nous donroit grant empechement." Vgl. auch die gleiche Art der Quelleninterpretation beim Zweikampf Edwards III. mit Ribemont, Huizinga, Herbst, p. 140.
(4) SHF XI, p. 4.
(5) Sandberger, Studien, p. 182.
(6) SHF V, pp. 33-34; p. 46; pp. 58-61; p. 33: Audley wird einleitend vorgestellt als einer der wichtigsten Berater des Prinzen.

Audleys Schlachtruhm liegt zunächst begründet in seinem Gelübde (1),
"als erster" ins Treffen zu gehen. Nach heldenhaftem Kampf wird er
verwundet; seine vier Ecuyers retten ihm das Leben, indem sie den
Schwerverletzten aus dem Kampfgetümmel in Sicherheit bringen, was
ihnen nach dem Ereignis eine Belohnung einträgt: Grossmütig vermacht
ihnen Audley seine Rente, die ihm vom Schwarzen Prinzen zugesprochen
worden ist.
All dies klingt nicht unwahrscheinlich; ausser dem Gelübde Audleys hat
das geschilderte Ereignis kaum etwas ausserordentlich "Höfisches" an
sich. Die grosse Wirkung übt das Beispiel Audleys denn auch nicht durch
das Vorgefallene aus, denn es bleibt ein recht mageres Handlungsschema
übrig. Die Wirkung beruht auf den Darstellungsmitteln Froissarts. Es
sind zwei Elemente, die Froissarts Regie kennzeichnen: die direkten Reden und die theatralische Gestik, welche die Akteure charakterisieren.
In ausgesucht geschliffener Rede bittet einleitend Audley den Schwarzen
Prinzen um die Erlaubnis, als erster angreifen zu dürfen (2). In beinahe
liturgischem Stil antwortet der Feldherr: "Messire Jame, Diex vous
doinst hui grasce et pooir de estre li mieudres des aultres!" (3) Es folgt
ein feierlicher Händedruck. Nach Schlachtbeginn ist Audley am Werk: Er
vollbringt "mervielles d'armes". Näheres erfahren wir indessen nicht (4).
Erst gegen Ende des Schlachtberichtes taucht Audley wieder auf. Seine
Verwundung wird erwähnt, und es folgt seine Rettung. Nach dem Treffen
ehrt der Schwarze Prinz den Helden in nicht minder feierlicher Form als
zu Beginn der Schlacht. Er verleiht Audley - wie könnte es nach der einleitenden Rede des Schwarzen Prinzen auch anders sein - den Titel des
"le plus preu", und es folgt schliesslich die Dankbarkeitsbezeugung des
Helden (5).

---

(1) Audleys pathetisches Gelübde erscheint in den Chroniques in folgender
Form, SHF V, p. 33: "Messires James d'Audelée tenoit en veu, de
grant temps avoit passé, que, se il se trouvoit jamais en besongne là
où li rois d'Engleterre ou li uns de ses enfans fust, et bataille s'i adreçast, que ce seroit li premiers assallans et li mieudres combatans
de son costé, ou il morroit en le painne."
(2) SHF V, p. 34 (10 Zeilen).
(3) Ibid.
(4) Ibid., p. 36.
(5) Ibid., pp. 58-62.

Es fällt sogleich auf, dass in Froissarts topologischer Darstellung keine realen Vorfälle, etwa "faits d'armes", in der Schlacht erwähnt sind. Der "ritterliche" Gehalt der Episode beruht auf dem Gelübde und den beiden Gesprächen mit den Ehrungen des Helden zu Beginn und am Ende der Schlacht. Durch Parallelquellen überprüfbar ist allein die Tatsache, dass Audley nach Poitiers eine Rente erhielt (1); für das Weitere aber verbleibt nur Froissarts Bericht. Die spätere englische Geschichtsschreibung entwickelte seit dem 17. Jahrhundert eine Heldentradition um die vier "Squires" Audleys; ihre Identität ist aber bis heute nicht zureichend geklärt (2).

Es ist durchaus möglich, dass der Vorgang der Verwundung Audleys und die Dankbarkeit seinen Knappen gegenüber den Tatsachen entspricht. Mit Sicherheit dürfen wir aber die szenische Gestaltung als das Werk Froissarts betrachten. Das dürftige Handlungsskelett erhält seinen courtoisen Charakter ausschliesslich von den literarischen Stilmitteln, die der Chronist wirkungsvoll einzusetzen weiss.

Noch deutlicher sichtbar wird diese Tatsache am Beispiel des Essens, das der Schwarze Prinz nach der Schlacht von Poitiers zu Ehren des gefangenen französischen Königs veranstaltete. Auch hier ist der Vorgang wahrscheinlich, und er wird summarisch von andern Quellen bestätigt (3). Die edlen französischen Gefangenen wurden nach Poitiers zweifellos in angemessenem Zeremoniell, so weit es die improvisierten Zustände im Feld erlaubten, bewirtet - aus ihren eigenen Vorräten übrigens, da die Engländer, wie Froissart eingangs des Schlachtberichtes schildert, kaum Lebensmittel mehr vorrätig hatten (4). Bei Froissart erscheint der Schwarze Prinz in Demutspose: er trägt dem französischen König die Speisen auf und weigert sich untertänigst, "an der Tafel eines so grossen Fürsten und so heldenhaften Mannes" Platz zu nehmen. In längerer Rede spricht er dem besiegten Feind Trost zu, rühmt ihn, der tapferste aller Kämpfer gewesen zu sein, und schliesslich stellt er dem französischen König noch die Freundschaft seines Vaters, Edwards III., in Aussicht. Die Umste-

---

(1) Hewitt, Expedition, p. 160.
(2) Vgl. ibid., Appendix A, pp. 192-193.
(3) SHF V, p. xvi, Anm. 2.
(4) SHF V, p. 29, p. 63: "... et pluiseurs en y estoient entre yaus, qui n'avoient gousté de pain plus de trois jours ...".

henden murmeln beifällig (in Chorrede), dass der Prinz "edel und angemessen" gesprochen habe (1).

Ein Blick in die mittelalterliche Literatur bis zurück zum Rolandslied dürfte zur Feststellung formaler Parallelen genügen (2). Deutlich geht aus den beiden Beispielen hervor, dass bei der Interpretation dieser exemplarischen Darstellung der Courtoisie höchste Vorsicht geboten ist. Unter dem Schleier literarischer Formeln und Schablonen liegt eine Wirklichkeit verborgen, zu der wir nicht - oder nur in Form von Vermutungen - vorstossen können. Froissart schrieb seine Berichte in erster Linie für ein zeitgenössisches Publikum, das in diesen Abschnitten sein persönliches Ideal bestätigt sah und immer neu sehen wollte. Indes: wieviel blosse Regie, blosses elegantes Arangement von Szenen ist, und wieviele dieser Szenen sich in der Wirklichkeit tatsächlich so oder in einer ähnlichen Form zugetragen haben, bleibt im dunkeln. Das Problem der Nachahmung literarischer Formen (3) in der Wirklichkeit des Krieges kann aus Froissarts Chroniques und wohl auch aus anderen erzählenden Quellen grundsätzlich nicht zuverlässig geklärt werden (4). Dagegen scheint uns eine Aussage mit Gewissheit zulässig zu sein: Die Schilderung spielerischer Zweikämpfe, feierlicher Gelübde, höfischer Gastmähler für den Feind und was der "romantischen" Rituale und Höflichkeitsbezeugungen mehr sind, fangen zwar die Ruhmsucht, das Geltungsbedürfnis und die Prahlereien des mittelalterlichen "miles gloriosus" als zweifellos reale Grundtatsache ein. Sie erscheinen aber, gemessen am gesamten in den Chroniques gebotenen Material, als recht seltene Ausnahmen. Aus diesem Grund war die Literatur zum Rittertum, die oft

---

(1) SHF V, pp. 63-64.
(2) Vgl. etwa Szenen aus der Artus-Runde wie z. B. der Beginn des Ivain-Roman des Chrestien de Troyes: Chrestien de Troyes. Ivain (Hg. H. R. Jauss und Erich Köhler), München 1962, pp. 16ff.
(3) Huizinga, Herbst, p. 90: "Das ritterliche Leben ist ein Nachleben. Ob es die Helden des Artuskreises oder antike Helden sind, macht wenig Unterschied." Dies trifft auf den Prolog zu Froissarts Chroniques zweifellos zu; vgl. S. 45f. dieser Arbeit. Bezogen auf die Realität haben wir aber grosse Zweifel.
(4) Diese Feststellung bezieht sich selbstverständlich nur auf die Realität des Krieges, nicht aber auf das Leben der Höfe mit ihren theatralischen Schaustellungen, wie sie Huizinga beschreibt. Huizinga, Herbst, pp. 36ff; 176ff. und passim.

Froissart als Kronzeugen anführte, seit dem 19. Jahrhundert auch genötigt, immer wieder auf die gleichen Exempla zurückzugreifen.

> Mès ungs homs ne puet mies tout savoir, car ces guerres estoient si grandes et si dures et si enrachinées de tous costés que on y a tantost oubliiet quelque cose, qui n'y prent songneusement garde. SHF II, p. 236.

## Schlusswort

Ein christliches Heer unternimmt 1390 einen Kreuzzug nach Nordafrika und wird von den dortigen muslimischen Heiden nach dem Grund seines Krieges gefragt; die Christen beschuldigen darauf die Ungläubigen, sie hätten ohne "juste raison" den einzig wahren Propheten gekreuzigt. Mit dieser Erklärung ernten die Christen aber Heiterkeit und werden belehrt, dass die Juden Christus gekreuzigt hätten (1). Diese Anekdote aus den Chroniques kennzeichnet treffend, wie wenig vom Chevalier als Beschützer der Kirche und Verteidiger des Christentums in Froissarts Chroniques übrig geblieben ist. Auch zu andern traditionellen Idealen der Literatur wie der Mässigung oder des Schutzes der Schwachen lassen sich in Froissarts Chroniques nur vereinzelt lehrhafte Hinweise finden.

Froissart war indessen nicht daran gelegen, Idealbilder eines christlichen Rittertums zu entwerfen. Gemessen am hohen Ethos der Lehre eines Johannes von Salisbury oder Ramòn Lull muss Froissarts Krieger menschlich, ja allzumenschlich erscheinen. Wer das Kriegsvolk der Chroniques aber nur an den hohen christlichen Idealen oder dann an einem vagen Begriff humanitärer "Ritterlichkeit" misst, wird viel Ungereimtes feststellen und - wie das häufig geschehen ist - eine moralische Beurteilung oder Verurteilung folgen lassen.

*

Johan Huizinga hat die Kultur und damit auch den Krieg (2) im Spätmittel-

---

(1) Kervyn, XIV, pp. 232-234.
(2) Zu Krieg und Kultur vgl. Huizinga, Homo Ludens, p. 91.

alter mit dem schillernden Begriff der Agonalität (1) zu erfassen versucht. Soweit wir die Agonalität überwiegend als Einhaltung von rechtlichen "Spielregeln" der Normen des "droit d'armes" verstehen, wäre etwa mit Cram (2) diese "Agonalität des Rechtes" in einem weiten Sinn zu bejahen. Wir brauchen uns nur an das Lösegeldwesen oder die "Spielregeln" des Belagerungskrieges und die Bedeutung der Ordnung und der Heraldik in der Schlacht zu erinnern. Eine wichtige Voraussetzung für diese stark entwickelte Formalisierung der Beziehungen zwischen Freund und Feind im Krieg war unseres Erachtens die Herausbildung von differenzierten Rechtsnormen und einer geregelten Gerichtsbarkeit zu den Fragen des "droit d'armes", die in England und Frankreich im 14. Jahrhundert weit entwickelt war (3). Diese Gerichte waren im grossen und ganzen von den Angehörigen der Heere beider Kriegsparteien respektiert, nicht weil sie bereits völkerrechtliche Institutionen im heutigen Sinn gewesen wären, sondern weil die Gesetze des Krieges jene Gebiete regelten, die die persönliche Berufsehre des Kriegertums im 14. Jahrhundert betrafen, das noch keinerlei national-patriotische Bindungen kannte, zumindest soweit es sein Erscheinungsbild in den Chroniques betrifft.

Ein Agonalitätsbegriff, der ausschliesslich Spielelemente im Sinne einer bewussten Nachahmung literarischer Vorbilder und gar einer romantischen Verachtung des Zweckdenkens in der Wirklichkeit des Krieges beinhaltet, ist auf die Chroniques nach unserer Meinung kaum anwendbar. Krieg wurde nicht zum Vergnügen geführt, und dies wusste auch Froissart. Hinter aller gegenseitigen Schonung stehen ausser dem "point d'honneur" - den man seinem Gehalt nach nicht mit allgemein humanitärer Gesinnung verwechseln sollte - eminent praktische Bedürfnisse: ein nüchterner Geschäftssinn und eine radikale Beutegier. Damit ist aber oft auch elementare Grausamkeit verbunden.

Froissarts Bild der Chevalerie erweist sich bei näherer Betrachtung des gesamten Stoffes der Chroniques als erstaunlich praxisbezogen. Ehre und Profit als Begriffspaar prägen kurz und bündig die Ambitionen und

---

(1) Vgl. dazu die Erörterungen bei Bodmer, Kriegertum, p. 138.
(2) Cram, Iudicium, p. 180. Nach Cram gilt dies aber nur für das Hochma.
(3) Vgl. Keen, Laws, pp. 23-59.

Motivationen eines ritterlichen Realtypus, von dem Froissart die Einhaltung der Normen des "droit d'armes" als eines umfassenden Ehrenkodexes - Schonung der Gegner durch Anwendung des Lösegeldrechtes, Einhaltung der Treuepflichten, Respektierung der Güter von Gefangenen - fordert. Freilich treten zu den massgeblichen standesrechtlichen Grundlagen des Kriegertums auch die begleitenden Zeremonien, das Zelebrieren des heraldischen Prunkes und gelegentlich ostentative Courtoisie der Hocharistokratie gegenüber dem gefangenen Feind, die Froissart deshalb so betont, weil sie der Chevalerie erst ihre äussere Identität verleihen.

*

Neben diesen mehr auf das individuelle Verhalten bezogenen Aspekten traten aber im Verlauf unserer Arbeit auch Hinweise auf das Verhältnis zwischen Krieg und Staat am Beispiel der Routiers zutage. Im Bandenwesen der Compagnies und Garnisonen zeigte sich einerseits ein uraltes Kontinuum des mittelalterlichen Krieges, das aber durch die besonders hohe Zahl von Söldnern auf französischem Boden eine neue Dimension gewann. Der Staat, auch jener Westeuropas, erwies sich zu dieser Zeit noch als unfähig, das Kriegertum gänzlich unter seine Kontrolle zu bringen. Nicht zuletzt am Beispiel der Routiers wird deutlich, dass auch im "Spätmittelalter" Krieg für die Krieger in allererster Linie Lebensnotwendigkeit und nicht Sport bedeutete.

An dieser Stelle ist jedoch eine einschränkende Bemerkung zu unserer Quelle notwendig. Das Hauptproblem bei der Auswertung der Materialien der Chroniques liegt, wie zu Beginn der Arbeit dargelegt, in der literarischen Ausgestaltung des Stoffes, die bei Froissart besonders ausgiebig zur Anwendung gelangt. Die vielgerühmte Lebendigkeit der Chroniques beruht in vielen Fällen auf der Dramatisierung des Stoffes durch den Autor in Szenen und Dialogen. Aus diesem Grund erwies es sich als schwierig und oft sogar als unmöglich, Einblick in die wirklichen Denkformen der breiten Schichten des Kriegsvolks zu gewinnen, was zudem auch an der aristokratischen Sicht des Chronisten liegt. Der Wert der Chroniques liegt dafür in ihrer exemplarischen Darstellung von Grundformen der kriegerischen Tätigkeit, seien es Lösegeldfälle, Belagerungen oder Kampfhandlungen im Feld.

Wir sind überzeugt, dass unter Berücksichtigung der begrenzten Optik unserer Quelle ein Einblick in die Realitäten des Krieges im 14. Jahrhunderts möglich war. Vergleiche mit den Arbeiten Schaufelbergers und Padrutts aus dem schweizerischen und Sabloniers aus dem aragonesisch-sizilianischen Raum könnten trotz der grundverschiedenen sozialen Gegebenheiten manche Gemeinsamkeiten ergeben. Denn viele Merkmale des mittelalterlichen Kriegertums wurzeln weniger in seiner sozialen oder politischen Herkunft als in seinen Lebensformen, die einerseits vom Krieg geprägt sind, andererseits aber den Krieg auch immer wieder prägen. Beute- und Ruhmsucht als "natürliche" Eigenarten des Kriegsvolks treten auch in Froissarts Chroniques immer wieder - und oft dominant - in Erscheinung. Dazu kommt aber in Frankreich als wesentliches Merkmal die rechtliche Formalisierung durch die komplexen Normen des "droit d'armes". Wir sind indes der Meinung, dass diese Unterschiede möglicherweise nicht derart einschneidend waren, wie es vielleicht aus dem Kriegsbild einer einzelnen, im Hinblick auf die Chevalerie des 14. Jahrhunderts allerdings zentralen Quelle zunächst erscheinen mag. Vergleichende Studien zum Lösegeldwesen im deutschen Bereich und eine längst fällige umfassende Beleuchtung des Verhältnisses von Staat und freien Routier-Kompagnien in Frankreich würden unseres Erachtens in vielen Punkten Gemeinsamkeiten der kriegerischen Existenz mit den Verhältnissen ausserhalb des französisch-englischen Bereichs offenlegen.

\*     \*

\*

ANHANG

Verwendete Textausgaben und Zitierweise

Die Klassifikation der Manuskripte von Simon Luce im ersten Band der SHF-Ausgabe ist nach wie vor anerkannt: Chroniques de Jean Froissart, publiées pour la société de l'histoire de France, Hg. Simon Luce, Bd. I, Paris 1869, INTRODUCTION, pp. vi - cxxxiv (bes. pp. vi - xcv).

Die Arbeiten von Kervyn de Lettenhove sind im Bereich der Handschriftenklassifikation veraltet: Kervyn de Lettenhove. Oeuvres complètes de Froissart, Bd. I, in 2 vol., Bruxelles 1867.

Zitiert wurde nach der Ausgabe der Société de l'histoire de France (SHF): Chroniques de Jean Froissart, publiées pour la société de l'histoire de France par S. Luce, G. Raynaud, L. u. A. Mirot, 14 Bde. erschienen. Paris 1869-1966.
Die Herausgeber:  Bde. 1-8    Simon Luce
                  Bde. 9-11   Gaston Raynaud
                  Bd.  12     Léon Mirot
                  Bde. 13 u. 14 Léon u. Albert Mirot

Zitiert: SHF I - XIV

*

Für das IV. Buch der Chroniques benützten wir die Ausgabe: Kervyn de Lettenhove. Oeuvres complètes de Froissart. Bruxelles 1867-1872, Bde. XIII - XVI. (Der Schluss des Bandes XIV der Ausgabe der SHF entspricht Kervyn XIII, p. 89.) In Varianten benützten wir aber auch die übrigen Bände der Kervyn-Ausgabe.

Zitiert: Kervyn I - XXVIII

*

Für die dritte Redaktion des ersten Buches verwendeten wir neben den Varianten der SHF-Ausgabe die neueste Edition: Froissart. Chroniques. Dernière rédaction du premier livre. Edition du manuscrit de Rome. Reg. lat. 869. Hg. George T. Diller. Genf/Paris 1972.

Zitiert: Diller, HS. Rom.

*

Als veraltete Textausgabe wäre noch jene von J. Buchon, 15 Bde., Paris 1824ff., zu nennen.

Uebersetzungen

Es gibt keine Uebertragungen der Chroniques Froissarts ins Deutsche. Ein Verzeichnis älterer Uebersetzungen ins Lateinische, Englische und Spanische findet sich bei Kervyn, I, 2, pp. 453-461. Hervorzuheben wären vor allem die Uebertragungen ins Englische. Wir nennen lediglich die berühmteste und verschiedentlich neu herausgegebene Uebersetzung von: Sir John Bourchier (= Lord Berners), 2 Bde., London 1523-1525.
Die gebräuchlichste Neuausgabe ist: Lord Berners tr. : The Cronicles of Froissart. Hg. William Paton Ker (= Tudor Transactions), 6 Bde., London 1901-1903.

LITERATURVERZEICHNIS

Ins Literaturverzeichnis wurde mehrfach zitierte oder in wichtigem Zusammenhang konsultierte Literatur aufgenommen. Weitere Titel sind im Anmerkungsapparat angeführt.

Im Rahmen der Arbeit fanden folgende Siglen Verwendung:

AESC   Annales, Economies, Sociétés, Civilisations
B. E. C.   Bibliothèque de l'Ecole des Chartes
TLS   Times Literary Supplement

Quellen

Angeführt werden nur Quellen, die grundlegend oder dann häufig verwendet wurden. Umfangreiches Quellenmaterial ist begleitend in den Ausgaben Kervyns und der SHF publiziert worden. Die Verweise finden sich im Anmerkungsapparat.

BONET, HONORE. L'arbre des batailles. Hg. E. Nys. Paris/Bruxelles 1883.
BONET, HONORE. The Tree of Battles. Ed. and translated G. W. Coopland. Liverpool 1949.
CHRONIQUE DE JEAN LE BEL, publiée pour la Société de l'histoire de France. Hg. Jules Viard und Eugène Déprez. 2 Bde. Paris 1904-1905.
CHRONIQUES DE JEAN FROISSART, publiées pour la Société de l'histoire de France. Hg. Simon Luce, Gaston Raynaud, Léon und Albert Mirot. 15 Bde. erschienen. Paris 1869-
OEUVRES DE FROISSART publiées avec les variantes des divers manuscrits. Hg. Kervyn de Lettenhove. 28 Bde. Bruxelles 1867-1877 (Nachdruck Osnabrück 1967).
FROISSART CHRONIQUES. Dernière rédaction du premier livre. Edition du manuscrit de Rome. Reg. lat. 869. Hg. George T. Diller. Genf/Paris 1972.
JEAN FROISSART. L'espinette amoureuse. Ed. aved introduction, notes, et glossaire par Anthime Fourrier. Paris 1963.
RYMER, Th. Foedera, Conventiones Littera et cujuscunque. Acta Publica. Bde. II, 2 und III, 1 u. 2. London 1821-1830.
TIMBAL, P. C. avec la collaboration de M. Gilles, H. Martin, J. Metman, J. Payen et B. Poussin. La Guerre de Cent ans vue à travers les registres du Parlement (1337-1369). Paris 1961.

Darstellungen

AINSWORTH, P. F. Style direct et peinture des personnages chez Froissart. In: Romania, 93 (1972), pp. 498-522.
Anon. Froissart and his Patrons. A Sexcentenary. In: Times Literary Supplement, no. 1871 (Dec. 11, 1937), 36. Jg., pp. 933-934.
ARTONNE, André. Froissart historien: le siège et la prise de La Roche-Vendeis. B. E. C., Bd. CX (1952), pp. 89-107.

AUDINET, E. Les lois et coutumes de la guerre à l'époque de la Guerre de Cent ans d'après les Chroniques de Jehan Froissart. In: Mémoires de la Société des Antiquaires de l'Ouest. Bd. 9. 1917.
AUERBACH, Erich. Mimesis. Bern 1946.
BARBER, Richard. The Knight & Chivalry. London 1970.
BLOCH, Marc. La société féodale. La formation de dépendance. Les classes et le gouvernement des hommes. Ausg. in 1 Bd. Paris 1968.
BODMER, Jean-Pierre. Der Krieger der Merowingerzeit und seine Welt. Diss. Zürich 1957 ( = Geist und Werk der Zeiten, 2).
BORST, Arno. Das Rittertum im Hochmittelalter. Idee und Wirklichkeit. In: Saeculum 10 (1959), pp. 213-231.
BORST, Arno (Hg.). Das Rittertum im Mittelalter. Darmstadt 1976 (= Wege der Forschung Bd. CCCIL).
BOSL, Karl. Die Gesellschaft in der Geschichte des Mittelalters. 2., erw. Aufl. Göttingen 1966.
BOSL, Karl. Staat, Gesellschaft, Wirtschaft im deutschen Mittelalter. Stuttgart 1973 ( = Gebhardt Handbuch der deutschen Geschichte, Bd. 7).
BRINKMANN, Hennig. Zu Wesen und Form mittelalterlicher Dichtung. Halle 1928.
BRUNNER, Otto. Land und Herrschaft. 5. Aufl. Darmstadt 1973.
BUMKE, Joachim. Studien zum Ritterbegriff im 12. und 13. Jahrhundert. Heidelberg 1964 ( = Euphorion, Beiheft 1).
BURNE, Alfred H. The Crécy War. A Military History of the Hundred Years' War from 1337 to the Peace of Brétigny 1360. London 1955.
- The Agincourt War. London 1956.
CALMETTE, J. und DEPREZ, E. Europe occidentale de la fin du XIV$^e$ siècle aux guerres d'Italie. 1. Teil: La France et l'Angleterre en conflit. 2. Teil: Les premières grandes puissances. 2 Bde. Paris 1937 und 1939.
CHALON, L. La scène des Bourgeois de Calais chez Froissart. In: Cahiers d'Analyse Textuelle, X (1968), pp. 68-84.
CIUREA, D. Jean Froissart et la société franco-anglaise du XIV$^e$ siècle. In: Le Moyen Age. Revue d'histoire et de philologie, LXXVI (1970), pp. 275-284.
CONTAMINE, Philippe. Azincourt. Paris 1964 ( = Coll. Archives Julliard, 5).
- La Guerre de Cent ans. Paris 1968.
- The French Nobility and the War. In: The Hundred Years' War. Hg. K. Fowler. London 1971.
- Guerre, Etat et Société à la fin du Moyen Age. Etudes sur les armées des rois de France, 1337-1494. Paris 1972.
- Les compagnies d'aventure en France pendent la guerre de Cent ans. In: Mélanges de l'école française de Rome, Tome 87, 2 (1975), pp. 365-396.
COULTON, C. G. The Chronicler of European Chivalry. London 1930.
COVILLE, A. L'Europe occidentale de 1270-1380. 2. Teil: 1328-1380. Paris 1941 ( = Histoire Générale. Histoire du Moyen Age, Bd. VI).
CRAM, Curt Georg. Iudicium Belli. Zum Rechtscharakter des Krieges im deutschen Mittelalter. Münster und Köln 1955 ( = Archiv für Kulturgeschichte, Beiheft 5).

CURTIUS, Ernst Robert. Europäische Literatur und Lateinisches Mittelalter. 6. Aufl. Bern/München 1967.
DARMESTETER, Mary. Froissart. Paris 1894.
DELACHENAL, R. Histoire de Charles V. 5 Bde. Paris 1909-1931.
DELBRUECK, Hans. Geschichte der Kriegskunst im Rahmen der politischen Geschichte. Bd. III. Berlin 1907.
DENIFLE, H. La Guerre de Cent ans et la désolation des églises, monastères et hôpitaux en France. I: Jusqu'à la mort de Charles V (1380). (1ère moitié), Paris 1899.
DILLER, G. Th. La dernière rédaction du premier livre des Chroniques de Froissart. In: Le Moyen Age, LXXVI (1970), pp. 91-125.
ERBEN, Wilhelm. Kriegsgeschichte des Mittelalters. München und Berlin 1929 ( = Historische Zeitschrift, Beiheft 16).
ERFURTH, Paul Die Schlachtschilderungen in den älteren Chansons de Geste. Diss. Halle 1911.
EVANS, Joan. Das Leben im mittelalterlichen Frankreich. Köln 1960.
FOWLER, Kenneth. The Age of Plantagenet and Valois. The struggle for supremacy 1328-1498. London 1967.
FOWLER, Kenneth (Hg. ). The Hundred Years' War. London 1971.
GALWAY, Margaret. Froissart in England. In: University of Birmingham Historical Journal, VII (1959), pp. 18-35.
GAUTIER, Léon. La chevalerie. Bruxelles/Genève 1884.
GODEFROY, F. Dictionnaire de l'ancienne langue française et de tous les dialectes du IX$^e$ au XV$^e$ siècle. 10 Bde. Paris 1880-1910.
GRUNDMANN, Herbert. Geschichtsschreibung im Mittelalter. Göttingen 1965.
HAGSPIEL, Gereon H. Die Führerpersönlichkeit im Kreuzzug. Diss. Zürich 1963 (= Geist und Werk der Zeiten 10).
HAY, D. The Division of the Spoils of War in Fourteenth-Century England. In: Transactions of the Royal Historical Society, 5. Serie, Bd. IV (1954), pp. 91-109.
HEWITT, H. J. The Black Prince's Expedition of 1355-1357. Manchester 1958.
- The Organization of War under Edward III. Manchester 1958.
- The Organization of War. In: The Hundred Years' War. Hg. K. Fowler. London 1971.
HUIZINGA, Johan. Homo Ludens. Vom Ursprung der Kultur im Spiel. Hamburg 1956.
- The Political and Military Significance of Chivalric Ideas in the Late Middle Ages. Men and Ideas (übersetzt J. S. Holmes und H. van Marle). London 1960 (erstmals frz. erschienen 1921).
- Herbst des Mittelalters. Studien über Lebens- und Geistesformen des 14. und 15. Jahrhunderts in Frankreich und in den Niederlanden. Hg. Kurt Köster. Stuttgart 1969.
JEANROY, Alfred. Extraits des Chroniqueurs Français. Paris 1909.
KEEN, Maurice Hugh. The Laws of War in the Late Middle Ages. London/Toronto 1965.
KILGOUR, Raymond L. The Decline of Chivalry as Shown in the French Literature of the Late Middle Ages. Cambridge, Mass. 1937.

KOEHLER, G. Die Entwickelung des Kriegswesens und der Kriegführung in der Ritterzeit von Mitte des 11. Jahrhunderts bis zu den Hussitenkriegen. 3 Bde. Breslau 1886-1889.
LAVISSE, Ernest. Histoire de France depuis les origines jusqu'à la Révolution. Bd. 4, 1, Hg. A. Coville. Paris 1902.
LOT, Ferdinand. L. art militaire et les armées au Moyen Age. 2 Bde. Paris 1947.
MANYON, Leonard. An Examination of the Historical Reliability of Froissart's Account of the Campaign and Battle of Crécy. In: Papers of the Michigan Academy of Science, Arts and Letters, VII (1926), pp. 207-224.
McFARLANE, K. B. England and the Hundred Years' War. In: Past & Present, XXII (Juli 1962), pp. 3-17.
McKISACK, M. The Fourteenth Century, 1307-1399. Oxford History of England, Bd. 5, Oxford 1959.
MIROT, Léon. Une tentative d'invasion en Angleterre pendant la Guerre de Cent ans (1385-1386). Paris 1915.
- Jean Froissart. In: Revue des Etudes Historiques, CIV (1937), pp. 385-400.
MOLINIER, A. Les Sources de l'histoire de France des origines aux guerres d'Italie. Bd. 4. Paris 1904, bes. pp. 5-18.
MOLLAT, G. Les papes d'Avignon (1305-1378). 10., verbesserte und vermehrte Aufl. Paris 1965.
MONICAT, J. Histoire du Velay pendant la guerre de Cent ans. Les Grandes Compagnies en Velay, 1358-1392. 2. Aufl. Paris 1928.
MONTAIGNE, Michel de. Essais. Hg. Albert Thibaudet. Paris 1950.
OMAN, Charles. The Art of War. London 1885.
PADRUTT, Christian. Staat und Krieg im Alten Bünden. Diss. Zürich 1965 ( = Geist und Werk der Zeiten, 11).
PAINTER, Sidney. French Chivalry. Chivalric Ideas and Practices in Medieval France. 2. Aufl. Baltimore 1951.
PALMER, John. The War Aims of the Protagonists and the Negotiations for Peace. In: The Hundred Years' War. Hg. K. Fowler. London 1971.
PATOUREL, John Le. The Origins of the War. In: The Hundred Years' War. Hg. K. Fowler. London 1971.
PERROY, Edouard. La guerre de Cent ans. Paris 1945.
- Gras profits et rançons pendant la Guerre de Cent ans: l'affaire du Comte de Denia. In: Mélanges d'histoire du Moyen Age dédiés à la mémoire de Louis Halphen. Paris 1951.
PHILIPPEAU, Pierre. Froissart et Jean le Bel. Etude littéraire sur la Chronique de Jean le Bel. In: Revue du Nord, XXII, no. 85 (1936), pp. 81-111.
PICOCHE, Jacqueline. Le vocabulaire psychologique dans les Chroniques de Froissart. Paris 1976.
POSTAN, M. M. The Costs of the Hundred Years' War. In: Past & Present, no. 27 (April 1964), pp. 34-53.
POWICKE, Michael. The English Aristocracy and the War. In: The Hundred Years' War. Hg. K. Fowler. London 1971.
PRINCE, A. E. The Payment of Army Wages in Edward III's Reign. In: Speculum. A Journal of Medieval Studies, XIX (April 1944), pp. 137-160.

REUTER, Hans Georg. Die Lehre vom Ritterstand. Zum Ritterbegriff in Historiographie und Dichtung vom 11. bis zum 13. Jahrhundert. Diss. Marburg 1971.

RUSSELL, P. E. The English Intervention in Spain and Portugal in the Time of Edward III and Richard II. Oxford 1955.

SABLONIER, Roger. Krieg und Kriegertum in der Crònica des Ramon Muntaner. Eine Studie zum spätmittelalterlichen Kriegswesen aufgrund katalanischer Quellen. Diss. Zürich 1971 ( = Geist und Werk der Zeiten, 31).

SANDBERGER, Dietrich. Studien über das Rittertum in England vornehmlich während des 14. Jahrhunderts. Historische Studien, Heft 310. Berlin 1937.

SHEARS, F. S. Froissart: Chronicler and Poet. London 1930.

SCHAUFELBERGER, Walter. Der Alte Schweizer und sein Krieg. Studien zur Kriegführung vornehmlich im 15. Jahrhundert. Diss. Zürich 1952, Nachdruck 1966.

- Spätmittelalter. In: Handbuch der Schweizergeschichte, Bd. I. Zürich 1972, pp. 241-388.

SCHLUMPF, Victor. Die frumen edlen Puren, Untersuchungen zum Stilzusammenhang zwischen den historischen Volksliedern der Alten Eidgenossenschaft und der deutschen Heldenepik. Diss. Zürich 1969 ( = Geist und Werk der Zeiten, 19).

SCHON, Peter M. Studien zum Stil der frühen französischen Prosa (Robert de Clari, Geoffroy de Villehardouin, Henri de Valenciennes). Frankfurt a. M. 1960 ( = Analecta Romanica, 8).

THOMPSON, James Westfall. A History of Historical Writing. Vol I: From the Earliest Times to the End of the Seventeenth Century. New York 1942.

TOURNEUR-AUMONT, J.-M. La bataille de Poitiers (1356) et la construction de la France. Poitiers 1940.

VERBRUGGEN, J. F. La tactique militaire des armées de chevaliers. In: Revue du Nord, 29 (1947), pp. 161-180.

VIARD, Jules. La Campagne de Juillet-Août 1346 et la bataille de Crécy. In: Le Moyen Age, 2e série, XXVII (1926), pp. 1-84.

WHITING, B. J. Proverbs in the Writings of Jean Froissart. In: Speculum. A Journal of Medieval Studies, X (1935), pp. 291-321.

WILMOTTE, Maurice. Froissart. Bruxelles 1942.

WINTER, Johanna Maria van. Rittertum. Ideal und Wirklichkeit. München 1965.

- Die mittelalterliche Ritterschaft als 'classe sociale' (1971). In: Das Rittertum im Mittelalter. Hg. A. Borst, Darmstadt 1976.

# GEIST UND WERK DER ZEITEN

Arbeiten aus dem Historischen Seminar der Universität Zürich

Heft 1 Barbara Helbling-Gloor, Natur und Aberglaube im Policraticus des Johannes von Salisbury. 1956. 118 S.
Heft 2 Jean-Pierre Bodmer, Der Krieger der Merowingerzeit und seine Welt. 1957. 143 S. Vergriffen. (Mikrofilm Fr. 30.–)
Heft 3 Margrit Koch, Sankt Fridolin und sein Biograph Balther. 1959. 165 S.
Heft 4 Bernhard Rahn, Wolframs Sigunendichtung. Eine Interpretation der "Tuturelfragmente". 1958. 106 S.
Heft 5 Hans Messmer, Hispania-Idee und Gotenmythos. 1960. 144 S.
Heft 6 Brunhilde Ita, Antiker Bau und frühmittelalterliche Kirche. 1961. 128 S.
Heft 7 Hannes Hofmann, Die Anfänge der Maschinenindustrie in der deutschen Schweiz 1800–1875. 1962. 220 S.
Heft 8 Theodor Siegrist, Herrscherbild und Weltsicht bei Notker Balbulu. Untersuchungen zu den Gesta Karoli. 1963. 152 S.
Heft 9 Rudolf Hiestand, Byzanz und das Regnum Italicum im 10. Jahrhundert. 1964. 240 S. Vergriffen. (Mikrofilm Fr. 50.–)
Heft 10 Gereon H. Hagspiel, Die Führerpersönlichkeit im Kreuzzug. 1963. 188 S.
Heft 11 Christian Padrutt, Staat und Krieg im alten Bünden. 1965. 274 S.
Heft 12 Albert Sennhauser, Hauptmann und Führung im Schweizerkrieg des Mittelalters. 1965. 174 S.
Heft 13 Beat Hemmi, Kaiser Wilhelm II. und die Reichsregierung im Urteil schweizerischer diplomatischer Berichte 1888–1894. 1964. 140 S.
Heft 14 Monica Blöcker-Walter, Alfons I. von Portugal. 1966. 169 S.
Heft 15 Andreas Riggenbach, Der Marchenstreit zwischen Schwyz und Einsiedeln und die Entstehung der Eidgenossenschaft. 1966. 162 S.
Heft 16 Werner Widmer, Kaisertum, Rom und Welt in Herodians ΜΕΤΑ ΜΑΚΡΟΝ ΒΑΣΙΛΕΙΑΣ ΙΣΤΟΡΙΑ. 1967. 82 S.
Heft 17 Walter Kronbichler, Die Summa de Arte Prosandi des Konrad von Mure. 1968. 191 S.
Heft 18 Gerhart Waeger, Gottfried von Bouillon in der Historiographie. 1969. 164 S.
Heft 19 Viktor Schlumpf, Die Frumen edlen Puren. Untersuchung zum Stilzusammenhang zwischen des historischen Volksliedern der alten Eidgenossenschaft und der deutschen Heldenepik. 1969. 182 S.
Heft 20 Sibyll Kindlimann, Die Eroberung von Konstantinopel als politische Forderung des Western im Hochmittelalter. 1969. 234 S.
Heft 21 Maria Schnitzer, Die Morgartenschlacht im werdenden Schweizerischen Nationalbewusstsein. 1969. 160 S. Vergriffen. (Mikrofilm Fr. 35.–)
Heft 22 Werner Röllin, Siedlungs- und Wirtschaftsgeschichtliche Aspekte der mittelalterlichen Urschweizer bis zum Ausgang des 15. Jahrhundert. 1969. 262 S. Vergriffen. (Mikrofilm Fr. 55.–)
Heft 23 Suzanne Karrer, Der Gallische Krieg bei Orosius. 1969. 132 S.
Heft 24 Regula Beck, Die "Tres Galliae" und das "Imperium" im 4. Jahrhundert. 1969. 126 S.
Heft 25 Manfred Silber, The Gallic Royalty of the Merovingians in its Relationship to the "Orbis Terrarum Romanus" during the 5th and the 6th Centuries A.D. 1971. 170 S.
Heft 26 Willi Treichler, Mittelalterliche Erzählungen und Anekdoten um Rudolf von Habsburg. 1971. 160 S.
Heft 27 Christine Weber-Hug, Der Klosterhandel von Luzern 1769/70. Ein Betrag zur Luzerner Geistesgeschichte. 1971. 132 S.
Heft 28 Otto Sigg, Die Entwicklung des Finanzwesens und der Verwaltung Zürichs im ausgehenden 16. und 17. Jahrhundert. 1971. 212 S.
Heft 29 Rolf Weiss, Chlodwigs Taufe: Reims 508. Versuch einer neuen Chronologie für die Regierungszeit des ersten christlichen Frankenkönigs unter Berücksichtigung der politischen und kirchlich-dogmatischen Probleme seiner Zeit. 1971. 144 S.
Heft 30 Emanuel Peter La Roche, Das Interregnum und die Enstehung der Eidgenossenschaft. 1971. 354 S.

| | |
|---|---|
| Heft 31 | Roger Sablonier, Krieg und Kriegertum in der Crònica des Ramon-Muntaner. Eine Studie zum spätmittelalterlichen Kriegswesen aufgrund katalanischer Quellen. 1971. 168 S. |
| Heft 32 | Peter Stotz, Ardua spes mundi. Studien zu lateinischen Gedichten aus Sankt-Gallen. 1972. 268 S. |
| Heft 33 | Andreas Kappeler, Ivan Groznyj im Spiegel der ausländischen Druckschriften seiner Zeit. Ein Beitrag zur Geschichte des westlichen Russlandbildes. 1972. 300 S. |
| Heft 34 | Andreas Müller, Das Konradin-Bild im Wandel der Zeit. 1972. 164 S. |
| Heft 35 | Carlo Moos, Dasein als Erinnerung – Conrad Ferdinand Meyer und die Geschichte. 1973. 186 S. |
| Heft 36 | Werner P. Troxler, Johann Rudolf Forcart-Weiss & Söhne / Ein Beitrag zur Unternehmergeschichte. 1973. 128 S. |
| Heft 37 | Peter Meienberger, Joh. Rudolf Schmid zum Schwarzenhorn als kaiserlicher Resident in Konstantinopel 1629–1643. 1973. 283 S. |
| Heft 38 | Walter Koller, Die Urner Fehde der Izeli und Gruoba 1257/1258. 1973. 137 S. |
| Heft 39 | Felix Thürlemann, Der historische Diskurs bei Gregor von Tours. 1974. 132 S. |
| Heft 40 | Markus Diebold, Das Sagelied – Die aktuelle deutsche Heldendichtung der Nachvölkerwanderungszeit. 1974. 120 S. |
| Heft 41 | Bruno Behr, Das alemannische Herzogtum bis 750. 1975. 248 S. |
| Heft 42 | Norbert Domeisen, Bürgermeister Johann Heinrich Waser (1600–1669) als Politiker. Ein Beitrag zur Schweizer Geschichte des 17. Jahrhunderts. 1975. 200 S. |
| Heft 43 | Heinz Herren, Die Freisinnige Partei des Kantons Zürich in den Jahren 1917–1924. 1975. 265 S. |
| Heft 44 | Gümeç Karamuk, Ahmed Azmi Efendis Gesandtschaftsbericht als Zeugnis des osmanischen Machtverfalls und der beginnenden Reformära unter Selim III. 1975. 350 S. |
| Heft 45 | Erwin Stickel, Der Fall von Akkon. Untersuchungen zum Abklingen des Kreuzzugsgedankens im 13. Jahrhundert. 1975. 330 S. |
| Heft 46 | Ulrich May, Untersuchungen zur frühmittelalterlichen Siedlungs-, Personen- und Besitzgeschichte anhand der St. Galler Urkunden. 182 S. 1976. |
| Heft 47 | Christa Sutz, Frankreichs Politik in der Sonderbundskrise. 216 S. 1976. |
| Heft 48 | Karl Stueber, Commendatio animae. Sterben im Mittelalter. 254 S. 1976. |
| Heft 49 | Peter Frei, Die Papstwahl des Jahres 1903 unter besonderer Berücksichtigung des österreichisch-ungarischen Vetos. 130 S. 1977. |
| Heft 50 | Gertrud Muraro-Ganz, Frankreichs Weg zur Revolution. 650 S. 1977. |
| Heft 51 | Walter Buehrer, Der Zürcher Solddienst des 18. Jahrhunderts. Sozial- und wirtschaftsgeschichtliche Aspekte. 226 S. 1977. |
| Heft 52 | Irène Bourquin, "vie ouvrière" und Sozialpolitik: Die Einführung der "Retraites ouvrières" in Frankreich um 1910. Ein Beitrag zur Geschichte der Sozialversicherung. 344 S. 1977. |
| Heft 53 | Beat Frey, Pater Bohemiae – Vitricus Imperii. Böhmens Vater, Stiefvater des Reichs. Kaiser Karl IV in der Geschichtsschreibung. 296 S. 1978. |
| Heft 54 | Kurt Burkhardt, Zürich: Stadt und Adel in Frauenfeld 1250–1400. 290 S. 1978 |
| Heft 55 | Jürg Morf, Die Dardanellenfrage an der Konferenz von Montreux 1936. X, 244 S. 1977 |
| Heft 56 | Magdalen Bless-Grabher, Cassian von Imola. Die Legende eines Lehrers und Märtyrers und ihre Entwicklung von der Spätantike bis zur Neuzeit. 214 S. 1978. |
| Heft 57 | Fritz Lendenmann, Schweizer Handelsleute in Leipzig. Ein Beitrag zur Handels- und Bevölkerungsgeschichte Leipzigs und Kursachens vom beginnenden 16. Jahrhundert bis 1815. 162 S. 1978. |
| Heft 58 | Walter Steffen, Die studentische Autonomie im mittelalterlichen Bologna. Eine Untersuchung über die Stellung der Studenten und ihrer Universitas gegenüber Professoren und Stadtregierung in 13./14. Jahrhundert. Ca. 260 S. 1981. |
| Heft 59 | Werner Humbel, Der Kirchkonflikt oder „Kulturkampf" im Berner Jura 1873 bis 1878. Unter besonderer Berücksichtigung des Verhältnisses zwischen Staat und Kirche seit der Vereinigungsurkunde von 1815. 449 S. und 7 Karten. (Bd. 1 – 24 sind im Verlag Fretz + Wasmuth in Zürich erschienen) |

(Bd. 1–24 sind im Verlag Fretz + Wasmuth in Zürich erschienen)